Das Ticken des Kosmos

Wir danken Cangy Venables und Philip Wilson für das Interesse, das sie dem Buch von Anfang an entgegengebracht haben. Danke auch Peter Ling für das Design und Steven Timson für einen Großteil der Zeichnungen.

Dianne Seymour übernahm die Textverarbeitung für das Buch, und wir danken ihr für all die Mühe, die sie hatte, unsere Texte in eine lesbare Form zu bringen.

Percy A. Seymour/Dennis H. Bacon

Das Ticken des Kosmos

Streifzüge durch die Ideengeschichte der Astronomie

Aus dem Amerikanischen übersetzt von Margit Röser

ELSEVIER
SPEKTRUM
AKADEMISCHER
VERLAG

Spektrum
AKADEMISCHER VERLAG

Zuschriften und Kritik an:
Elsevier GmbH, Spektrum Akademischer Verlag, Katharina Neuser-von Oettingen,
Slevogtstraße 3–5, 69126 Heidelberg

Titel der Originalausgabe: „The Nuts and Bolts of Space and Time".
First published in 2004 by Philip Wilson Publishers
7 Deane House, 27 Greenwood Place, London NW5 1LB

Bibliografische Information Der Deutschen Bibliothek
Die Deutsche Bibliothek verzeichnet diese Publikation in der Deutschen Nationalbibliografie; detaillierte bibliografische Daten sind im Internet über http://dnb.ddb.de abrufbar.

04 05 06 07 08 5 4 3 2 1 0

Planung und Lektorat: Katharina Neuser-von Oettingen, Anja Groth
Herstellung: Detlef Mädje
Umschlaggestaltung: WSP Design, Heidelberg
Layouterstellung: Typostudio Schaedla, Heidelberg
Satz: Mitterweger & Partner, Plankstadt
Druck und Bindung: Krips b.v., Meppel

Printed in The Netherlands

ISBN 3-8274-1544-6

Aktuelle Informationen finden Sie im Internet unter www.elsevier.de

Inhalt

6 Kopernikanische Orrery-Planetarien ... 123

7 Galilei, das Pendel und das Fernrohr ... 149

13 Das technologische Universum 293

Anhang I 319

Anhang II 321

Anhang III 325

Kapitel 1

Astronomische Uhr an der Kathedrale von Exeter. (Mit freundlicher Genehmigung des Dekans und des Domkapitels der Kathedrale von Exeter.)

Die älteste Naturwissenschaft

Einleitung

Im Laufe der Geschichte haben die Menschen immer wieder versucht, sich ein Bild vom Universum zu machen und deshalb geometrische Modelle ersonnen, wie Erde, Sonne, Mond und die Planeten räumlich angeordnet sein könnten. Neue geometrische Modelle führten dabei häufig auch zum Bau neuer mechanischer Modelle. Dieses Buch beschreibt, wie sich die Vorstellungen gewandelt haben und wie sich diese Veränderungen in mechanischen Geräten widerspiegelten. Kapitel 2 fasst die astronomischen Grundlagen zusammen, auf denen diese Vorstellungen beruhen.

Astronomie – die älteste Naturwissenschaft

Die Astronomie gilt als die älteste der Naturwissenschaften. Seit Beginn der Menschheitsgeschichte führten die Vorgänger der heutigen Astronomen, Astrophysiker und Kosmologen systematische Untersuchungen des Himmels durch und suchten nach Mustern in ihren Beobachtungen. Erst viele Jahrhunderte später entwickelten sich neuere naturwissenschaftliche Disziplinen wie Biologie, Chemie, Physik, Medizin, Geologie und Landwirtschaft.

Die Gründe für die ersten Himmelsbeobachtungen waren vielfältig und unterschiedlicher Natur, und die altertümlichen Methoden zur Interpretation der Sternbewegungen konnten keineswegs rein naturwissenschaftlich genannt werden. Doch die alten Zivilisationen sammelten und ordneten Informationen über die Bewegungen von Sonne, Mond, Sternen und Planeten in einer Art und Weise, die man heute als wissenschaftliche Methodologie bezeichnen würde. Die frühsten Erkundungen auf dem Gebiet, das man heute Astronomie nennt, wurden aufgrund der sozialen Bedürfnisse der ersten menschlichen Gemeinschaften durchgeführt. Man benötigte Informationen zur Erstellung von Kalendern, zur genauen Messung der Zeit, zur Bestimmung der Himmelsrichtungen sowie für erste Formen der Astrologie und Wahrsagerei. All diese Informationen konnte man aus dem Nachthimmel ermitteln.

Es gibt viele Quellen, anhand derer die Geschichte der Astronomie studiert werden kann, wie zum Beispiel Höhlenzeichnungen, Papyri, Ton- und Steintafeln und Steinanlagen. Derartige menschliche Artefakte findet man auf der ganzen Welt, von den Inseln Polynesiens bis zum Fernen und Nahen Osten, in Westeuropa und in Amerika. Die historischen Dokumente und die Ausrichtung von Tempeln, Pyramiden und Steinkreisen deuten darauf hin, dass sich die ersten Astronomen hauptsächlich mit der Herstellung von Kalendern und der Zeitmessung befassten.

Kalender

Kalender sind nützlich zur Bestimmung der Jahreszeiten. Die Fähigkeit, Kalender zu erstellen, war für die frühen Kulturen der Jäger und Sammler lebensnotwendig, da ihr Überleben von der Jagd auf Tiere und dem Sammeln pflanzlicher Nahrung abhing. Aber auch für spätere, weiterentwickelte bäuerliche Kulturen war sie von wesentlicher Bedeutung. Heute ist der Kalender so sehr Teil unseres Alltags, dass wir ihn als selbstverständlich ansehen und nicht unbedingt verstehen, warum seine Herstellung je ein Problem gewesen sein sollte.

Um einen Kalender zu erstellen, muss man die Anzahl der Tage im Jahr kennen. Heute weiß man, dass ein Jahr 365 Tage hat (tatsächlich sind es 365,25 Tage, denn so viele Male dreht sich die Erde um ihre eigene Achse, während sie einmal die Sonne umkreist). Wie stellten die Menschen der alten Kulturen die Länge eines Jahres fest? In bestimmten Ländern hätten sie den Wechsel der Jahreszeiten beobachten können, und man könnte nun meinen, dass sie einfach nur die Anzahl der Tage zu zählen brauchten, die zwischen zwei besonderen Ereignissen lag, wie zum Beispiel dem ersten Regen (oder Schnee) des einen und des nächsten Winters. Doch derartige Ereignisse sind nicht sehr regelmäßig, und eine solche Messung würde nur einen groben Anhaltspunkt liefern, in welcher Zeit des Jahres man sich befindet. Dies gilt auch für viele andere jahreszeitlichen Ereignisse, den ersten Kuckucksruf zum Beispiel. Doch tatsächlich entdeckten die alten Himmelsbeobachter sehr viel eindeutigere Datumsmarken, die mit großer Regelmäßigkeit Jahr für Jahr wiederkehrten. Die alten Kalendermacher beobachteten den Himmel und stellten fest, dass die Bewegungen der Sterne, der Sonne und des Monds in regelmäßigen Mustern abliefen, die mit den wechselnden Jahreszeiten offenbar übereinstimmten. Anhand dieser Muster konnten sie sowohl die Länge eines Jahres als auch die eines Monats bestimmen.

Viele frühe Gemeinschaften benutzten dazu den Mond. Er beginnt seinen Zyklus als schmale Sichel, die kurz nach Sonnenuntergang sehr tief am westlichen Himmel steht. Nach vier bis fünf Tagen erreicht er das so genannte erste Viertel, in dem er zum Halbmond angewachsen ist und kurz nach Sonnenuntergang in Richtung Süden relativ hoch am Himmel steht. Sieben Tage später ist der Mond voll und geht im Osten auf, wenn die Sonne untergeht. Nach weiteren sieben Tagen, im letzten Viertel, geht er gegen Mitternacht im Osten wieder als Halbmond auf. In den folgenden vier bis fünf Tagen nimmt er weiter ab, bis er kurz vor Sonnenaufgang als dünne Sichel im Osten auftaucht. Etwa fünf Tage lang ist das Licht der schmalen Mondsichel im hellen Glanz der Sonne nicht zu sehen, bis sie dann wieder kurz nach Sonnenuntergang am westlichen Himmel sichtbar wird (siehe Abb. 1.1a und b). Dieser Zyklus, dessen Dauer ein Mondmonat genannt wird, wiederholt sich endlos und war Grundlage vieler alter Kalender.

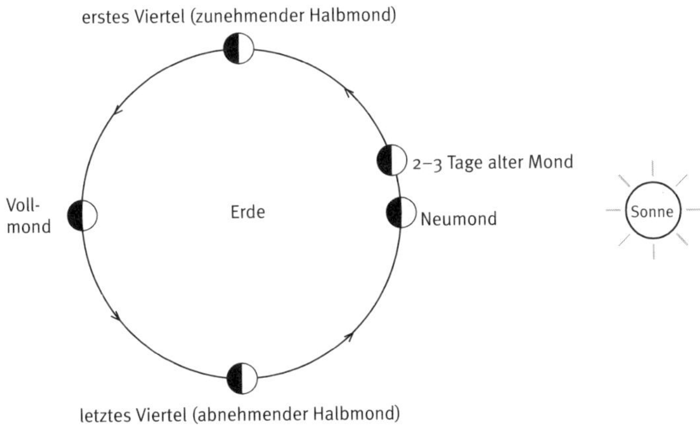

a Die Mondphasen, vom Weltraum aus gesehen.

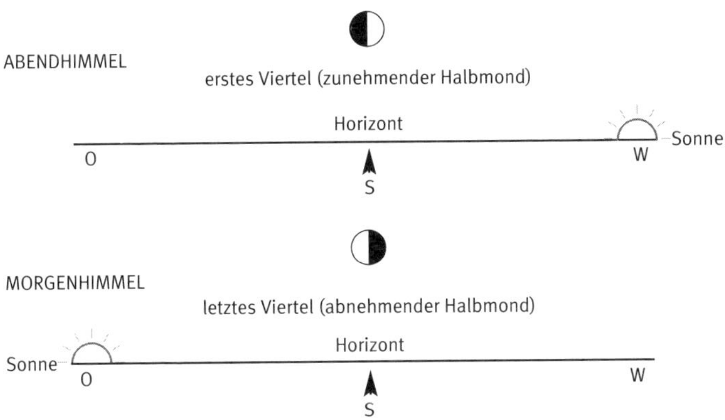

b Die Mondphasen von einem Ort auf der Nordhalbkugel aus gesehen.

1.1 Zwei oder drei Tage nach Beginn eines neuen Umlaufs des Monds um die Erde ist er nur als schmale Sichel sehr tief am Westhimmel zu sehen. Nach vier bis fünf Tagen erreicht der Mond das so genannte erste Viertel, bei dem er zur Hälfte beleuchtet ist und als zunehmender Halbmond abends im Süden steht. Sieben Tage später ist Vollmond, seine gesamte Scheibe ist beleuchtet, und er geht kurz nach Sonnenuntergang im Osten auf. Nach weiteren sieben Tagen geht der Mond erst um Mitternacht auf, wobei seine östliche Hälfte von der Sonne beschienen ist. Diese Phase des abnehmenden Halbmonds heißt letztes Viertel.

Ein auf dem Mondmonat beruhender Kalender wies jedoch ein gravierendes Problem auf. Eine einfache Rechnung zeigt, dass zwölf Mondmonate etwa 354 Tagen entsprechen. Da ein Jahr aber etwas über 365 Tage lang ist, fehlen elf Tage. Obwohl die alten Himmelsbeobachter nicht unsere wissenschaftlichen Kenntnisse besaßen, machten sich die fehlenden Tage bald bemerkbar, da die Jahreszeiten dem Sonnenzyklus folgen. Jeder zwölfmonatige Mondjahrzyklus war relativ zum Jahreszeitenzyklus elf Tage zu kurz, und nach drei Jahren machte die Differenz mehr als einen Mondmonat aus. Solche Beobachtungen führten schließlich dazu, dass mit der Weiterentwicklung der Zivilisationen eine präzisere Messmethode für das Jahr gefunden wurde.

Die alten Ägypter verwendeten einen Mondkalender. Doch um 1000 v. Chr. erkannten sie, dass die Sterne ein System zur Datumsbestimmung ermöglichten, das besser mit dem Jahreszeitenzyklus übereinstimmte. Sie entwickelten einen lunistellaren Kalender, der an dem sehr hellen Stern Sirius (den sie Sothis nannten) „verankert“ war. Die Ägypter hatten festgestellt, dass es einen Zeitpunkt im Jahr gab, an dem Sirius sehr hell war und am frühen Morgen unmittelbar vor der Sonne aufging. Dies geschah immer wenige Tage vor der Nilüberflutung, und daher sah man in Sirius den Stern, der die Flut ankündigte und den Mondkalender korrigierte. In der späteren Geschichte Ägyptens wurde dieser Kalender durch einen ersetzt, in dem das Jahr aus drei Jahreszeiten mit je vier Monaten bestand, die jeweils 30 Tage lang waren. Daran angehängt wurden fünf zusätzliche „Tage auf das Jahr“, die als Festtage begangen wurden, sodass man auf insgesamt 365 Tage im Jahr kam. Als genaue Himmelsbeobachter bemerkten die alten Ägypter zwar auch den extra Vierteltag pro Jahr, bauten ihn aber nicht mit in ihren Kalender ein. Diese Feinanpassung blieb den Römern überlassen.

Julius Cäsar, der den ägyptischen Kalender bei seinen Feldzügen in Ägypten kennen gelernt hatte, wusste, dass das Jahr 365,25 Tage lang war. Er führte 46 v. Chr. einen Kalender im Römischen Reich ein, der zwar auf dem ägyptischen Grundkalender beruhte, aber den zusätzlichen Vierteltag systematisch mit berücksichtigte. Nach Cäsars Anordnung sollte der „Julianische Kalender" aus drei gewöhnlichen Jahren mit jeweils 365 Tagen bestehen, gefolgt von einem vierten Jahr mit 366 Tagen. Doch leider wurde seine Vorschrift 36 Jahre lang falsch interpretiert und jedes dritte Jahr zu einem Schaltjahr gemacht. Schließlich erkannte Kaiser Augustus den Fehler und korrigierte den Kalender. So wie Julius Cäsar den Monat Juli nach sich selbst benannt hatte, so benannte Augustus den August zu seinen eigenen Ehren.

Hochpräzisen modernen Beobachtungen zufolge ist das Jahr 365,2422 Tage lang. Damit war auch der römische Kalender um ein weniges ungenau, und bis zum Jahr 1582 hatte sich ein Fehler von zehn Tagen aufsummiert. In jenem Jahr beschloss Papst Gregor XIII., das Problem zu beseitigen. Er ordnete an, dass der auf den 4. Oktober folgende Tag 15. Oktober genannt werden sollte. Von nun an, so bestimmte er, waren alle Jahre Schaltjahre, deren Jahreszahlen durch vier teilbar sind, Hunderterjahre aber nur, wenn sie durch 400 teilbar sind. Dies ist die Grundlage unseres heutigen Kalenders – des Gregorianischen Kalenders.

Differenzen zwischen Protestanten und Katholiken sowie die Spaltung zwischen den östlichen und westlichen christlichen Kirchen führten dazu, dass in vielen Ländern die Vorteile des Gregorianischen Kalenders nicht sofort akzeptiert wurden. Frankreich, Italien, Luxemburg, Spanien und Portugal übernahmen den neuen Kalender noch im selben Jahr, in dem die päpstliche Bulle erlassen wurde. Belgien, die Niederlande und die katholischen Staaten in Deutschland folgten zwei Jahre später. In der Schweiz fand die Umstellung nach und nach statt: Obwohl sie bereits 1583 begann, war sie erst 1812 abgeschlossen. Großbritannien und seine Kolonien ignorierten den Gregorianischen Kalender bis 1752, als der Unterschied zwischen den beiden Kalendern auf elf Tage angewachsen war. Dann wurde er auch hier übernommen, wobei der auf den 2. September folgende Tag zum 14. September wurde. In vielen Ländern war die Umstellung von Unruhen begleitet, und in England forderten Aufrührer im Kampf gegen die Reform: „Gebt uns unsere elf Tage zurück!" Der Grafiker William Hogarth hielt dies in einer Radierung mit dem Titel *Four Prints of an Election* fest. Die Gesetze, die zur Genehmigung der Kalenderumstellung erlassen wurden, waren jedoch so formuliert, dass sie Ungerechtigkeiten und finanzielle Härten vermeiden helfen sollten.

Bestimmung der Uhrzeit

Da die alten Ägypter erkannten, dass die Sonne auch hervorragend zum Messen der Uhrzeit geeignet ist, erfanden sie ein Gerät, das diesen Umstand ausnutzte: die so genannte Schattenuhr (siehe Abb. 1.2). Diese Schattenuhr sah aus wie ein Miniaturbett mit Kopf-, aber ohne Fußteil. Vormittags richtete man den „Kopf" dieser Uhr nach Osten. Die Uhrzeit wurde dann durch die Position des Schattens angegeben, den das Kopfteil warf. Nachmittags wurde die Uhr umgedreht, mit dem Kopf Richtung Westen. Mit dem Gebrauch dieser Uhr entwickelten die Ägypter ein Tageslichtstunden-System, das aus vier Stunden für den Morgen, vier Stunden für den Nachmittag und je zwei Stunden für die Morgen- und Abenddämmerung bestand, also insgesamt zwölf Stunden, in denen Tageslicht herrschte.

Für die Nachtstunden verwendeten sie eine Sequenz von 36 Sternen, die mehr oder weniger gleichmäßig über den mittleren Teil des Himmels, das heißt entlang des Himmelsäquators verteilt waren. An einem bestimmten Abend zeigte der erste Stern, der nach der Abenddämmerung aufging, die erste Nachtstunde an, der zweite Stern in der Reihe die zweite Stunde und so weiter. Die Sterne dieser Sequenz wurden „Dekane" genannt. Nach zehn Tagen ging der Stern, der die erste Nachtstunde markiert hatte, rund 40 Minuten früher auf, sodass er unmittelbar nach der Abenddämmerung nicht beim Aufgehen beobachtet wer-

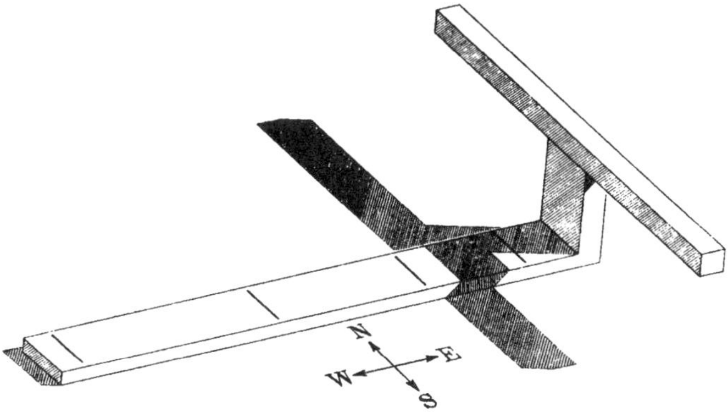

1.2 Ägyptische Schattenuhr, die mit Hilfe der Sonne die Uhrzeit angibt.

den konnte. Doch dafür ging der Stern, der zehn Tage zuvor die zweite Nachtstunde angezeigt hatte, jetzt als Erster auf und bezeichnete somit die erste Stunde. Der frühere dritte Stern wurde nun zum zweiten und so weiter. So schritt der Sternkalender durch das Jahr fort. An den Tagundnachtgleichen (Äquinoktien), wenn Dunkelheit und Helligkeit an einem Tag genau gleich lang dauern, standen in der Abenddämmerung bereits 18 der Dekane über dem Horizont, sodass im Laufe der Nacht nur noch 18 weitere aufgingen. Während des Sommers konnte man nachts sogar nur zwölf Dekane aufgehen sehen, weil die Nächte kürzer waren. Man beschloss, dass das ganze Jahr über eine Nacht zwölf Stunden haben solle. Damit kam man auf zwölf Nachtstunden und zwölf Stunden mit Tageslicht, also insgesamt 24 Stunden pro Tag. Das ist der Ursprung unseres 24-Stunden-Tags. Doch die Länge dieser ägyptischen „Stunden" änderte sich von einer Jahreszeit zur nächsten. Dies war bei vielen frühen Zeitmesssystemen der Fall. Obwohl die alten Griechen (seit der hellenistischen Periode, also etwa seit 323 v. Chr.) in ihrer theoretischen Astronomie „gleiche Stunden" verwendeten, wurde die Forderung nach einer Standardlänge für die „Stunden" erst nach der Erfindung mechanischer Chronometer allgemein akzeptiert.

Bestimmung der Himmelsrichtungen

Die Richtungen Nord, Süd, Ost und West beruhen auf der Drehung der Erde um ihre eigene Achse. Der Nordpol der Erde (das eine Ende ihrer Rotationsachse) wird erreicht, wenn man sich von einem beliebigen Punkt auf der Erde nach Norden bewegt. Genauso erreicht man schließlich den Südpol, das andere Ende der Erdachse, wenn man nach Süden geht. Am Frühlingsanfang (am Tag des Frühlingsäquinoktiums, wenn es überall auf der Welt zwölf Stunden Tag und zwölf Stunden Nacht ist) geht die Sonne genau im Osten auf und im Westen unter. Obwohl die alten Völker nicht dasselbe Weltmodell hatten wie wir heute, nahmen sie doch wahr, an welchen Punkten am Horizont die Sonne zu unterschiedlichen Zeiten im Jahr auf- und untergeht. Sie wussten, dass an den Frühlings- und Herbstäquinoktien die Sonne im Osten auf- und im Westen untergeht. Während der heißen Sommermonate auf der Nordhalbkugel geht sie im Nordosten auf und im Nordwesten unter, sodass in dieser Zeit des Jahres die Tage länger sind. In den kalten nördlichen Wintermonaten geht die Sonne im Südosten auf und im Südwesten unter, die Tage sind kürzer. Daher waren sich die alten Völker durchaus der Bedeutung der Grundhimmelsrichtungen bewusst, und es ist somit nicht verwunderlich, dass einige altertümliche Bauten wie Pyramiden, Tempel und Megalith-Monumente auf spezielle Punkte am Horizont ausgerichtet sind. Die Bestimmung der Himmelsrichtung ist auch für die Navigation notwendig. Der folgende Abschnitt befasst sich mit der Richtungsbestimmung bei der Orientierung fester Bauten. (Die Navigation wird in Kapitel 9 behandelt.) Zwei Gruppen von Baudenkmälern zeigen Anzeichen für eine astronomische Ausrichtung sowie andere Formen einer auf den Himmel bezogenen Anordnung: die Pyramiden in Ägypten und Megalith-Monumente wie zum Beispiel Stonehenge.

Die Pyramiden

Seit Jahren untersuchen Gelehrte die Anordnungen der Pyramiden. Der herausragende Wissenschaftler Lancelot Hogben schrieb 1938: „Die Cheops-Pyramide und die von Sneferu sind nach einem gemeinsamen geometrischen Plan erbaut ... die Strahlen des Hundssterns Sirius, dessen heliakischer Aufgang das ägyptische Neujahr und die Überschwemmung des heiligen Flusses ankündigte, die den Landwirten zu Wohlstand verhalf, fielen bei Meridiandurchgang senkrecht auf die Südseite und schienen während der Bauzeit durch den Lüftungsschacht in die königliche Grabkammer. Die Hauptöffnung sowie ein zweiter Schacht, der zu der tiefer gelegenen Kammer führte, übermittelten das Licht des damaligen Polarsterns (der Stern Thuban im Sternbild Drache) zum Zeitpunkt seines unteren Meridiandurchgangs, drei Grad unterhalb des wahren Himmelspols."

Damals waren diese Erkenntnisse stark umstritten. Die so genannten „Lüftungsschächte" wurden als eben solche angesehen, trotz der extremen Sorgfalt und Detailgenauigkeit, die man bezüglich ihrer Lage und bei ihrem Bau offensichtlich hatte walten lassen. Die Hypothese, dass sie in irgendeiner Weise von Bedeutung sein könnten, stand im Widerspruch zur gängigen Lehrmeinung. Die übrigen Ägyptologen lehnten diese und andere Behauptungen, dass die Pyramiden unter astronomischen Gesichtspunkten errichtet worden seien, strikt ab.

Es war bereits bekannt, dass die meisten Pyramiden mit einer hohen Genauigkeit nach den Haupthimmelsrichtungen Nord, Süd, Ost und West ausgerichtet sind, wobei die Abweichungen weniger als 0,10 Grad betragen. Interessanterweise waren die sumerischen Zikkurats (rechteckige, stufenförmige Tempeltürme mit einer Statue ihres Gottes auf der Spitze) ebenfalls nach den Haupthimmelsrichtungen ausgerichtet. Der ägyptische Name für die Sterne rings um den Himmelspol lautete „die Sterne, die keinen Tod kennen". Diese so genannten Zirkumpolarsterne gehen nicht wie die anderen im Osten auf, um nach ihrer Wanderung über den Himmel im Westen wieder unterzugehen, sondern sie sinken bei ihrer Umkreisung des Himmelspols nie unter den Horizont (auch wenn sie bei Tage nicht zu sehen sind).

In *The Orion Mystery* erwähnen Bauval und Gilbert den wichtigen Beitrag, den die amerikanische Astronomin Virginia Trimble zu diesem Thema geleistet hat. Sie bestätigte 1964 die Bedeutung der nördlichen Passage der Cheops-Pyramide. Diese Passage wies direkt auf den nördlichen Himmelspol – auf das Gebiet der Zirkumpolarsterne, der Sterne, die keinen Tod kennen. Warum sollte diese Passage so exakt auf jene Himmelsregion zeigen? Dies war die entscheidende Frage, die von den Ägyptologen bislang ignoriert worden war.

Trimble hatte eine faszinierende Beziehung zwischen dem südlichen Schacht und den drei Sternen im Gürtel des Orion entdeckt, einem Sternbild mit zahlreichen Bezügen zum alten Ägypten. Laut Bauval und Gilbert wie auch Jane Sellars ist das Himmelsbild des Orion (oder Sahu) an vielen Orten als menschliche Figur dargestellt, so auch an der Decke des Grabes von Senmut. In manchen Darstellungen wird Orion mit drei großen Sternen direkt über seinem Kopf gezeigt, Sternen, die als die drei Gürtelsterne identifiziert worden sind. Mit Hilfe der Präzession berechnete Trimble die Positionen, die die drei Sterne zu der Zeit am Himmel innehatten, als die Große Pyramide erbaut wurde (um 2600 v. Chr.).

Dabei machte sie eine erstaunliche Entdeckung: „Diese drei Sterne ... standen damals jeden Tag zum Zeitpunkt ihrer Kulmination direkt über dem südlichen Schacht der Großen Pyramide. Überlegungen zur ägyptischen Religion kombiniert mit der modernen Astronomie deuten somit darauf hin, dass die „Luftschächte" der Cheops-Pyramide in Wirklichkeit als Öffnungen gedacht waren, durch die die Seele des verstorbenen Königs aufsteigen konnte, um sich den Zirkumpolarsternen und dem göttlichen Sternbild Sahu anzuschließen."

Die jüngsten Arbeiten auf diesem Forschungsgebiet stammen von Kate Spence von der Fakultät für Orientalistik an der Universität Cambridge. Gestützt auf Computersimulationen des Himmels über dem alten Ägypten behauptet sie, dass die Erbauer der Pyramiden zwei bestimmte Zirkumpolarsterne zur Ausrichtung derselben verwendeten. Bei diesen Sternen handelt es sich um Kochab im Kleinen Bär und Mizar im Großen Bär. Sie zeigte, dass 2467 v. Chr. der nördliche Himmelspol genau in der Mitte zwischen diesen beiden Sternen lag. In Kapitel 2 wird die Präzession der Äquinoktialpunkte erklärt, die dazu führt, dass sich die Lage des Himmelspols relativ zu den Sternen verschiebt. Unter Berücksichtigung dieser Tatsache kommt Spence zu dem Schluss, dass die Arbeiten an der Großen Pyramide im Jahr 2478 v. Chr. begonnen wurden. Wenn die gleiche Orientierungsmethode auch bei anderen Pyramiden angewandt wurde, so folgerte sie weiter, müssen wegen der Präzession leichte Fehler in deren Ausrichtung vorhanden sein. Diese Abweichungen zeigten sich bei den Pyramiden von Gizeh.

Megalith-Monumente

Über die astronomische Anordnung der Megalithe von Stonehenge und ähnlicher Monumente gibt es zahlreiche unterschiedliche Behauptungen. Stonehenge ist sehr genau untersucht worden. Mal wurde es als Sonnenobservatorium angesehen, mal als Mondobservatorium, dann als Observatorium in Zusammenhang mit einigen der hellsten Sterne oder als Stätte zur Vorhersage von Finsternissen.

Eine kurze Neubewertung der verschiedenen Möglichkeiten wurde vor nicht allzu langer Zeit von Clive Ruggles und Michael Hoskins in *The Cambridge Illustrated History of Astronomy* veröffentlicht: „Die am wenigsten umstrittene Aussage, die über Stonehenge gemacht werden kann, ist die, dass die allgemeine Ausrichtung der Achse des Monuments in verschiedenen Entwicklungsstadien in der einen Richtung auf den Sonnenaufgang zur Sommersonnenwende wies und in der anderen Richtung auf den Sonnenuntergang zur Wintersonnenwende, und dass dies sehr wohl Absicht gewesen sein mag.“

Vorhersage der Zukunft mit Hilfe der Planeten

Die Beschäftigung der Babylonier mit theoretischer Astronomie war größtenteils durch die Probleme begründet, die das strikte Festhalten an einem Mondkalender verursachte, der von großer religiöser Bedeutung für sie war. Die Techniken, die man zur Behandlung dieser Probleme entwickelt hatte, wurden später angewandt, um Finsternisse und die Bewegung von Planeten vorherzusagen (die für astrologische Weissagungen nötig waren).

Nach dem alten ägyptischen Mondkalender begann der Monat an dem Morgen, an dem die alte Sichel des abnehmenden Mondes kurz vor Sonnenaufgang im Osten nicht mehr zu sehen war. Die Babylonier hingegen begannen ihren Monat an dem Tag, an dem sie zum ersten Mal die schmale Mondsichel im Westen kurz nach Sonnenuntergang erblickten. Ihr Kalender stimmte daher eher mit denen ihrer Nachbarn, zum Beispiel den Assyrern, überein als mit dem der Ägypter. Der Nachteil, den Beginn des Monats mit der tatsächlichen Sichtung der schmalen Mondsichel zu verbinden, liegt auf der Hand, da dieser somit von den jeweiligen atmosphärischen Bedingungen abhängt. Wegen dieser Schwierigkeit bemühten sich die Babylonier, eine theoretische Astronomie zu entwickeln, um vorhersagen zu können, wann sie – im Prinzip – die Mondsichel sehen müssten, sodass sie den Monat an diesem Tag beginnen lassen konnten, ohne auf die tatsächliche Sichtung warten zu müssen. Doch bevor ihnen dies gelang, mussten sie noch etliche Probleme bewältigen.

Obwohl sich die Erde um die Sonne bewegt (und nicht die Sonne um die Erde), scheint die Sonne dennoch im Laufe eines Jahres auf einer bestimmten Bahn langsam über den Himmel zu wandern. Könnten wir die Sonne und die Sterne gleichzeitig sehen, würden wir bemerken – so wie es die Babylonier taten –, dass die Sonne dabei jeden Monat in einem anderen Sternbild steht. Diese scheinbare Bahn der Sonne vor dem Hintergrund der Sterne heißt Ekliptik, weil es auch die Bahn ist, entlang derer die Finsternisse (Eklipsen) auftreten. Der Mond bewegt sich seinerseits um die Erde und zieht dabei ebenfalls eine Bahn über den sternbedeckten Himmel, die sich von der der Sonne unterscheidet. Zweimal pro Mondmonat kreuzt der Mond die Sonnenbahn. Die beiden Kreuzungspunkte werden Mondknoten genannt. Wenn sich beide Himmelskörper gleichzeitig an einem dieser Punkte befinden, verdeckt der Mond die Sonne, und wir sehen eine Sonnenfinsternis (siehe Abb. 1.3). Die Geschwindigkeiten, mit denen sich Sonne und Mond gegen die Sterne bewegen, sind natürlich nicht gleich groß: Die Sonne legt pro Tag etwa ein Grad zurück, der Mond dagegen rund 13 Grad. Außerdem schwanken die Geschwindigkeiten der beiden Körper ein wenig, während sie vor den Sternen dahin zu ziehen scheinen. Diese Fakten sind alle zu berücksichtigen, wenn man berechnen will, wann die Mondsichel erstmals sichtbar wird.

Der Mond muss in einem bestimmten Abstand zur Sonne am Himmel stehen, damit die Sichel im Glanz der untergehenden Sonne zu sehen ist. Wichtig ist auch der Winkel, den die Verbindungslinie zwischen Sonne und Mond mit dem Horizont bildet. Ist dieser Winkel sehr klein, steht der Mond zu dicht über dem Horizont, um sichtbar zu sein. Die babylonischen Astronomen, denen dies alles bekannt war, mussten die Bewegungen von Sonne und Mond sehr genau untersuchen. Sie erfanden eine Methode zur Beschreibung der Positionen der beiden Himmelskörper relativ zu den Sternen, die sozusa-

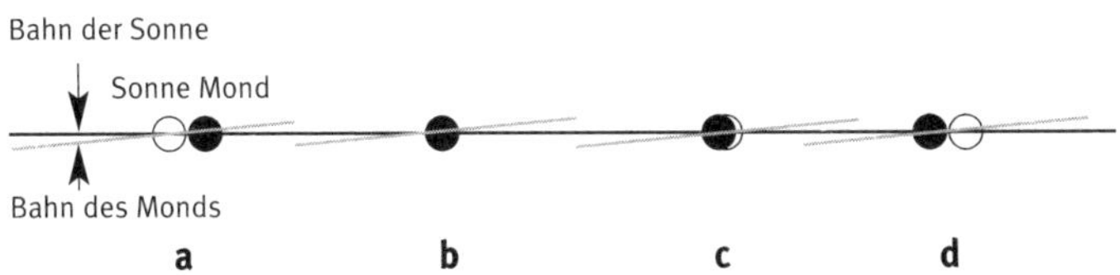

1.3 Die vier Stadien einer totalen Sonnenfinsternis.
a) Erster Kontakt – der Mond scheint die Sonne zu berühren.
b) Zweiter Kontakt – der Mond bedeckt die Sonne vollständig.
c) Dritter Kontakt – die Sonne wird wieder sichtbar.
d) Vierter Kontakt – die Sonne ist nicht mehr vom Mond verdeckt.

gen eine natürliche Karte bildeten, vor der sich diese Körper bewegten. So wie der Postbote eine Adresse benötigt, bevor er einen Brief zu einem bestimmten Haus bringen kann, so mussten die Astronomen Adressen für Sonne und Mond am Himmel festlegen.

Um die Bewegung des Monds zu beschreiben, muss man messen, um wie viel Grad er zu bestimmten Zeitpunkten in ein bestimmtes Sternbild hineingewandert ist. Um anzugeben, wo sich der Mond an einem zukünftigen Datum befinden würde, war es nötig, diese Anzahl der Grade für zukünftige Zeitpunkte vorhersagen zu können. Den Babyloniern gelang dies, indem sie Muster in diesen Zahlensätzen wahrnahmen. Dann versuchten sie, die Muster mit Hilfe von Zahlenreihen zu reproduzieren, wie zum Beispiel 4, 8, 12, 16, 20 ... Ihre theoretische Astronomie war rein arithmetisch. Zu keiner Zeit versuchten sie sich vorzustellen, wie die Himmelskörper im Raum angeordnet sind. Und doch erlaubte ihnen dieser numerische Ansatz, einen Mondkalender zu erstellen und zumindest einige Finsternisse vorherzusagen. Sie wussten auch, dass es noch fünf weitere Himmelskörper gab, die sich relativ zum Sternhintergrund bewegten. Dies sind die fünf mit bloßem Auge sichtbaren Planeten. Als die Babylonier begannen, diese Himmelskörper für astrologische Weissagungen zu nutzen, konnten sie die arithmetischen Berechnungsmethoden verwenden, die zur Lösung von Kalenderproblemen entwickelt worden waren, um die zukünftigen Bewegungen der Planeten vorherzusagen.

Die religiösen und mythologischen Vorstellungen der alten Kulturen hatten einen großen Einfluss auf die Art und Weise, wie die verschiedenen Zivilisationen die technischen Probleme bei der Herstellung von Uhren und Kalendern in Angriff nahmen oder ihren Weg um die Welt fanden.

Wie Thomas Kuhn in *The Copernican Revolution* meint: „Die ausgeklügelten Tafeln der Planetenpositionen und die komplizierten Berechnungsmethoden, die Astronomen vom Altertum bis zur Renaissance entwickelt hatten, waren die wichtigsten Grundlagen für astrologische Vorhersagen ... Die Astrologie lieferte somit das Hauptmotiv, sich mit dem Problem der Planeten herumzuschlagen, sodass die **Astrologie** zu einem besonders bestimmenden Faktor für die **astronomische** Vorstellungskraft wurde." [Hervorhebungen von Percy Seymour]

An dieser Stelle sollten wir den Unterschied zwischen den beiden Disziplinen klarstellen. Die Astronomie befasst sich mit der wissenschaftlichen Untersuchung der Positionen, Bewegungen und zyklischen Veränderungen aller Himmelsobjekte, einschließlich Sonne, Mond, Planeten und Sterne. Sie versucht nicht, die Positionen dieser Objekte mit dem menschlichen Schicksal in Beziehung zu setzen. Dagegen bedeutet in der westlichen Welt Astrologie die Erstellung von Horoskopen, wobei die charakterlichen Eigenarten von Einzelpersonen mit den Positionen der Planeten bei ihrer Geburt verknüpft werden und versucht wird, ihr Schicksal anhand der zukünftigen Bewegungen der Planeten zu bestimmen. Dies ist eine relativ neue Anwendung der Astrologie. Die frühste Form der Astrologie war kritisch urteilend und sagte mit Hilfe himmlischer Zeichen und Omen die Zukunft der Könige, des königlichen Haushalts und des Landes vorher. Eine dritte Art von Astrologie gab es in Griechenland, wo irdische Ereignisse mit der Position der Sonne auf dem Tierkreis und dem Einfluss von Mond und Planeten in Verbindung gebracht wurden.

Die scheinbare Bewegung von Sonne, Mond und Planeten vor dem Sternhintergrund führt durch eine Reihe von Sternbildern, den so genannten Tierkreis. Um ein Horoskop stellen zu können, muss man die aktuellen Positionen von Sonne, Mond und Planeten im Tierkreis kennen sowie das Tierkreissternbild, das zu dem Zeitpunkt aufgeht, für den das Horoskop gestellt wird – und zwar auch dann, wenn die Planeten wegen ihrer Nähe zur Sonne oder schlechten Wetters nicht sichtbar sind. Man musste also die Stellung der Planeten relativ zu den Sternen des Tierkreises vorhersagen können, was durch die von den Babyloniern entwickelte theoretische oder arithmetische Astronomie möglich wurde. Doch obwohl die babylonischen Methoden relativ genau waren, brauchte man ein detaillierteres geometrisches Modell, das die räumliche Anordnung der Himmelskörper erklärte, sowie ein Verfahren, um anhand eines solchen Modells die zukünftigen Bewegungen der Planeten berechnen zu können. Die Griechen waren es, die das Benötigte lieferten.

Der Aufbau des Universums

Alle Kulturen, von denen Aufzeichnungen überliefert sind, haben sich die Frage nach dem Aufbau der Welt gestellt. Um eine Antwort darauf zu finden, wurden die verschiedensten Methoden benutzt. Einige Kulturen gründeten ihr Weltbild auf Mythologie, andere auf religiösen Prinzipien oder philosophischen Argumenten. Im alten Griechenland benutzte man Argumente, die sich auf tatsächliche astronomische Beobachtungen stützen, und alle Kulturen, die aus der hellenistischen hervorgingen, haben diese Tradition fortgesetzt. Eine umfassende Theorie zum Aufbau des Universums nennt man Kosmologie. In der Naturwissenschaft der alten Griechen waren Astronomie, Astrologie und Kosmologie eigenständige, aber doch eng miteinander verknüpfte Disziplinen.

Die Ausgangsdaten für diese Wissenszweige bildeten die Bewegungen der Planeten und Sterne. Der Begriff Planet stammt von dem griechischen Wort planetes, das „Wanderer" bedeutet. Einige Jahrhunderte lang bezeichnete man damit alle Körper, die sich relativ zum Sternhintergrund bewegten. Somit zählten nicht nur die fünf Planeten dazu, die den Griechen bekannt waren (Merkur, Venus, Mars, Jupiter und Saturn), sondern auch die Sonne und der Mond. Erst nach Kopernikus' Tod unterschied man zwischen Sonne und Mond einerseits und den Planeten andererseits.

Durch die astronomischen Beobachtungen ihrer Nachbarn (den Babyloniern, Ägyptern und Assyrern) war den Griechen sehr wohl bekannt, dass die Sterne im Laufe einer Nacht auf- und unterzugehen schienen. Da sie jedoch dabei ihre relative

Lage zueinander beibehielten, konnte man sie praktischerweise zu imaginären Sternbildfiguren zusammenfassen. Die alten Griechen wussten auch, dass jeder Stern von Nacht zu Nacht ein wenig früher im Osten aufging, sodass sich die Positionen der Sternbilder allmählich verschoben, bis nach einem Jahr wieder die Ausgangsposition erreicht war.

Sie wussten, dass der Mond im Laufe eines Mondmonats seine Lage vor dem Sternhintergrund veränderte und dass die Sonne eine eigene Bewegung vollführte, die sich nach einem Jahr wiederholte. Ihnen war auch bekannt, dass sich die Planeten relativ zu den Sternen bewegten, alle mit unterschiedlichen Geschwindigkeiten, und dass sie dabei manchmal die Richtung wechselten. Die Planeten Merkur und Venus entfernten sich nie weit von der Sonne und waren niemals gegen Mitternacht zu sehen. Auf der anderen Seite waren Mars, Jupiter und Saturn zu bestimmten Zeiten im Jahr um Mitternacht sichtbar. Dies waren die Grundtatsachen, die eine geometrische Darstellung des Universums erklären musste.

Henry King zufolge, der zusammen mit John Milburn das Buch *Geared to the Stars* schrieb, ist der älteste bekannte Hinweis auf ein mechanisches Modell von Sonne, Mond und Planeten in dem von Cicero um 60 v. Chr. verfassten Werk *De Republica* enthalten.

King schreibt: „In einer der Diskussionen (aufgezeichnet in Ciceros Buch) informiert Philus seine Gefährten, dass Marcus Claudius Marcellus, nachdem er im Jahr 212 v. Chr. die wohlhabende Stadt Syrakus erobert hatte, zusammen mit reicher Kriegsbeute zwei Sphären fortschaffte, die Archimedes hergestellt hatte. Eine davon war eine massive, kompakte Kugel, auf deren Oberfläche Sterne aufgezeichnet waren. Sie wurde in den Tempel der Vesta gebracht. Die andere war nicht massiv und zeigte die Bewegungen von Sonne, Mond und Planeten. Sie war das einzige Stück aus der Siegesbeute, das Marcellus für sich selbst behielt."

Von diesen Geräten sind weder Nachbildungen noch Teile gefunden worden, ebenso wenig wie genaue Beschreibungen oder Pläne. Wir wissen also nicht, wie Archimedes sie hergestellt hat. Die mechanischen Schwierigkeiten, die bei der Konstruktion solcher Geräte auftreten, lassen jedoch vermuten, dass sie nur die elementarsten Grundideen veranschaulichten und keine getreue Darstellung des Systems von Eudoxus und Aristoteles mit all seinen Feinheiten waren.

Der Antikythera-Mechanismus

Es gibt Hinweise, dass die Griechen das Zahnradgetriebe kannten (siehe Abb. 1.4) und es beim Bau von zumindest einem Gerät benutzten, das mit Himmelsbewegungen zu tun hatte.

Im Jahr 1900 wurde vor der Südküste Griechenlands, nahe der kahlen Insel Antikythera, im Wrack eines griechischen Schiffs eine mechanische Vorrichtung gefunden, die seither den

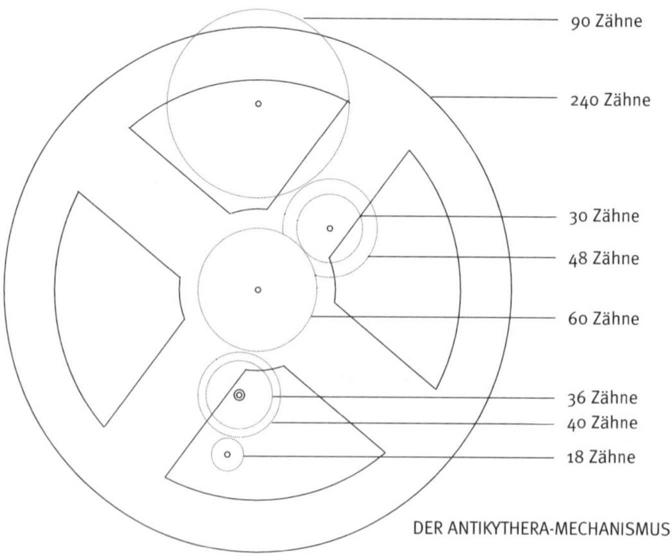

1.4 Die Vorderseite des Antikythera-Mechanismus mit einem Teil der Zahnräder. Nach Diagrammen von Derek de Solla Price.

Namen Antikythera-Mechanismus trägt. Die korrodierten Überreste dieses aus Bronze gefertigten Geräts wurden mit Röntgen- und Gammastrahlen untersucht, und 1974 gab D. J. de Solla Price die Ergebnisse dieser Untersuchung bekannt. Vermutlich wurde das Gerät um 85 v. Chr. gebaut. Nach Meinung von de Solla Price konnte der Originalmechanismus kalendarische Berechnungen durchführen, sodass er anscheinend auch eine der frühsten mechanischen Rechenmaschinen darstellt. G. J. Whitrow sagte über dieses Gerät: „Nach unseren heutigen Kenntnissen kamen die Mechaniker der Antike mit dieser Maschine der Erfindung einer echten mechanischen Uhr am nächsten."

Einige Gelehrte haben sich über ein spezielles kalendarisches Detail dieser Vorrichtung geäußert, nämlich die mechanische Darstellung des Metonischen Zyklus, der von dem griechischen Astronom Meton etwa 432 v. Chr. entdeckt worden war. Dabei handelt es sich um einen lunisolaren Zyklus, der 19 Jahre dauert und nach dessen Ablauf die Mondphasen wieder auf die gleichen Tage des Jahres fallen. Das liegt daran, dass 19 Jahre fast genau 235 Mondmonaten entsprechen.

Richard Gregory schreibt in seinem Buch *Mind in Science*: „Ich glaube, dass es seit Anbeginn des Denkens innere Vorstellungen gegeben hat und immer noch gibt, die untrennbar verknüpft sind mit Mechanik und damit auch mit der heutigen Technologie. Außerdem herrscht auch ein Streben nach eleganten Lösungen, das schwer zu definieren, aber in der Geschichte der Wissenschaft und Philosophie deutlich sichtbar ist. Ebenso klar erkennbar ist es in der Geschichte mechanischer Erfindungen. Im Design des Antikythera-Mechanismus sehen wir das Ringen um vollkommene Proportionen oder Harmonien und die elegante Lösung dieses alten Problems."

In ihrem Buch *Geared to the Stars* schreiben King und Milburn: „Beachtenswert ist das auffallend geschickte Getriebe, mit dessen Hilfe die siderischen und synodischen Monate (siehe Kapitel 6, Abschnitt Das Tellurium, Anm. d. Übers.) aus dem tropischen Jahr abgeleitet wurden; bis zum 16. Jahrhundert taucht nichts Vergleichbares wieder auf."

Derek de Solla Price schrieb 1975 in seinem Buch *Gears from the Greeks*: „Für den Metonischen Zyklus zum Beispiel, der 19 Jahre oder 235 synodische Monate lang ist, ist es unabdingbar, dass der Mond 235 + 19 = 254 siderische Umläufe in einem kompletten Zyklus macht. Entweder kann man einen konsistenten Zahlensatz in das System einbauen, zum Beispiel indem man eine Übersetzung 254/19 hinzufügt ... oder man kann den eleganten, aber mechanisch schwierigen Weg wählen und einen Mechanismus konstruieren, der mit zwei der Umdrehungsgeschwindigkeiten beginnt und eine dritte durch mechanisches Aufsummieren und Differenzieren erzeugt. Der letztere Weg scheint der gewesen zu sein, der zum Einfügen einer Differentialgetriebedrehscheibe in den Antikythera-Mechanismus geführt hat."

In letzter Zeit ist das Interesse an diesem Mechanismus wieder aufgelebt. Eine Übersicht über jüngste Forschungsergebnisse haben Mike Edmunds und Philip Morgan in der Zeitschrift *Astronomy and Geophysics* (Dezember 2000) veröffentlicht. Sie geben eine sehr klare Beschreibung des in dem Mechanismus verwendeten Differentialgetriebes. Dieses ist dem Getriebe eines Autos sehr ähnlich. In einem Gehäuse sind vier Winkelgetriebe rechtwinklig zueinander an drei Schäften befestigt (siehe Abb. 1.5).

Weiter schreiben sie: „Die beiden „Antriebe" kommen von den Sonnen- und Mond-Zahnradsätzen. Ein Satz rotiert gegen den Uhrzeigersinn mit der Geschwindigkeit des Monds, der andere im Uhrzeigersinn mit der Geschwindigkeit der Sonne. Die Differentialdrehscheibe ist so konstruiert, dass das von ihr gelieferte Ergebnis der Hälfte der algebraischen Summe der beiden eingespeisten Geschwindigkeitswerte entspricht."

Mit Hilfe des Differentialgetriebes werden Bewegungen erzeugt, die nötig sind, um die zum Metonischen Zyklus gehörenden Positionen von Sonne und Mond zu bestimmen. Alternative Erklärungen für andere Anwendungen des Mechanismus sind vorgeschlagen worden, da dieser für rein kalendarische Zwecke zu komplex erscheint. So könnte er für astrologische

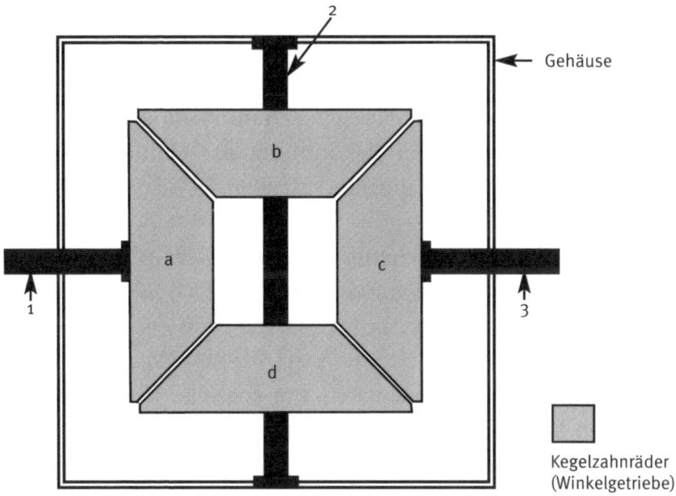

1.5 Prinzip eines Automobilgetriebes.
Kegelzahnrad (b) ist fest an der Welle 2 angebracht, während (d) sich frei um diese Welle drehen kann. Kegelzahnrad (a) ist an Welle 1 befestigt und (c) an Welle 3. Die Antriebsräder des Autos sind an den anderen Enden von 1 und 3 angebracht. Dieser Mechanismus ermöglicht es den Antriebsrädern des Autos, sich mit unterschiedlichen Geschwindigkeiten zu drehen, wenn das Auto um eine Kurve fährt.

Auslegungen benutzt worden sein oder zur Berechnung öffentlicher Feiertage oder zur Einhaltung der Olympiade.

Um Planetenbewegungen vorherzusagen, wären jedoch zusätzliche Zahnradsätze nötig gewesen. Bei Venus und Mars hätten einige weitere Zahnräder und Hebel ausgereicht, um die Positionen dieser Himmelskörper zu simulieren. Planetare Magazine hätten ebenfalls in den Mechanismus eingebaut werden können, um die Positionen der anderen Planeten zu erzeugen. Die Zusatzmechanismen, die sie für Venus und Mars vorschlagen, beruhen auf Plänen des Ptolemäus, der um 150 n. Chr. lebte, also etwa zwei Jahrhunderte nach dem Bau des Mechanismus.

Edmunds und Morgan weisen jedoch darauf hin, dass Apollonius von Perga (um 261–205 v. Chr.) einige Überlegungen des Ptolemäus vorweggenommen hatte: „Er schlug vor, dass ein Planet auf einem Kreis entlangläuft (dem Epizykel), dessen Mittelpunkt sich seinerseits auf einer Kreisbahn (dem Deferenten) um die Erde bewegt ... Diese Theorie war eine natürliche Konsequenz der Behauptung des Herakleides (um 390–310 v. Chr.), dass Venus und Merkur Kreise um die Sonne beschreiben."

Der Antikythera-Mechanismus ist aus zwei Gründen für die Geschichte der Naturwissenschaft und der Technologie von Bedeutung. Erstens zeigt er, dass die Griechen in der Lage waren, Zahnräder zu fräsen – zumindest in kleinem Maßstab – und dass sie solche Räder benutzten, um spezielle Übersetzungen zwischen beweglichen Achsen zu erzeugen. Zweitens bestätigt er zusammen mit anderen historischen Belegen, dass sie die von der Erde aus gesehenen komplizierten Bewegungen von Sonne und Mond voll verstanden und dieses Wissen zusammen mit ihren mechanischen Fähigkeiten nutzten, um eines der frühsten Zahnrad getriebenen Modelle des Universums zu bauen.

Zusammenfassung

Die Astronomie war mit großer Wahrscheinlichkeit die erste Naturwissenschaft. Sie diente zur Herstellung von Kalendern, zur Bestimmung von Uhrzeit und Himmelsrichtungen, für himmlische Vorhersagen und zur Festlegung von Positionen. Nicht alle Überlegungen, die den systematischen astronomischen Beobachtungen und Berechnungen zugrunde lagen, würden wir heute als wissenschaftlich bezeichnen. Doch das planmäßige Vorgehen, mit dem frühe Zivilisationen Daten über Sonne, Mond, Planeten und Sterne sammelten, und die Art und Weise, wie sie versuchten, Erkenntnisse aus diesen Daten abzuleiten, zeigt, dass sie nach einer Methodologie strebten, die wir heute durchaus als Wissenschaft anerkennen würden.

Kapitel 2

Die astronomische Uhr an der St. Mary Church in Ottery. (Mit freundlicher Genehmigung der Kirchenbehörde Ottery.)

Der Nachthimmel

Die Erde dreht sich um ihre eigene Achse, und folglich scheint die Sonne am östlichen Horizont auf- und am westlichen unterzugehen, wodurch der Tag- und Nachtzyklus zustande kommt. Nachts gehen die Sterne ebenfalls im Osten auf, wandern über den Himmel und gehen im Westen unter. Nur Polaris, der Polarstern, bewegt sich nicht, sondern scheint fest an einer Stelle irgendwo zwischen dem Nordpunkt des Horizonts und dem Zenit (dem höchsten Punkt am Himmel) zu stehen. Tatsächlich beschreibt Polaris einen winzigen Kreis am Himmel, da er nicht ganz genau am Himmelspol steht. Doch die Bewegung ist so gering, dass Polaris für die meisten Zwecke als stationär angesehen werden kann und die Nordrichtung angibt.

Abbildung 2.1 zeigt eine Karte vom Nachthimmel, wie er von Greenwich aus am 15. September 1998 um 18:30 Uhr zu sehen war. Mit derartigen Karten kann man darstellen, wie sich der Himmel an einem beliebigen Ort im Laufe einer Nacht ändert oder im Laufe der Jahreszeiten oder sogar über Tausende von Jahren hinweg. Die Sterne scheinen in bestimmten Mustern angeordnet zu sein, die so genannten Sternbilder, die Nacht für Nacht in einer geordneten Gruppe über den Himmel ziehen, von der Osthälfte in die Westhälfte.

Nächtliche Veränderungen am Himmel

Ein wohlbekanntes Sternbild, der Große Bär (Ursa Major) scheint jedoch nicht mit den anderen über den Himmel zu wandern, sondern den Polarstern zu umkreisen. (Die sieben hellsten Sterne im Großen Bär werden übrigens auch der Große Wagen genannt.)

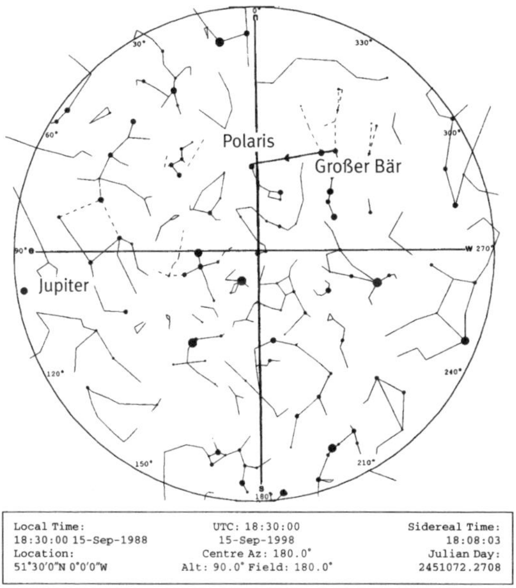

2.1 Karte des Himmels über Greenwich am 15. September 1998 um 18:30 Uhr.

Die Abbildungen 2.2, 2.3, 2.4 und 2.5 zeigen den Himmel in Greenwich um 19:00 Uhr und 22:00 Uhr am 21. März 1999 sowie um 1:00 Uhr und 4:00 Uhr am folgenden Morgen. Auf ihnen erkennt man die ostwestliche Bewegung der Sterne und die feste Position des Polarsterns.

Aus diesen nächtlichen Veränderungen des Himmels kann man bestimmte Schlüsse ziehen. Erstens steht Polaris genau im Norden, und zwar umso höher am Himmel, je weiter nördlich man sich selbst befindet. Blickt man vom Nordpol der Erde aus nach oben, steht der Polarstern fast senkrecht über einem (siehe auch Kap. 9, Abb. 9.1)

Zweitens scheinen die Sterne in der Umgebung des Polarsterns diesen zu umkreisen, wobei sie jedoch nie unter den Horizont tauchen. Diese Sterne heißen „Zirkumpolarsterne", da sie den Himmelspol „umzirkeln". Obwohl sie sich stets über dem

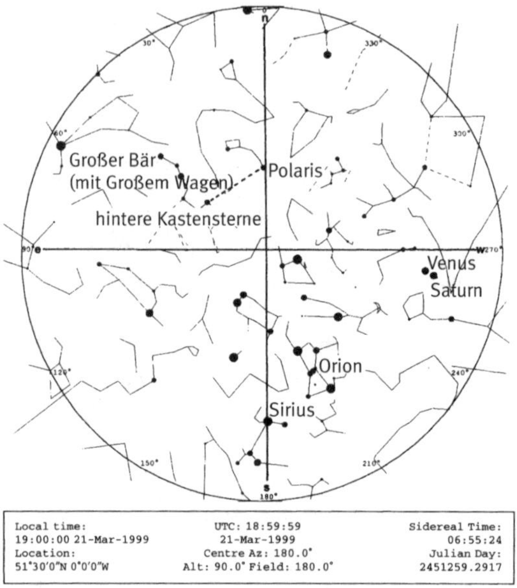
Großer Bär
(mit Großem Wagen)
hintere Kastensterne
Polaris
Venus
Saturn
Orion
Sirius
Local time:
19:00:00 21-Mar-1999
Location:
51°30'0"N 0°0'0"W
UTC: 18:59:59
21-Mar-1999
Centre Az: 180.0°
Alt: 90.0° Field: 180.0°
Sidereal Time:
06:55:24
Julian Day:
2451259.2917

2.2

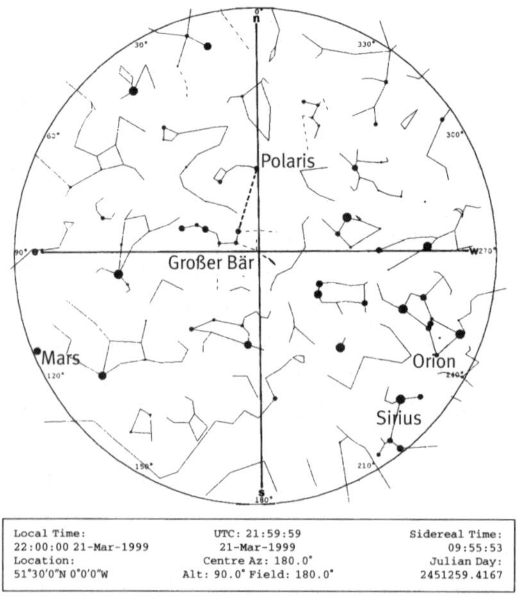
Polaris
Großer Bär
Mars
Orion
Sirius
Local Time:
22:00:00 21-Mar-1999
Location:
51°30'0"N 0°0'0"W
UTC: 21:59:59
21-Mar-1999
Centre Az: 180.0°
Alt: 90.0° Field: 180.0°
Sidereal Time:
09:55:53
Julian Day:
2451259.4167

2.3

2.2 Karte des Himmels über Greenwich am 21. März 1999 um 19:00 Uhr. Um 19:00 Uhr am 21. März ist die Sonne gerade unter dem Horizont verschwunden, wobei sie an diesem Tag genau im Westen untergegangen ist. Der Große Bär (inklusive Großer Wagen) steht hoch im O-NO-Sektor, und seine beiden hellsten Sterne, die hinteren Kastensterne des Großen Wagens, weisen auf Polaris. Der Himmelsjäger Orion steht halbhoch im S-SW-Sektor und Sirius, der „Hundsstern“, genau im Süden etwas tiefer.

2.3 Karte des Himmels über Greenwich am 21. März 1999 um 22:00 Uhr. Um 22:00 Uhr ist Orion in den W-SW-Sektor gewandert; Sirius steht jetzt im Südwesten und noch ein wenig tiefer. Der Große Bär wechselt gerade vom O-NO- in den NO-N-Sektor, während Polaris praktisch an derselben Stelle steht, genau in Richtung Norden, etwa auf halber Höhe zum Zenit.

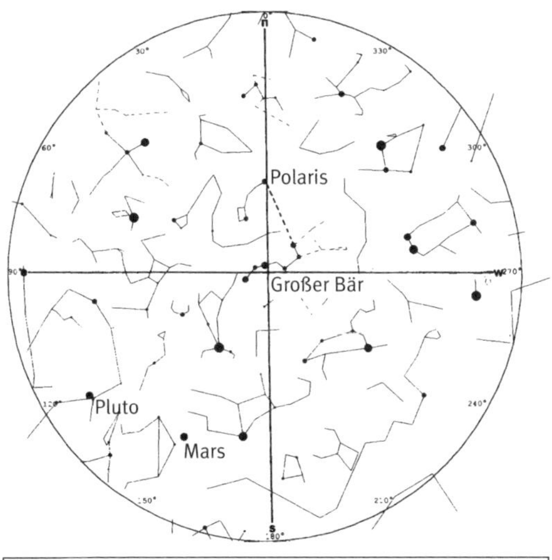

2.4 Karte des Himmels über Greenwich am 22. März 1999 um 1:00 Uhr. Um 1:00 Uhr am nächsten Morgen befindet sich der Große Bär größtenteils im W-NW-Sektor, obgleich sein Schwanz fast den Zenit berührt. Orion ist inzwischen untergegangen.

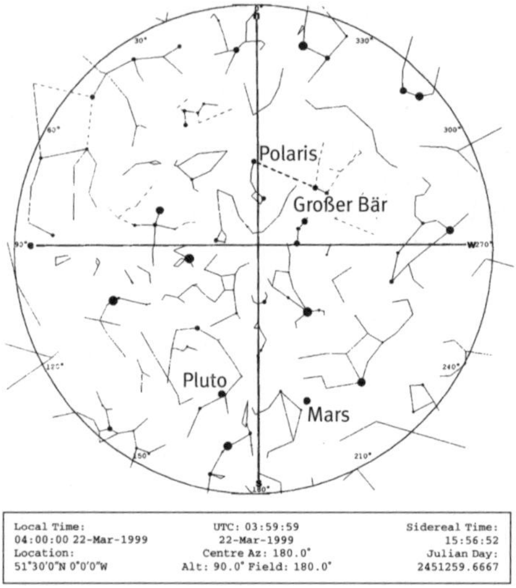

2.5 Karte des Himmels über Greenwich am 22. März 1999 um 4:00 Uhr.

Horizont befinden, kann man sie tagsüber nicht sehen, da sie dann von der Sonne, dem uns am nächsten liegenden Stern, überstrahlt werden.

Drittens beschreiben alle anderen Sterne größere Kreise um den Himmelspol, die teilweise unter dem Horizont verlaufen. Daher gehen diese Sterne im Osten auf (wenn sie sich bei Sonnenuntergang nicht schon oberhalb des Horizonts befinden), laufen über den Himmel und gehen im Westen wieder unter.

Bewegung der Planeten

Schon in alter Zeit hatten die Menschen erkannt, dass sich die Bewegung der Planeten von denen anderer Objekte am Nachthimmel unterscheidet. Sie nehmen zwar ebenfalls an der nächtlichen Wanderung von Ost nach West teil, und von einer Nacht zur nächsten ist bei den meisten von ihnen auch kaum eine Ver-

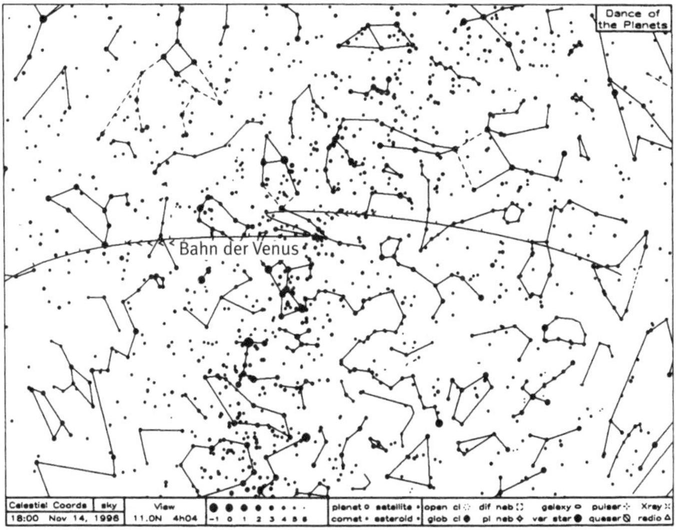

2.6 Die Bewegung der Venus vor dem Sternhintergrund.

änderung in ihrer wahren Bewegung zu erkennen. Doch nach einigen Tagen, zwei Wochen oder gar einem Monat wird deutlich, dass Planeten ihre Lage relativ zu den Hintergrundsternen verändern. Ihre Geschwindigkeit ist ungleichmäßig, und manchmal laufen sie sogar rückwärts. Diese Bewegung lässt sich als eine Kombination der Bewegungen der Erde und der anderen Planeten um die Sonne erklären.

Abbildung 2.6 zeigt die Positionsänderungen der Venus relativ zum Sternhintergrund in den ersten acht Monaten des Jahres 1996. In diesem Zeitraum war Venus nicht die ganze Zeit über sichtbar, da sie im Juni in derselben Himmelregion stand wie die Sonne und durch deren Licht überstrahlt wurde. Zuvor war Venus links von der Sonne als „Abendstern“ zu sehen, nach Juni dann rechts von der Sonne als „Morgenstern“. In Abbildung 2.7 ist die Bewegung des Jupiter über den Großteil des Jahres 1996 wiedergegeben, so wie sie von der Erde aus zu sehen war.

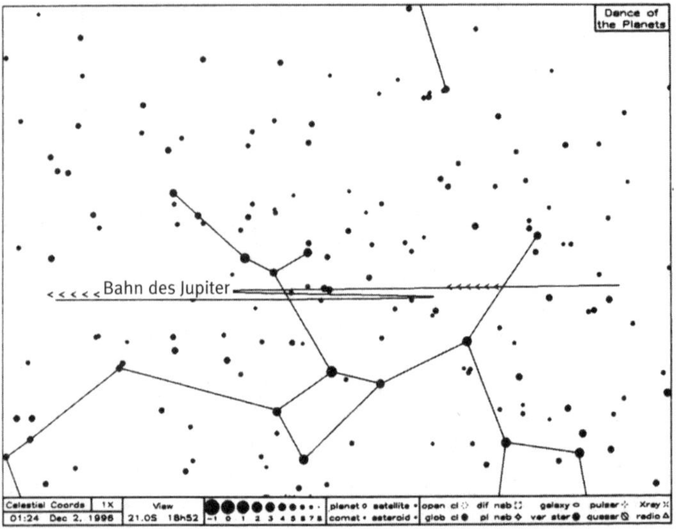

2.7 Die Bewegung des Jupiter vor dem Sternhintergrund.

Der Nachthimmel von verschiedenen Standorten aus gesehen

Es ist wichtig zu wissen, dass der Himmel unterschiedlich aussieht, je nachdem, von wo aus auf der Erde man ihn betrachtet. Die Abbildungen 2.8a, b, c und d verdeutlichen das in einigen Beispielen: der Himmel vom Nordpol aus gesehen, mit Polaris fast senkrecht über unseren Köpfen; der Himmel bei 45 Grad nördlicher Breite und bei 45 Grad südlicher Breite; und schließlich der Himmel am Südpol. Abbildung 2.8e zeigt das Kreuz des Südens und die beiden „Zeigersterne“, die zum Kreuz weisen.

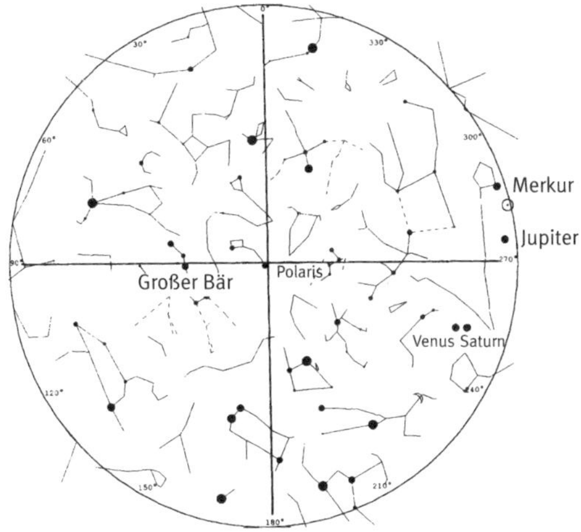

Local Time: 19:00:00 21-Mar-1999 Location: 90°0'0"N 0°0'0"W	UTC: 18:59:59 21-Mar-1999 Centre Az: 180.0° Alt: 90.0° Field: 180.0°	Sidereal Time: 06:55:24 Julian Day: 2451259.2917

2.8a Anblick des Himmels am Nordpol.

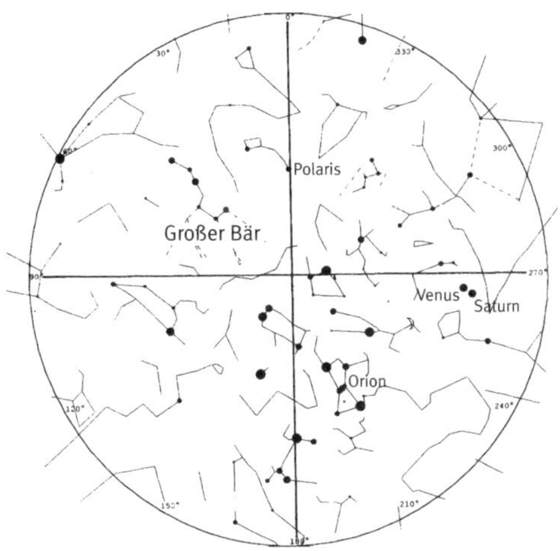

Local Time: 19:00:00 21-Mar-1999 Location: 45°0'0"N 0°0'0"W	UTC: 18:59:59 21-Mar-1999 Centre Az: 180.0° Alt: 90.0° Field: 180.0°	Sidereal Time: 06:55:24 Julian Day: 2451259.2917

2.8b Anblick des Himmels bei 45° nördlicher Breite.

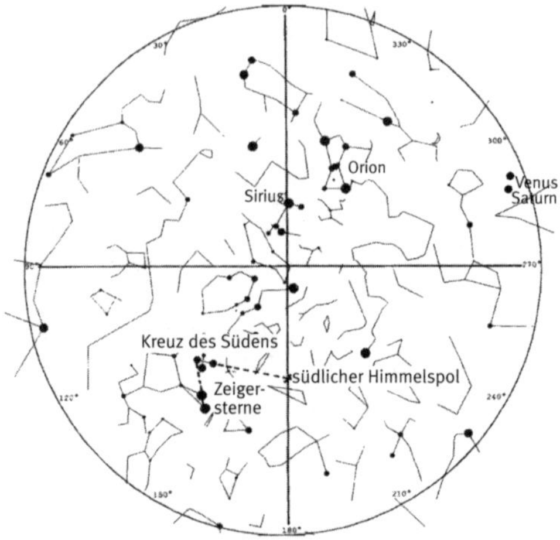

Local Time:	UTC: 18:59:59	Sidereal Time:
19:00:00 21-Mar-1999	21-Mar-1999	06:55:24
Location:	Centre Az: 180.0°	Julian Day:
45°0'0"S 0°0'0"W	Alt: 90.0° Field: 180.0°	2451259.2917

2.8c Anblick des Himmels bei 45° südlicher Breite.

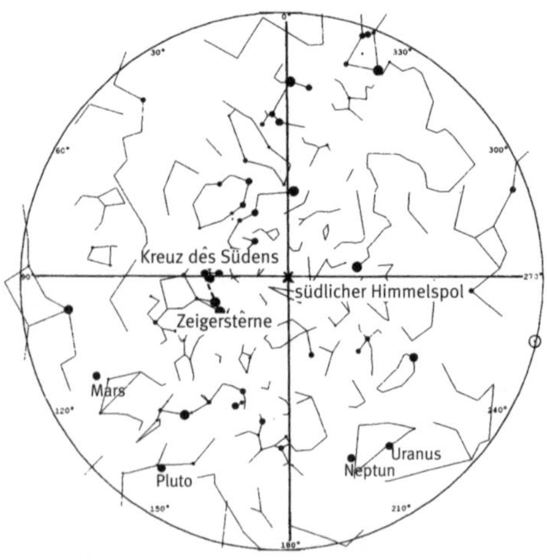

Local Time:	UTC: 18:59:59	Sidereal Time:
19:00:00 21-Mar-1999	21-Mar-1999	06:55:24
Location:	Centre Az: 180.0°	Julian Day:
90°0'0"S 0°0'0"W	Alt: 90.0° Field: 180.0°	2451259.2917

2.8d Anblick des Himmels am Südpol.

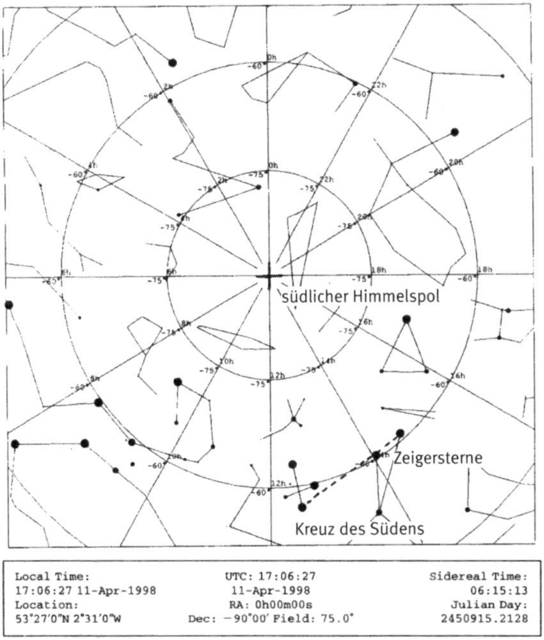

2.8e Die Sterne rings um den südlichen Himmelspol, mit dem Kreuz des Südens und den beiden Zeigersternen.

Jahreszeiten, Tagundnachtgleichen und Sonnenwenden

Der Nachthimmel verändert sich auch im Laufe eines Jahres, vom Frühling über den Sommer und Herbst zum Winter. Dies kann man erklären, wenn man die Bewegung der Erde um ihre Achse sowie ihren Umlauf um die Sonne sozusagen „vom Weltall aus" betrachtet (siehe Abb. 2.9). Das nördliche Ende der Erdachse weist dabei stets auf den Polarstern. Während des nördlichen Winters ist der Nordpol von der Sonne weg, im nördlichen Sommer dagegen auf sie zu geneigt. Im Frühling und Herbst sind beide Pole gleich weit von der Sonne entfernt. Dementsprechend blickt man nachts jeweils an andere Abschnitte der „Himmelskuppel".

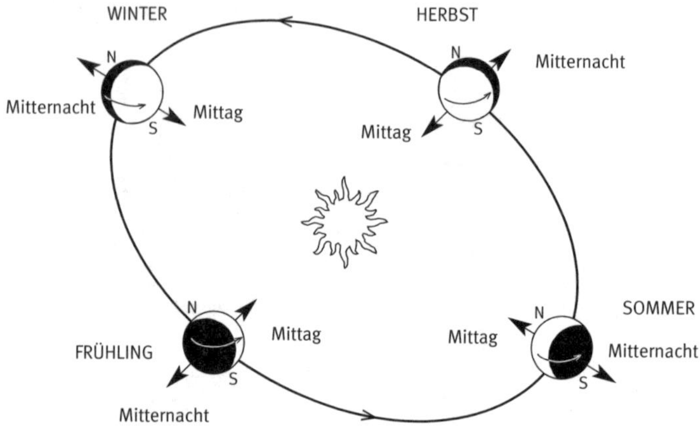

2.9 Die Positionen der Erde auf ihrer Bahn um die Sonne zu den vier Jahreszeiten.

Die Abbildungen 2.10a, b, c und d zeigen den Himmel wiederum bei der geografischen Länge von Greenwich um 22:00 Uhr am 21. März, 21. Juni, 23. September und 21. Dezember 1999.

Auf der Karte vom 21. März sind die Sternbilder Jungfrau (Virgo) im O-SO-, Löwe (Leo) im S-SO-, Krebs (Cancer) im S-SW- und Zwillinge (Gemini) im W-SW-Sektor zu sehen. Das Sternbild Orion geht gerade im W-SW-Sektor unter, und Sirius steht im Südwesten. Der Große Bär (Ursa Major) befindet sich fast im Zenit. Bis zum 21. Juni – der Sommersonnenwende – hat sich dann einiges verändert. Nun steht der Löwe im Westen und die Jungfrau im Südwesten. Im Süden erkennt man die Sternbilder Skorpion (Scorpio) und Waage (Libra) und tief im Südosten den Schützen (Sagittarius). Der Große Bär steht im Nordwesten, aber immer noch recht hoch am Himmel. Zur Herbst-Tagundnachtgleiche (Herbstäquinoktium) im September ist er dann in den N-NW-Sektor gewandert. Der Stier (Taurus) ist im N-NO-Sektor aufgetaucht, und die Fische (Pisces) sind hauptsächlich im O-SO-, der Wassermann (Aquarius) im S-SO- und der Steinbock (Capricornus) im S-SW-Sektor zu sehen. Kurz vor Weihnachten, zur Wintersonnenwende, steht Orion wieder auf halber Höhe im S-SO-Sektor. Sirius steht fast genau im Süden, der Löwe geht gerade im O-NO-Sektor auf, während sich die Zwillinge im O-SO- und der Große Bär im N-NO-Sektor befinden.

Diese Sternkarten zeigen den Himmel, der von der Nordhalbkugel der Erde aus sichtbar ist. Das Sternbildmuster auf der südlichen Hemisphäre ist ein anderes: Die vertrauten Tierkreissternbilder mögen zwar zu sehen sein, aber zu anderen Jahreszeiten. Doch auch der Südhimmel hat seine eigenen herausragenden Konstellationen, wie das Kreuz des Südens. Einen Stern, der den südlichen Himmelspol markiert – ein Gegenstück zum Polarstern –, gibt es jedoch nicht.

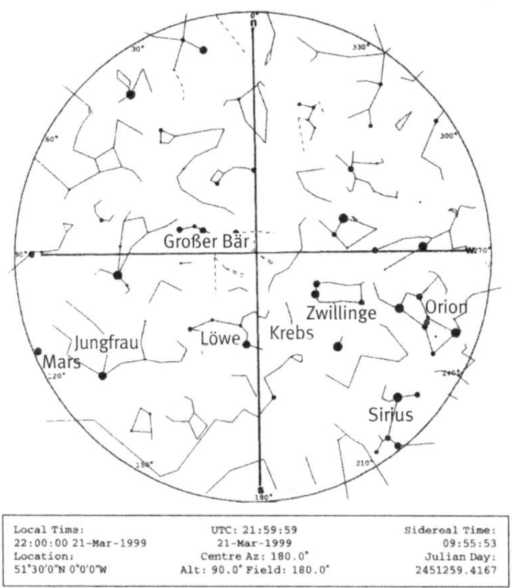

2.10a Die Frühlings-Tagundnachtgleiche.
Am 21. März ist „Frühlings-Tagundnachtgleiche" (Frühlingsäquinoktium) und Frühlingsanfang. An diesem Tag geht die Sonne genau im Osten auf und im Westen unter, wodurch überall auf der Welt die Anzahl der hellen Tagstunden gleich der der dunklen Nachtstunden ist.

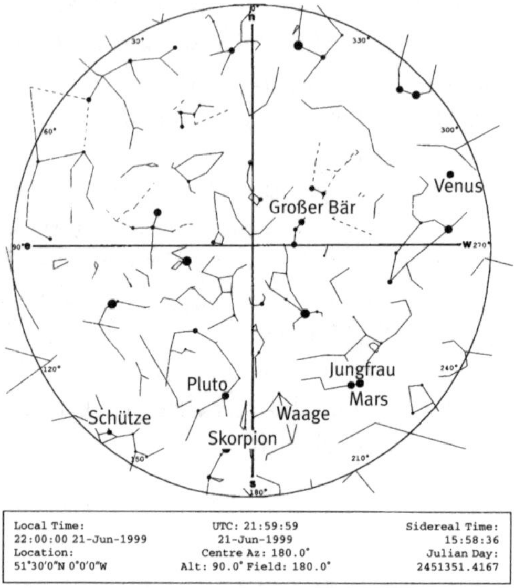
Großer Bär
Venus
Jungfrau
Mars
Pluto
Schütze
Waage
Skorpion
Local Time:
22:00:00 21-Jun-1999
Location:
51°30'0"N 0°0'0"W
UTC: 21:59:59
21-Jun-1999
Centre Az: 180.0°
Alt: 90.0° Field: 180.0°
Sidereal Time:
15:58:36
Julian Day:
2451351.4167

2.10b

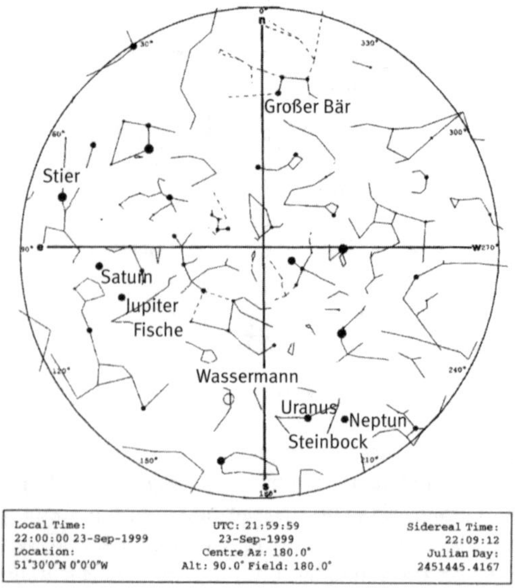
Großer Bär
Stier
Saturn
Jupiter
Fische
Wassermann
Uranus
Neptun
Steinbock
Local Time:
22:00:00 23-Sep-1999
Location:
51°30'0"N 0°0'0"W
UTC: 21:59:59
23-Sep-1999
Centre Az: 180.0°
Alt: 90.0° Field: 180.0°
Sidereal Time:
22:09:12
Julian Day:
2451445.4167

2.10c

2.10b Die Sommersonnenwende.
Am 21. Juni ist „Sommersonnenwende“ und Sommeranfang auf der Nordhalbkugel. An diesem Tag geht die Sonne irgendwo zwischen Osten und Norden auf, je nach geografischer Breite. Es ist der längste Tag und die kürzeste Nacht des Jahres. In Nordskandinavien geht die Sonne nicht unter, sondern sinkt nur tiefer, sodass es überhaupt nicht dunkel wird.

2.10c Die Herbst-Tagundnachtgleiche.
Am 23. September ist „Herbst-Tagundnachtgleiche“ (Herbstäquinoktium) und Herbstanfang. Wiederum geht die Sonne exakt im Osten auf und im Westen unter, und Tag und Nacht sind gleich lang.

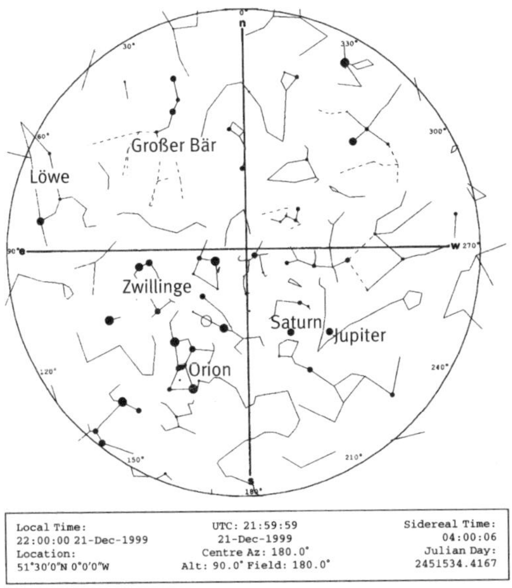

2.10d Die Wintersonnenwende.
Am 21. Dezember ist „Wintersonnenwende“ und Winteranfang auf der Nordhalbkugel. An diesem Tag geht die Sonne im Südwesten auf. Wir erleben den kürzesten Tag und die längste Nacht. Jenseits des Polarkreises herrscht Polarnacht, die von 24 Stunden am Polarkreis bis sechs Monate am Pol selbst dauert.

An einem beliebigen Standort sind also im Laufe eines Jahres nachts um 22:00 Uhr unterschiedliche Sternbilder zu sehen. Einige Sternbildgruppen beherrschen in der einen Jahreszeit den Nachthimmel, während andere zu einer anderen Jahreszeit sichtbar sind. Dieser jahreszeitliche Wechsel wiederholt sich jahrein, jahraus über Generationen, wobei kaum Veränderungen eintreten – zumindest nicht mit einer Geschwindigkeit, die mit bloßem Auge wahrnehmbar wäre, selbst über ein Menschenleben hinweg.

Trotz dieser Regelmäßigkeit finden jedoch einige sehr langsame, aber konstante Veränderungen statt, mit extrem langen Perioden von Hunderten und Tausenden von Jahren. Die wichtigste dieser Veränderungen ist die „Präzession der Äquinoktien".

Die Präzessionsbewegung des Himmels

Um die Präzession zu verstehen, muss man einige astronomische Begriffe kennen.

Der nördliche Himmelspol ist der Punkt, um den sich der Himmel auf der Nordhalbkugel zu drehen scheint; er liegt senkrecht über dem Nordpol der Erde. Der Himmelsäquator ist die Projektion des Erdäquators an den Himmel. Die jährliche Bahn der Sonne vor dem Sternhintergrund heißt „Ekliptik". So wie die geografische Breite als Abstand vom Erdäquator in Grad angegeben wird, so wird der Abstand eines Gestirns vom Himmelsäquator, die so genannte „Deklination", ebenfalls in Grad gemessen. Die Ekliptik ist gegen den Himmelsäquator geneigt und schneidet ihn in zwei Punkten, dem Frühlingspunkt und dem Herbstpunkt. Der Frühlingspunkt ist sehr wichtig für die Astronomie: Er markiert die Position der Sonne am Frühlingsanfang (Frühlingsäquinoktium) auf der Nordhalbkugel.

Die Abbildungen 2.11a, b, c und d zeigen die Positionen des Polarsterns in den letzten 6000 Jahren im Vergleich zum tatsächlichen Himmelspol. Obwohl der Polarstern heute sehr dicht am nördlichen Himmelspol liegt, erkennt man, dass er seit 4000 v. Chr. einen großen Winkel durchwandert hat. Das ist

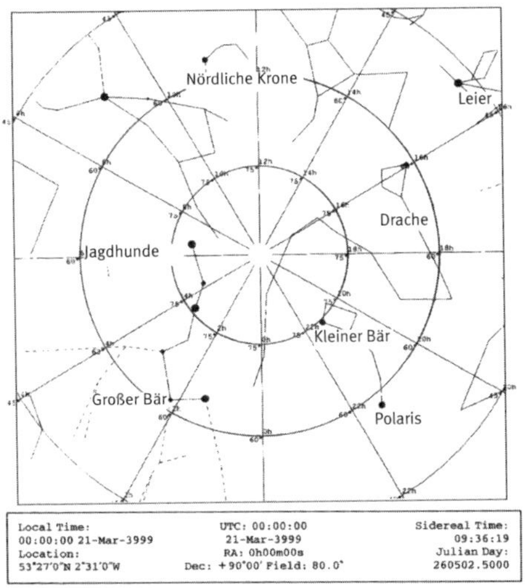

2.11a Die durch die Präzession hervorgerufene Änderung der Position von Polaris relativ zum Himmelspol in den letzten 6000 Jahren (21. März 4000 v. Chr.).

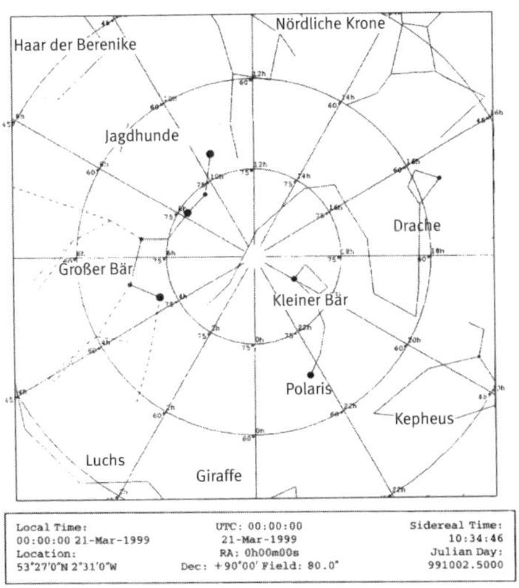

2.11b Die durch die Präzession hervorgerufene Änderung der Position von Polaris relativ zum Himmelspol in den letzten 6000 Jahren (21. März 2000 v. Chr.).

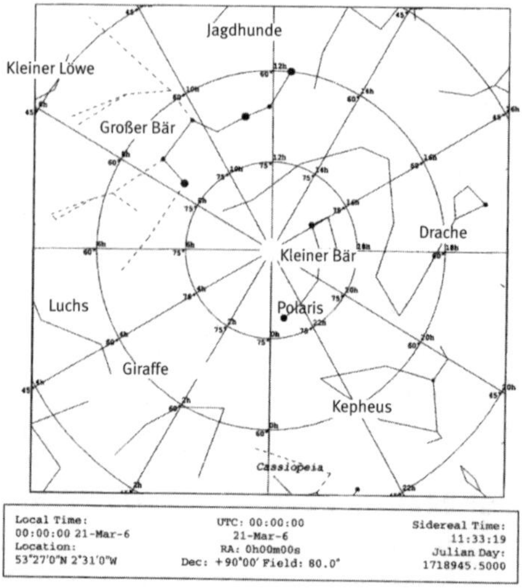

2.11c Die durch die Präzession hervorgerufene Änderung der Position von Polaris relativ zum Himmelspol in den letzten 6000 Jahren (21. März 7 v. Chr.).

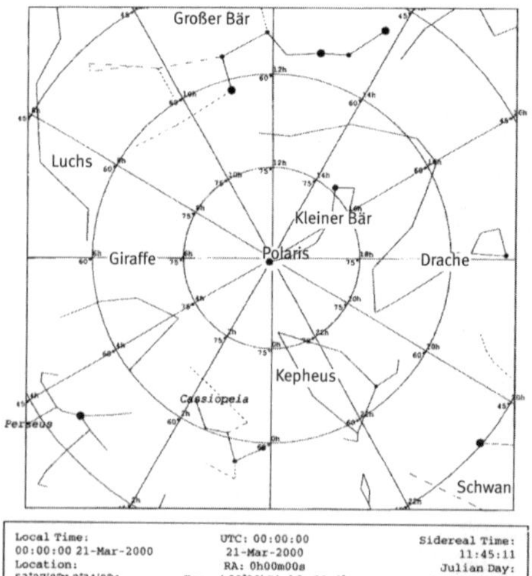

2.11d Die durch die Präzession hervorgerufene Änderung der Position von Polaris relativ zum Himmelspol in den letzten 6000 Jahren (21. März 2000).

einer der Effekte der Präzessionsbewegung (siehe auch Kapitel 6, Gyroskope).

Auf ihrer jährlichen Bahn über den Himmel durchquert die Sonne eine Reihe von zwölf Sternbildern, die als der „Tierkreis“ bekannt sind. Jedes dieser Sternbilder misst etwa 30 Grad, alle zwölf zusammen also 360 Grad, einen vollen Kreis. Dies sind die zwölf berühmten Tierkreissternbilder: Widder (Aries), Stier (Taurus), Zwillinge (Gemini), Krebs (Cancer), Löwe (Leo), Jungfrau (Virgo), Waage (Libra), Skorpion (Scorpio), Schütze (Sagittarius), Steinbock (Capricornus), Wassermann (Aquarius) und Fische (Pisces). Die Sonne durchwandert den Tierkreis in dieser Reihenfolge, doch durch die Präzession verschiebt sich der Frühlingspunkt, also ihre Position am Frühlingsäquinoktium, und wandert rückwärts durch die einzelnen Sternbilder. Abbildung 2.12 zeigt, wie sich die Lage des Frühlingspunktes in den letzten 4000 Jahren verändert hat.

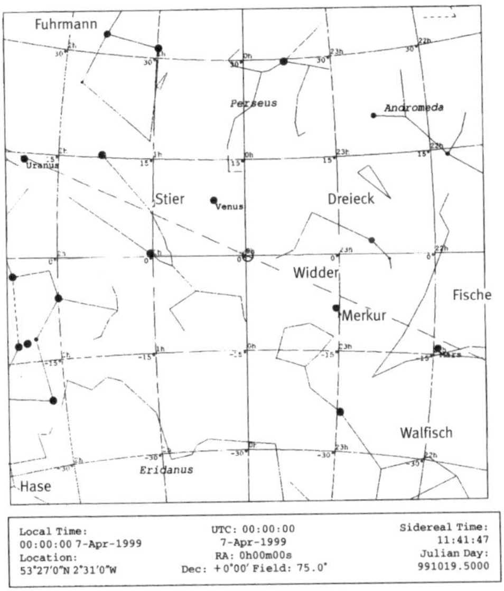

2.12a Die durch die Präzession hervorgerufene Änderung der Position der Sonne am Frühlingsanfang in den letzten 4000 Jahren (7. April 2000 v. Chr.).

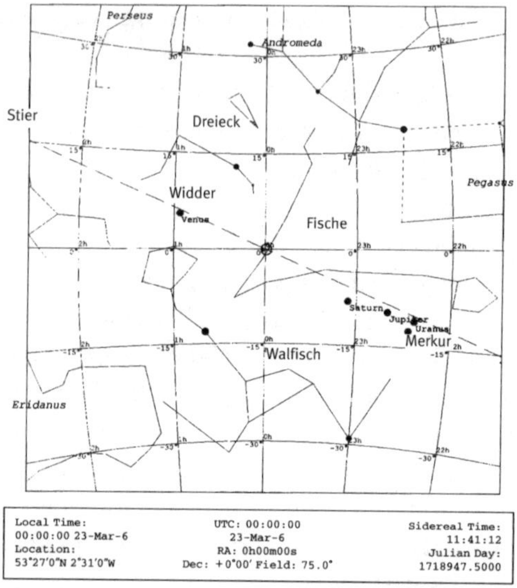

2.12b Die durch die Präzession hervorgerufene Änderung der Position der Sonne am Frühlingsanfang in den letzten 4000 Jahren (23. März 7 v. Chr.).

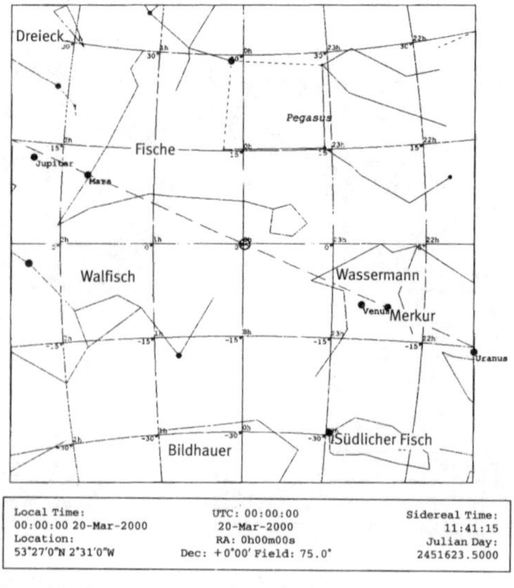

2.12c Position der Sonne am Frühlingsanfang im Jahr 2000.

Kapitel 3

Ein moderner Sternglobus aus der Sammlung des William-Day-Planetariums. (Mit freundlicher Genehmigung der Universität Plymouth.)

Himmelsgloben und Armillarsphären

Aristoteles

Eines der ersten Weltmodelle der alten Griechen wurde von Aristoteles (384–322 v. Chr.) aufgestellt. Seine Familie stammte aus Mazedonien, wo sein Vater Leibarzt von König Amyntas II. war. Nach dem Tod seiner Eltern wurde Aristoteles von einem Freund der Familie großgezogen. Mit 17 kam er an die Akademie Platons, wo ihn dieser als „den Verstand der Schule" bezeichnete. Aristoteles' Werk war sehr vielseitig – neben seinen Schriften zur Philosophie verfasste er auch wichtige Arbeiten auf dem Gebiet der Biologie und beschäftigte sich mit Kosmologie.

Aristoteles zufolge war die Erde eine Kugel, die bewegungslos im Mittelpunkt der Welt ruhte. Sie war umgeben von einer riesigen Hohlkugel, der „Himmelssphäre", an der alle Sterne befestigt waren. Weiter innen lagen noch weitere Sphären, die die Planeten, die Sonne und den Mond trugen (siehe Abb. 3.1).

Die Bewegung der äußeren Sphären wurde mittels Reibungshaftung zwischen benachbarten Sphären nach unten übertragen. Daher bewegte sich die Saturn-Sphäre relativ zur Fixsternsphäre am wenigsten und die des Monds am meisten, weil sein Reibungsantrieb am ineffektivsten war. Zudem war die Mondsphäre mit der fest stehenden Erde in Kontakt, was die Wirksamkeit des Antriebs noch mehr reduzierte. Nach den Vorstellungen des Aristoteles und seiner griechischen Zeitgenossen gab es einen „Ersten Beweger", der selbst unbewegt und die erste und letzte Ursache aller himmlischen Bewegungen war. Gott – der Erste Beweger – war der ewige, gütigste und unbewegte Beweger. So wie der Erste Beweger Himmelsobjekte bewegt, so könnten auf ähnliche Weise die Menschen durch Güte bewegt werden. Aristoteles' Kosmologie enthielt zwei Gruppen von physikalischen Gesetzen, eine für die Region oberhalb des Monds – die superlunare Region – und eine für die unterhalb gelegene – die sublunare Region. In der superlunaren

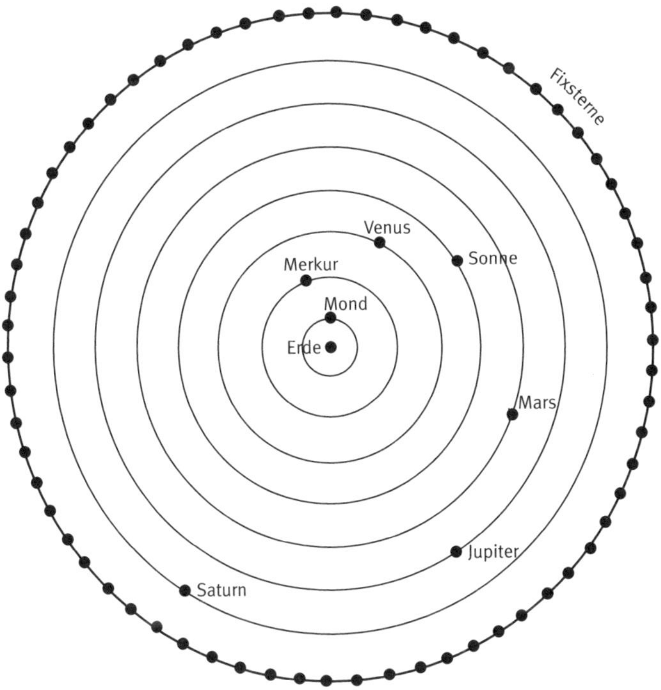

3.1 Das Weltmodell des Aristoteles mit der Erde im Mittelpunkt. Die äußere Sphäre wurde häufig als Sphäre der Fixsterne bezeichnet, da sich die Sterne nicht gegeneinander zu bewegen schienen. Die Sphäre, so glaubte man, drehte sich in etwas weniger als einem Tag (23 Stunden und 56 Minuten Sonnenzeit) einmal um die Erde. Zwischen Fixsternsphäre und Erde befanden sich sieben weitere Kristallsphären (durch die hindurch die Sterne sichtbar waren), an denen jeweils ein Planet, die Sonne und der Mond befestigt waren. Saturn lag auf der Sphäre direkt unterhalb der Fixsterne, Jupiter auf der nächstunteren, etwas kleineren. Dann folgten Mars, die Sonne, Venus, Merkur und auf der untersten schließlich der Mond.

Region war alles vollkommen: Die Bewegungen waren alle kreisförmig, es gab keine Veränderungen außer zyklische, und es herrschte keinerlei Verfall. Diese Region bestand aus einem einzigen Element – dem Äther. Im sublunaren Bereich herrschte Unvollkommenheit, ständiger Wechsel und Verfall, und die Bewegungen waren geradlinig. Nach Aristoteles' Schema bestanden alle Dinge in der sublunaren Region aus den vier Elementen Erde, Wasser, Feuer und Luft.

Jedem der sieben Körper, die zwischen der Himmelssphäre und der Erde lagen, konnte eine Bahn auf der Himmelssphäre zugeordnet werden. Die Bahn der Sonne vor den Hintergrundsternen nannte man Ekliptik (wie in Kapitel 1 beschrieben). Die Sonne vollführte in einem Jahr einen Umlauf auf dieser Bahn, die gegen den Himmelsäquator (der Projektion des Erdäquators an die Himmelssphäre) um einen Winkel von 23½ Grad geneigt war. Die Bahn des Monds vor den Sternen war gegen die der Sonne um etwa fünf Grad geneigt. Die beiden Punkte, in denen sie die Ekliptik schnitt, nannte man die Mondknoten (siehe Abb. 3.2). Die Planeten folgten ihren eigenen Bahnen, die komplizierter waren als die von Sonne und Mond. Jede Planetenbahn war um einen anderen Winkel (aber immer nur wenige Grade) gegen die Ekliptik geneigt.

Das kosmologische Modell des Aristoteles diente fast zwei Jahrtausende lang als Grundlage für unser Weltbild, bis Kopernikus und Galilei die westliche Denkweise radikal veränderten. Doch für viele Zwecke kann man auch noch das aristotelische Schema verwenden, wobei die neun Sphären auf zwei reduziert werden. Die Erde liegt im Mittelpunkt der sternenbesetzten Himmelssphäre. Die Bewegungen von Sonne, Mond und Planeten kann man sich an der Innenseite der Himmelssphäre verlaufend vorstellen. Diese Himmelssphäre dreht sich dann um eine Achse, die durch die Pole der Erde verläuft. Positionen auf der Erdoberfläche können in Form von geografischer Länge und Breite angegeben werden, die ein imaginäres Gitter auf der Erdoberfläche bilden. In der Mitte zwischen Nord- und Südpol teilt ein Großkreis – der Äquator – die Erde in eine nördliche

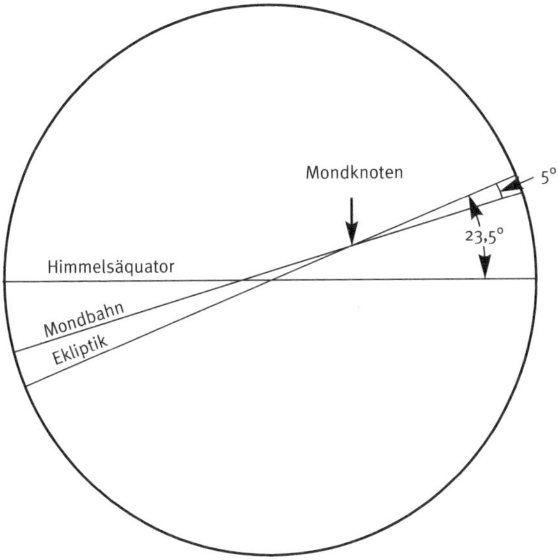

3.2 Himmelsäquator, Ekliptik und die Bahn des Monds an der Himmelssphäre.

und eine südliche Halbkugel. Die parallel zum Äquator verlaufenden kleineren Kreise sind die Breitenkreise. Der Äquator liegt bei null Grad Breite, der Nordpol bei 90 Grad nördlicher, der Südpol bei 90 Grad südlicher Breite. Die geografische Breite ist demnach der Abstand zum Äquator, ausgedrückt in Grad.

Die senkrecht zum Äquator von Pol zu Pol laufenden Halbkreise sind die Längenkreise oder Meridiane (siehe Abb. 3.3). Mit der Definition dieser Meridiane können Positionen sehr viel genauer bestimmt werden. Jeder dieser Meridiane könnte als Ausgangspunkt für die Messung rings um die Erde gewählt werden, und im Laufe der Geschichte wurden tatsächlich verschiedene Längenkreise als Nullmeridian angesehen. Dies war so bis 1884. Dann wurde der durch Greenwich verlaufende Längenkreis von den meisten Ländern als Nullmeridian, das heißt als der Meridian mit der geografischen Länge Null, akzeptiert (siehe Kapitel 9).

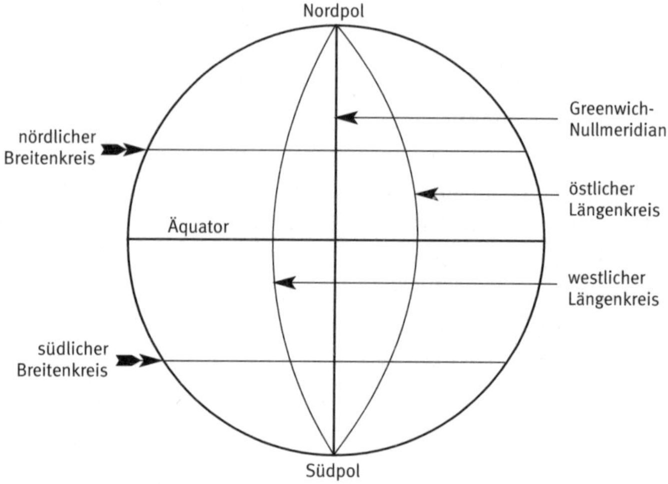

3.3 Erdglobus mit Breitenkreisen und Längenkreisen (Meridianen).

Ursprünge der Sternbilder

Die Sterne an der Innenseite der Himmelssphäre sind zu Sternbildfiguren gruppiert, die nach Tieren, Fabelwesen und Heldinnen und Helden der Mythologie benannt sind. Wann diese Gruppierungen geschaffen wurden, ist nicht bekannt, doch Hinweise darauf finden sich in den Werken griechischer Astronomen wie Eudoxos (etwa 400–350 v. Chr.) und Hipparchos (190–120 v. Chr.)

Eudoxos

Eudoxos gilt als der große Universalgelehrte der Antike. Er wurde um 400 v. Chr. in Knidos geboren, wo er auch etwa 350 v. Chr. starb. Zu seinen zahlreichen Leistungen gehört zum Beispiel auch die Aufstellung einer Reihe von Gesetzen für Knidos, doch besonders hervorgetan hat er sich auf den Gebieten der Mathematik, Astronomie und Geografie. Eudoxos studierte eine Zeit lang bei Platon in Athen und begann sich für Philosophie und Astronomie zu interessieren. Er war ein herausragender Mathematiker, und angeblich basieren etliche Bände von Euklids *Elementen* auf seinen Überlegungen – jene Bücher, aus denen viele Jahrhunderte lang Studenten vornehmlich ihr Wissen über Geometrie bezogen.

Nach seinem Studium in Griechenland ging Eudoxos nach Ägypten auf die Suche nach dem astronomischen Wissen der alten Ägypter. Nach seiner Rückkehr schrieb er ein Buch mit dem Titel *Die Phänomene* und stellte einen Globus her. Leider sind weder die Werke des Eudoxos noch sein Globus in ihrer Originalform erhalten. Der Dichter Aratos (315–250 v. Chr.) war jedoch vom König von Mazedonien, Antigonos Gonatas, beauftragt worden, ein Gedicht über Eudoxos und sein Werk zu schreiben. Und dieses Gedicht, ebenfalls *Die Phänomene* genannt, gibt es noch. Es liefert einen sehr wichtigen Anhaltspunkt zum Ursprung der Sternbilder.

Hier ein Auszug aus dem Gedicht: „So hielt er es für gut, die Sterngruppen zu erschaffen, dass alle geordnet beieinander liegen und ihre Formen zeigen. Und somit erhielten die Sterne auf einmal Namen und gehen jetzt als uns Vertraute auf."

Hipparchos

Hipparchos war vermutlich der größte Astronom der Antike. Er besaß ein Observatorium auf der Insel Rhodos, in der südöstlichen Ägäis. Ein Großteil der Instrumente, die in den folgenden 17 Jahrhunderten in der vorteleskopischen Astronomie (der Astronomie mit bloßem Auge) Verwendung fanden, waren von ihm erfunden und äußerst nutzbringend angewandt worden. Der erste Hinweis auf den Ursprung der Sternbilder stammt von der Tatsache, dass Hipparchos die in dem Werk

Die Phänomene enthaltene Himmelsbeschreibung kritisiert. Die dort beschriebenen Sternbilder stimmten nicht mit denen überein, die er von Rhodos aus – 31 Grad vom Äquator entfernt – beobachtete.

Nur vom Äquator aus sind alle Sternbilder sichtbar. Von allen anderen Orten auf der Nordhalbkugel aus ist ein Teil der Sterne, und zwar die in der Nähe des südlichen Himmelspols, nicht zu sehen. Umgekehrt gilt das Gleiche für die Südhalbkugel. Andererseits kann man von nördlichen Breiten aus Sterne beobachten, die nie unter den Horizont sinken, wenn sie auch bei Tage wegen des hellen Sonnenscheins nicht sichtbar sind. Das sind die im vorigen Kapitel bereits erwähnten Zirkumpolarsterne. Welche Sterne das sind, ändert sich mit der Zeit, und zwar wegen der Präzession, die ebenfalls in Kapitel 2 beschrieben wird. Infolge der Präzession wandert der Punkt, um den sich der gesamte Himmel auf der Nordhalbkugel zu drehen scheint (der nördliche Himmelspol), mit einer Periode von einigen zehntausend Jahren auf einer Kreisbahn zwischen den nördlichen Sternen. Da die Bewegung jedoch so langsam ist, sind die Veränderungen im Laufe eines Menschenlebens kaum wahrnehmbar. In den letzten hundert Jahren hat die Erdachse fast genau auf Polaris gezeigt – den Polarstern (manchmal auch Nordstern genannt). Aus historischen Beschreibungen der Zirkumpolarsterne sowie der anderen Sterne am restlichen Himmel kann man somit die Lage des Himmelspols zu einer bestimmten Epoche ableiten und auch seine Höhe über dem Horizont. Damit ist es wiederum möglich, Standorte auf der Erde anzugeben, an denen bestimmte Sterne zu einer gegebenen Zeit zirkumpolar waren.

Im Jahr 1965 analysierten Ovenden und sein Kollege Roy die Arbeiten von Eudoxos und Aratos, um herauszufinden, wo und wann die Sternbilder erstmals in systematischer Form festgelegt wurden. In seiner Analyse von 1984 gibt Roy den Zeitpunkt mit etwa 2000 v. Chr. plus oder minus etwa 200 Jahre an und einen Ort etwa 36 Grad vom Äquator entfernt. Somit beschrieben Eudoxos und Aratos den Himmel nicht wie sie ihn wirklich sahen, sondern wie er 1600 Jahre zuvor ausgesehen hatte. Sie verglichen die Beschreibung nicht mit dem tatsächlichen Anblick des Himmels zu ihren Lebzeiten. Hipparchos dagegen hatte das getan und damit die Präzession der Erdachse entdeckt.

Die Sternbilder sind eine bildhafte Methode zur Beschreibung gewisser Sternmuster, wie sie von der Erde aus zu sehen sind. Roy vermutete, das Sternbildsystem könnte zu Navigationszwecken erfunden worden sein. Jene Konstellationen, die nicht zirkumpolar sind, gehen stets an Punkten auf und unter, die eindeutige Winkel mit dem Ost- und Westpunkt bilden. Eine Gruppe von Sternbildern mit dem gleichen Winkelabstand zum Himmelsäquator könnte die ganze Nacht über zum Anzeigen der Himmelsrichtungen benutzt werden. Diese Methode zur Richtungsbestimmung wäre von großem Nutzen für die Seefahrt gewesen, insbesondere bei fehlendem festem Polarstern und lange vor der Erfindung des magnetischen Kompasses. Noch heute verwenden die Einwohner der nördlich von Papua-Neuguinea im Pazifik gelegenen Karolinen-Inseln diese Navigationsmethode.

Roy erkannte, dass die Sternbilder höchstwahrscheinlich von den Minoern erfunden wurden, die vor mehr als 4000 Jahren auf Kreta und den Kykladen lebten. Er schreibt: „Bis zum Beginn dieses Jahrhunderts war das minoische Volk eine Legende, Gegenstand fabelhafter griechischer Mythen ... Zu Beginn dieses Jahrhunderts fand Sir Arthur Evans die Überreste der minoischen Kultur. Heute wissen wir, dass es eine eindrucksvolle Kultur war, die erste große europäische Zivilisation, beheimatet auf der Insel Kreta, die sich bei 25 Grad östlicher Länge längs des 35. nördlichen Breitenkreises erstreckt. Wir wissen auch, dass die Minoer im 2. und 3. vorchristlichen Jahrtausend lebten."

Diese minoische Kultur wurde möglicherweise etwa 1450 v. Chr. durch eine gewaltige Vulkanexplosion zerstört. Ihre astronomischen Vorstellungen überlebten jedoch als „zeitliche Fossilien", und diese Vorstellungen bildeten die Grundlage für die Arbeiten des Eudoxos, die dann wiederum von Aratos beschrieben wurden.

Himmelsgloben

Der Zwei-Sphären-Hypothese zufolge schauen wir von der Erde nach oben an die Innenseite der Himmelssphäre. Es ist jedoch sehr schwierig, eine so große Kugel herzustellen, die von Menschen betreten und von innen betrachtet werden kann. Derartige Versuche gelangen erst sehr viel später in der Geschichte der Technik. Daher waren alle frühen mechanischen Darstellungen der Himmelssphäre so ausgeführt, als ob diese von außen betrachtet würde. Folglich mussten die Sternbilder spiegelverkehrt dargestellt werden. So wie einige Konstellationen in der Nähe des nördlichen Himmelspols niemals untergehen, so gibt es andere, weit südliche gelegene, die in nördlichen Breiten niemals aufgehen. Diese Sternbilder wurden erst nach den großen Entdeckungsfahrten vor rund 400 Jahren näher untersucht. Das bedeutet, dass die ersten Himmelsgloben nur jene Konstellationen zeigten, die in der antiken Welt, in der die westliche Astronomie ihre Wurzeln hat, bekannt gewesen waren, also hauptsächlich in den Ländern rings ums Mittelmeer und einigen Nachbarländern.

Obwohl es in der klassischen Literatur einige Hinweise auf Globen gibt, die von Archimedes und anderen hergestellt wurden, ist der älteste erhaltene Globus der so genannte Atlante Farnesiano. Er ist Teil einer Marmorstatue, die den Riesen Atlas auf ein Knie gestützt und die Himmelskugel auf einer Schulter tragend darstellt. Die Figur stand früher im Palazzo Farnese in Rom und befindet sich jetzt im Museo Nazionale in Neapel. Auf der Oberfläche des Globus sind 42 Sternbilder als Relief dargestellt, aber keine Sterne. Leider hat der Zahn der Zeit an der Himmelkugel genagt, sodass fünf der bekannten nördlichen Konstellationen fehlen, darunter auch der Große und der Kleine Bär. Die Tierkreissternbilder liegen zwischen zwei erhabenen Kreisen, wobei der mittlere Kreis die Ekliptik darstellt. Der Himmelsäquator schneidet die Ekliptik zwischen Widder und den Fischen auf der einen Seite und zwischen dem Platz für die Waage – das Sternbild Waage selbst ist auf dem Globus nicht vorhanden – und der Jungfrau auf der anderen Seite. Da der Frühlingspunkt um 100 v. Chr. vom Widder in die Fische gewandert war, ist der Globus offenbar gegen Ende des 2. oder Anfang des 1. Jahrhunderts vor der Zeitenwende hergestellt worden.

Der erste Himmelsglobus für astronomische Lehrzwecke wurde von Ptolemäus in seinem *Almagest* beschrieben. In diesem Werk ist erklärt, dass ein Globus eine dunkle Oberfläche haben sollte, Referenzkreise, Polachsenmontierung und einen festen Horizontalkreis, der den Horizont darstellt. Ein derartiger Globus konnte als Rechenhilfsmittel bei der Lösung von Problemen der sphärischen Astronomie und Trigonometrie verwendet werden. Einige der ersten Globen waren aus Bronze oder Messing, andere dagegen bestanden aus Pergament oder Leder, das über ein kugelförmiges hölzernes Gerüst gespannt war. Islamische Astronomen stellten Globen aus Messing oder Bronze her. Die Sternbildfiguren wurden in die Oberfläche graviert und die Sterne durch Silbereinlegearbeiten dargestellt. Bauweise und Montierung von Himmelsgloben sind leicht zu verstehen, wenn man die ganz ähnliche Montierung von Sterngloben anschaut (siehe Abb. 3.4a, b und c), die bis vor kurzem von Navigatoren verwendet wurden, um spezielle Navigationssterne zu identifizieren und grobe Schätzungen für die Lösung sphärisch-trigonometrischer Aufgaben zu erhalten.

Eine moderne Variante des Sternglobus ist die Hopwood-Sphäre (siehe Abb. 3.5a, b und c), die aus zwei durchsichtigen Halbkugeln besteht. Sie wurde von Warren Hopwood erfunden, einem ehemaligen Dozent für Navigation und Erziehungswissenschaften an der Universität Plymouth.

Sterngloben

Auf einem Sternglobus sind die Sterne in den Positionen abgebildet, die sie an der Himmelssphäre einnehmen. Die Sternbilder sind nur schematisch durch einige Linien angedeutet und bei weitem nicht so kunstvoll wie auf großen Himmelsgloben, wo sie reich verziert und äußerst prächtig dargestellt sind! Der Globus ist um seine Polachse drehbar, die von einem Messingring gehalten wird. Dieser Ring stellt den Meridian des Beobachters dar und ist mit einer Gradeinteilung versehen. Der Ring ist auf einem Klotz im Sockel des Behälterkastens gelagert, in den eine Rille eingearbeitet ist. Er wird außerdem von zwei Schlitzen im Horizontring gehalten, der als Randeinfassung des kreisrunden Lochs im Behälterkasten dient. Auf dem Globus selbst ist ein Großkreis aufgemalt, der den Himmelsäquator darstellt (in der Mitte zwischen den Himmelspolen); ein weiterer Großkreis, Ekliptik genannt, schneidet den Äquator in zwei Punkten unter einem Winkel von 23½ Grad. Parallel zum Äquator verläuft eine Reihe kleinerer Kreise – die Kreise gleicher Deklination –, die die gleiche Funktion haben wie die Breitenkreise auf einem Erdglobus, wobei die Deklination das himmlische Gegenstück zur geografischen Breite ist. Zwischen nördlichem und südlichem Himmelspol verläuft eine Reihe von Halbkreisen, die den geografischen Längenkreisen auf einem Erdglobus entsprechen. Das himmlische Äquivalent zur geografischen Länge ist die Rektaszension, die in Stunden, Minuten und Sekunden Sternzeit gemessen wird. Ein Sterntag ist die Zeit, die ein Stern benötigt, um an zwei aufeinander folgenden Tagen den Meridian des Beobachters zu überqueren. Die Tierkreissternbilder liegen entlang der Ekliptik. In unserer Epoche überquert die Sonne am Frühlingsanfang (21. März) den Himmelsäquator im Sternbild Fische von Süd nach Nord. Am Herbstanfang (23. September) kreuzt sie erneut den Äquator, diesmal von Nord nach Süd, im Sternbild Jungfrau.

Über dem in seinem Behälter sitzenden Globus ruht ein halbkugelförmiges Gitter. Es besteht aus einem horizontalen Messingring (der entlang des erhöhten Horizontrings verschiebbar ist), an dem zwei rechtwinklig zueinander liegende, im Zenit miteinander verbundene Vertikalkreise aus Messing befestigt sind. Ein beweglicher Zeiger kann entlang eines mit einer Gradeinteilung versehenen Viertelkreises (Quadranten) verschoben werden. Ist der Globus auf die richtige Uhrzeit, Datum und geografische Breite eingestellt, kann die Höhe jedes beliebigen Sterns über dem Horizont sowie sein Azimut abgelesen werden. Dazu dreht man das Gitter, bis der Stern unter dem Quadranten mit dem beweglichen Zeiger liegt, und verschiebt dann den Zeiger, bis er auf den Stern weist. Die Gradzahl zwischen Horizontring und Zeiger entspricht der Höhe des Sterns. Der Horizontring ist ebenfalls in Grade unterteilt. Den Azimut eines Sterns bestimmt man, indem man den Winkel zwischen dem Zeigerquadranten und dem Nord- oder Südpunkt (oder dem Meridian des Beobachters) bestimmt.

3.4a Der komplette Globus.

3.4b Der Globus ohne Höhen- und Azimut-Gitter.

3.4c Das Innere des Sockels mit der Lagerung des Globus.

3.4a, b, c Ein moderner Sternglobus.

Himmelsgloben

Die untere Halbkugel ist an einem Metallring montiert, der auf drei Beinen steht. Sie enthält eine feinstrahlige Lampe, die einen kleinen Lichtpunkt auf die Innenseite der oberen Halbkugel projizieren kann. Die Lampe ist an einer beweglichen Achse befestigt, die von einem kleinen Elektromotor angetrieben wird, sodass man mit ihr die tägliche Bewegung der Sonne oder eines Sterns simulieren kann. Der Winkel zwischen Lampenhalterung und Achse kann verändert werden, um die Deklination der Sonne oder des Sterns einzustellen. Darüber hinaus kann der Winkel zwischen der Achse und dem Horizontring verändert werden, um Änderungen in der geografischen Breite des Beobachters darzustellen. Mit diesem Instrument kann man zum Beispiel Studenten der Astronavigation die Effekte unterschiedlicher Deklinationen auf die Sichtbarkeit von Himmelsobjekten an unterschiedlichen Beobachterstandorten erklären.

3.5a Die obere Hälfte dieser Hopwood-Sphäre ist entfernt worden, um den inneren Mechanismus zu zeigen.

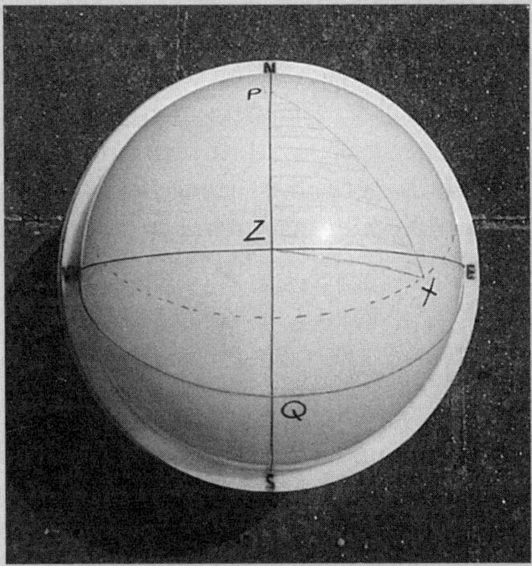

3.5b Die komplette Hopwood-Sphäre.

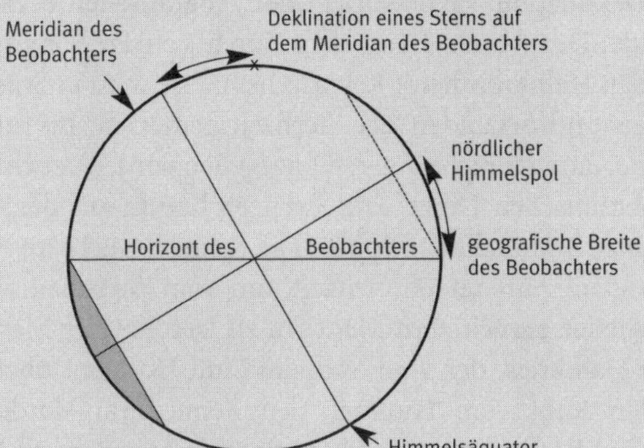

3.5c Die Beziehung zwischen geografischer Breite und Deklination.
Die Sterne in der schraffierten Region gehen bei der geografischen Breite dieses Beobachters niemals auf, während die Sterne zwischen dem nördlichen Himmelspol und der punktierten Linie niemals untergehen, also zirkumpolar sind.

Armillarsphären

Da Armillarsphären Geräte zum Messen der Koordinaten von Himmelsobjekten auf der Himmelssphäre oder zur Erklärung der Beziehungen zwischen verschiedenen Großkreisen auf der Himmels- oder Erdkugel sind, ist es angebracht, an dieser Stelle die verschiedenen Koordinatensysteme zu besprechen, die von den Astronomen verwendet werden.

Das Äquatorialsystem

Dieses System, das himmlische Gegenstück zur geografischen Länge und Breite, beruht auf dem Himmelsäquator und jenem Halbkreis zwischen nördlichem und südlichem Himmelspol, der durch den Frühlingspunkt läuft, also durch den Punkt an der Himmelssphäre, in dem die Sonne bei Frühlingsanfang steht. Der in Grad gemessene Abstand vom Himmelsäquator heißt Deklination; sie entspricht der geografischen Breite auf der Erde. Der Abstand von dem durch den Frühlingspunkt gehenden Halbkreis heißt Rektaszension; sie wird in Stunden, Minuten und Sekunden der Sternzeit gemessen. Bis auf die Tatsache, dass sie nicht in Grad angegeben wird, entspricht sie der geografischen Länge. Die Sternzeit beruht auf dem Lauf der Sterne und nicht der Sonne. Die Sonne braucht im Mittel 24 Stunden mittlerer Sonnenzeit, um vom Meridian ausgehend wieder zurück zum Meridian zu laufen. (Der Meridian ist der Halbkreis, der vom Südpunkt am Horizont über den höchsten Punkt am Himmel, den Zenit, zum Nordpunkt läuft.) Ein bestimmter Stern benötigt von Meridian zu Meridian 23 Stunden und 56 Minuten (mittlerer Sonnenzeit). Diese Zeitspanne nennt man einen Sterntag. Er kann in Stunden, Minuten und Sekunden Sternzeit unterteilt werden, die jedoch etwas kürzer sind als ihre Gegenstücke der mittleren Sonnenzeit. Null Uhr Sternzeit ist, wenn der Frühlingspunkt den Meridian des Beobachters überquert. Das ist gegen 12 Uhr

Mittag am 21. März. Die Rektaszension eines Sterns ist die Zeit, die zwischen dem Meridiandurchgang des Frühlingspunkts und dem Meridiandurchgang des Sterns liegt, gemessen in Sternzeit.

Das ekliptikale System

Dieses System beruht auf der Ekliptik statt auf dem Himmelsäquator. Die senkrecht zur Ebene der Ekliptik durch den Mittelpunkt des Ekliptikkreises gehende Achse berührt die Himmelskugel in zwei Punkten, den Polen der Ekliptik. Die Halbkreise, die diese beiden Pole verbinden und die Ekliptik im rechten Winkel schneiden, sind die Kreise gleicher ekliptikaler Länge. Die ekliptikale Breite ist der Abstand von der Ekliptik, gemessen in Grad längs eines der Längenkreise. Der Null-Längenkreis ist wiederum der, der durch den Frühlingspunkt geht. Ekliptikale Länge und Breite entsprechen nicht der geografischen Länge und Breite auf der Erde. Da die Ekliptik um 23½ Grad gegen den Himmelsäquator geneigt ist, folgt aus der sphärischen Geometrie, dass der größte Abstand vom Äquator, den die Sonne je erreichen kann, 23½ Grad beträgt, entweder nördliche Breite im Sommer auf der Nordhalbkugel oder südliche Breite im Sommer auf der Südhalbkugel.

Das Horizontalsystem

Das horizontale Koordinatensystem bezieht sich auf die Halbkugel des Beobachters und nicht auf die gesamte Himmelskugel wie die beiden anderen Systeme. Die Grundkreise dieses Systems sind der Horizont und der Meridian des Beobachters. Jeder durch den Zenit gehende Halbkreis, der senkrecht auf dem Horizont steht, heißt Höhen- oder Vertikalkreis. Den Höhenkreis, der durch den Ost- und Westpunkt des Horizont läuft, nennt man Erstes Vertikal. Die Position eines Sterns wird durch zwei Winkelkoordinaten angegeben. Die erste, der Azimut, ist der Winkel, den der zu dem gegebenen Zeitpunkt durch den Stern gehende Höhenkreis auf dem Horizont mit dem Nord- oder Südpunkt (dem Meridian) bildet. Die zweite, die so genannte Höhe, ist der auf dem Höhenkreis gemessene Winkelabstand des Sterns vom Horizont (siehe Abb. 3.6).

Es gibt vier Arten von Armillarsphären. Drei davon werden für Messungen verwendet (siehe Abb. 3.7a und b und Abb. 3.8), während die vierte zur Demonstration und Lehre dient (siehe Abb. 3.9). Es gibt zahlreiche Varianten der Grundform. Bei einigen ist im Inneren eine kleine Erdkugel auf einer Achse montiert, sodass die Präzession der Äquinoktialpunkte gezeigt werden kann. Wieder andere haben eine ekliptikale Achse, die zwei Ringe mit den Symbolen von Sonne und Mond trägt, und bei einigen wenigen können diese Symbole angetrieben werden.

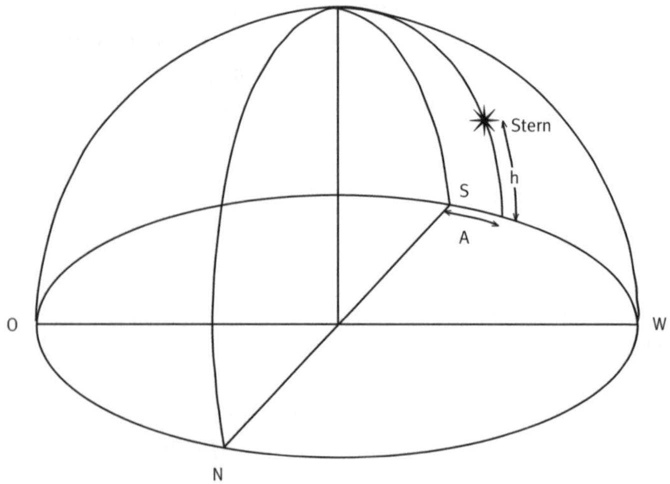

3.6 Das Horizontalsystem mit den Koordinaten Höhe und Azimut.

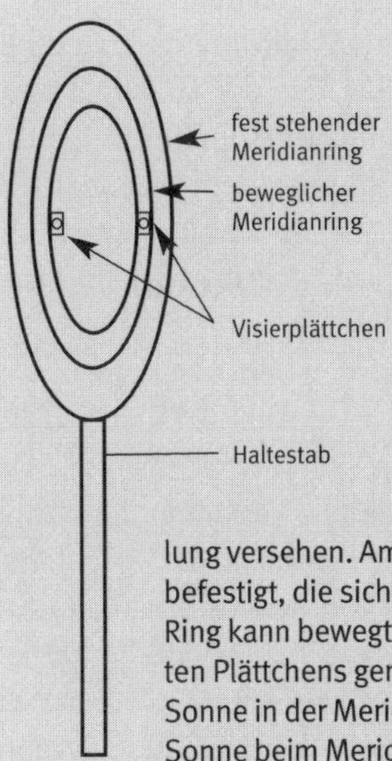

3.7a Die Meridian-Armillarsphäre.
Die Meridian-Armillarsphäre besteht aus zwei eng ineinander gefügten Ringen, wobei der kleinere genau in den größeren passt, sich aber immer noch darin bewegen kann. Der größere Ring ist so an einem Haltestab befestigt, dass die Ringebene in der Meridianebene des Beobachters liegt. Der Ring ist mit einer Gradeinteilung versehen. Am inneren Ring sind zwei Plättchen befestigt, die sich diametral gegenüberliegen. Dieser Ring kann bewegt werden, bis der Schatten des ersten Plättchens genau auf das zweite fällt, wenn die Sonne in der Meridianebene steht. Die Höhe der Sonne beim Meridiandurchgang kann an der Gradeinteilung des äußeren Rings abgelesen werden. Mit einer abgewandelten Form des Geräts, bei der sich zwei kleine Visierlöcher in den Plättchen befinden, kann man Sterne, Planeten und den Mond beim Meridiandurchgang vermessen.

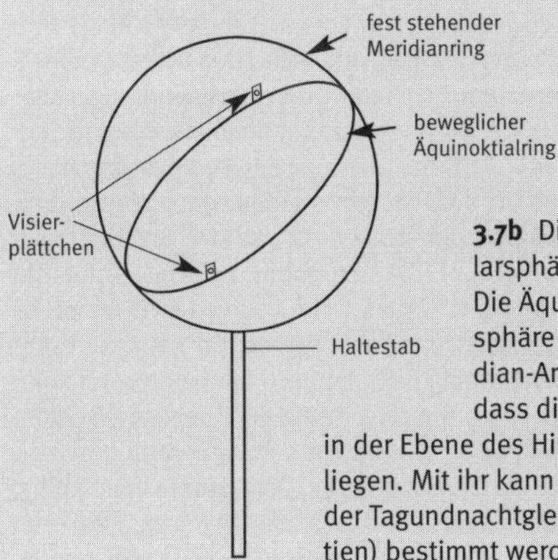

3.7b Die Äquator-Armillarsphäre.
Die Äquator-Armillarsphäre gleicht der Meridian-Armillarsphäre, nur dass die beiden Ringe in der Ebene des Himmelsäquators liegen. Mit ihr kann der Zeitpunkt der Tagundnachtgleichen (Äquinoktien) bestimmt werden.

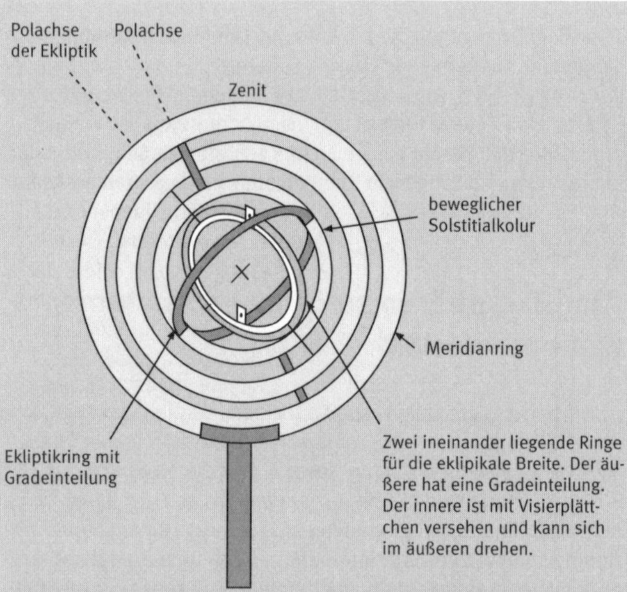

3.8 Eine anspruchsvollere Version der Armillarsphäre, wie sie von Ptolemäus verwendet wurde (nach King und Millburn).
Der äußerste Ring dieser Armillarsphäre ist der Meridianring. Er lässt sich durch ein Segment hindurchbewegen, das an einer fest stehenden Stütze angebracht ist. Die Bewegung kann jedoch nur in der Meridianebene erfolgen. Am Innenrand dieses Rings sind zwei sich diametral gegenüberliegende Teilachsen befestigt, die einen weiteren beweglichen Ring halten, den so genannten Solstitialkolur (Längenkreis, der durch die beiden Himmelspole und Sonnenwendpunkte verläuft). Durch Drehung des Meridianrings kann die obere Teilachse so ausgerichtet werden, dass sie auf den nördlichen Himmelspol weist. Dadurch ist der Solstitialkolur um eine Achse parallel zur Erdache drehbar. Zwischen Kolur und Meridianring ist genügend Platz für ein weiteres sich diametral gegenüberliegendes Teilachsenpaar, das so am Kolur befestigt ist, dass es den Meridianring nicht berührt. Die inneren am Kolur befestigten Teilachsen halten zwei ineinander liegende Breitenkreise. Der äußere Ring ist in ekliptikale Breitengrade unterteilt und starr mit den Teilachsen verbunden. Der kleinere innere Ring, der mit zwei Visieren ausgestattet ist, kann gegen den äußeren bewegt werden, um die ekliptikale Breite zu messen. Die inneren

Teilachsen sind gegen die äußeren um 23½ Grad geneigt, sodass sie parallel zur Achse der Ekliptik sind und die obere auf den Pol der Ekliptik weist. Am Solstitialkolur ist senkrecht zur Achse der Ekliptik ein weiterer Ring angebracht, der in ekliptikale Längengrade unterteilt ist. Mit diesem Instrument können somit die ekliptikale Breite und Länge von Himmelsobjekten bestimmt werden.

Armillarsphären zu Lehr- und Demonstrationszwecken

Diese sind anders konstruiert als die zum Messen von Koordinaten. Die Himmelspole und der Himmelsäquator behalten ihre Beziehung zu den Erdpolen und dem Erdäquator bei, obwohl sich Erd- und Himmelskugel gegeneinander bewegen. Zöge man zu einem gegebenen Zeitpunkt eine gerade Linie von einem beliebigen Himmelsobjekt zum Erdmittelpunkt, würde diese Linie die Erdoberfläche an einem Punkt durchdringen. Die geografische Breite dieses Punktes wäre gleich der Deklination des Objekts, und da sich die Erde um ihre Achse dreht, wandert der Punkt weiter, sodass das Himmelsobjekt einen Kreis gleicher geografischer Breite auf der Erdoberfläche beschreibt. Am 21. oder 22. Juni hat die Sonne ihre maximale nördliche Deklination, ihren größten nördlichen Abstand vom Äquator erreicht – es ist der Tag der Sommersonnenwende, der Sommeranfang auf der Nordhalbkugel. Eine Verbindungslinie von der Sonne zum Erdmittelpunkt würde an diesem Tag einen Breitenkreis auf der Erdoberfläche beschreiben, den so genannten Wendekreis des Krebses. Der Name rührt daher, dass vor etwa 2000 Jahren, als die Erd- und Himmelskoordinaten erstmals eingeführt wurden, die Sonne am Sommeranfang im Sternbild Krebs stand. Am 21. oder 22. Dezember, der Wintersonnenwende auf der Nordhalbkugel, hat die Sonne ihre größte südliche Deklination erreicht. Der Breitenkreis, den sie an diesem Tag auf der Erdoberfläche beschreibt, heißt Wendekreis des Steinbocks, da die Sonne vor 2000 Jahren am Tag des Winteranfangs im Sternbild Steinbock stand. Am Sommeranfang geht die Sonne in einem Gebiet rings um den Nordpol nicht unter und in einem Gebiet rings um den Südpol nicht auf. Diese Gebiete werden vom nördlichen beziehungsweise südlichen Polarkreis begrenzt.

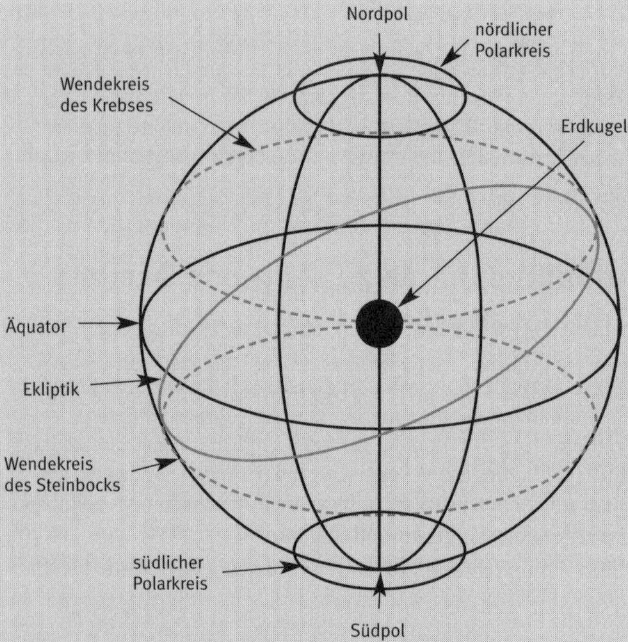

3.9. Eine schematische Darstellung der wichtigsten Bestandteile einer Armillarsphäre für Demonstrationszwecke.
Die als Lehrmittel verwendete Armillarsphäre besteht aus einem Metallgerüst mit mehreren Meridiankreisen, an denen verschiedene Groß- und Kleinkreise der Sphäre befestigt sind: Äquator, Ekliptik, die beiden Wendekreise und die beiden Polarkreise. Das Band der Ekliptik ist in die Tierkreiszeichen unterteilt. Nördlicher und südlicher Himmelspol sind mit einer Achse verbunden, in deren Mitte sich eine kleinere Kugel befindet, die die Erde darstellt. Manchmal sind auf ihr die entsprechenden irdischen Groß- und Kleinkreise markiert. Das Ringgerüst ist auf einem Horizontring gelagert, der durch vier Stützen mit einem runden Sockel verbunden ist. Das Gerät kann zu Lehrzwecken oder für einfache Berechnungen in der sphärischen Astronomie verwendet werden, obwohl diese Berechnungen nicht sehr genau sind.

Astronomie in China

Die Astronomie in China unterschied sich in zwei wichtigen Punkten von der westlichen. Erstens war sie Sache des Staates und nicht von einzelnen Priestern und Gelehrten. Zweitens konzentrierten sich die chinesischen Astronomen mehr auf die Sterne in der Nähe des nördlichen Himmelspols, die Zirkumpolarsterne, und den Himmelsäquator und nicht auf die Himmelsregionen, die von Sonne, Mond und den Planeten durchlaufen werden, also die Ekliptik und den Tierkreis. J. Needham, eine westliche Autorität auf dem Gebiet der chinesischen Wissenschaft, meint, dass „der Himmelspol die fundamentale Basis der chinesischen Astronomie darstellte. Er war auch mit der mikrokosmischen-makrokosmischen Denkweise verknüpft, da der Pol mit dem irdischen Kaiser gleichgesetzt wurde, um den sich das riesige System des bürokratischen Agrarstaates auf natürliche und ungezwungene Weise drehte."

Die Unterschiede zwischen chinesischer und westlicher Astronomie führten automatisch zu Unterschieden in ihrer Astrologie: Laut Needham „schenkten chinesische Astrologen ... dem zu einem bestimmten Zeitpunkt gerade im Aszendenten stehenden Planeten weniger Aufmerksamkeit als ihre westlichen Kollegen. Für sie war das spezielle Sternbild wichtig, in oder in dessen Nähe ein Planet oder der Mond zufällig stand ... Ein weiterer Unterschied war, dass der chinesische Himmel in völlig andere Sternbilder unterteilt war als der im Mittleren Osten oder in Europa. Folglich verwendeten sie natürlich auch andere Sternbilder für ihre astrologischen Vorhersagen. Es steht daher zu vermuten, dass das, was um das erste Jahrtausend vor Christus von Mesopotamien nach China weitergegeben wurde, nicht mehr war als die Überzeugung, dass mit Hilfe der Sterne Prophezeiungen möglich sind."

Needham behauptete, dass die Armillarsphäre etwa zur gleichen Zeit wie in Griechenland unabhängig auch in China entwickelt wurde. Die Chinesen konzentrierten sich hauptsächlich auf den Himmelsäquator und den Himmelspol, sodass ihre Armillarsphären vom einfachen meridionalen oder äquatorialen Typ waren. Mit anderen Worten, sie bestanden aus Ringen mit Visieren, die entweder in der Meridian- oder in der Äquatorebene ausgerichtet waren. Wichtig ist jedoch, dass die Chinesen als Erste angetriebene Himmelsmodelle entwickelten. Das war eine äußerst positive Folgeerscheinung ihrer polar und äquatorial orientierten Astronomie. Die Sterne in der Nähe des Himmelspols bewegten sich, als ob sie auf einem riesigen Rad montiert seien. Somit bot sich Astronomen, die Bewegungen entlang der Ekliptik unbeachtet ließen, ein angetriebenes mechanisches Modell förmlich an.

Globen mit Wasser getriebenem Uhrwerkantrieb in China

Die auf den Himmelspol konzentrierte Astronomie der Chinesen führte zum Bau von Himmelsgloben, die mindestens zwei bis drei Jahrhunderte vor denen in der westlichen Welt einen Antrieb besaßen. Die Kraftquelle dafür war fließendes Wasser. Doch der Antrieb durch ein einfaches Wasserrad wie zum Beispiel bei einer Wassermühle war zu ungleichmäßig, um eine Himmels- oder Armillarsphäre so zu drehen, dass sie mit den Bewegungen am Himmel im Takt blieb. Dazu war ein sehr viel gleichförmigerer Antrieb nötig. Needham bezeichnete diesen als hydromechanisch (siehe Abb. 3.10). Offenbar war dieser Mechanismus der erste Versuch in Richtung der Ankerhemmung, die letztendlich in mechanischen Uhren und Armbanduhren auf der ganzen Welt verwendet werden sollte. Dieser hydromechanische Antrieb versetzte Himmelsgloben, Armillarsphären und einfache Orrery-Planetarien (siehe Kapitel 6) in Drehung. Eines der ersten Exemplare einer derartigen Himmels- und Armillarsphäre befand sich im astronomischen Uhrenturm in Khaifeng, der 1090 von Su Sung und seinen Mitarbeitern erbaut wurde. Needham zufolge sind weitere, unterschiedlich komplexe Beispiele in China zu finden.

Er meint: „Alles in allem darf die chinesische Astronomie in einem weltumfassenden Überblick der Entwicklung des Menschheitswissens über den Sternenhimmel und unseres eigenen Platzes darin nicht vernachlässigt werden."

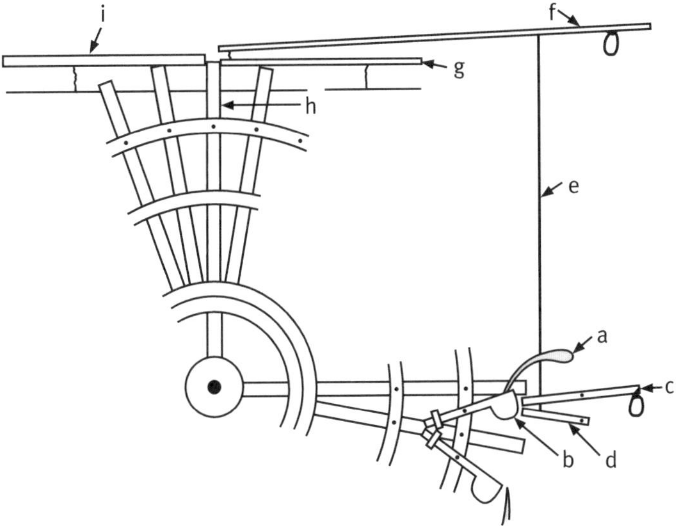

3.10 Schematische Darstellung des hydromechanischen Antriebs einer chinesischen astronomischen Uhr (nach Groombridge).

a) Wasserstrahl aus einem Tank
b) ein Pendelbecher wird von dem Strahl gefüllt
c) ein mit einem Gegengewicht versehener Hebel wird von dem Becher angeschlagen, wenn dieser mit Wasser gefüllt ist und nach unten schwingt
d) dieser Hebel wird von c) hinuntergedrückt; dabei zieht er an der Kette e) und damit am Hebel f)
e) Kette
g) dieser Hebel wird von f) nach oben gezogen und gibt dabei die Speiche h) frei, sodass das Rad um eine Speiche weiterrückt; die Bewegung durch eine Speiche benötigt 24 Sekunden und kann damit als ein Ticken des Rads angesehen werden
h) die zweite Speiche
i) dieser Hebel fällt durch sein eigenes Gewicht, um zu verhindern, dass das Rad rückwärts läuft

Globen und Armillarsphären mit Uhrwerkantrieb im Westen

Ein frühes Beispiel für eine uhrwerkgetriebene Armillarsphäre findet man im Schloss Rosenborg in Kopenhagen. Sie wurde 1572 von Josias Habrecht in Straßburg hergestellt. Die Armillarsphäre wird von einem externen Uhrwerkmechanismus bewegt, die Erdkugel im Inneren ist jedoch unbeweglich. Eine Reihe von Zifferblättern rings um den Nordpol der Sphäre geben die Sternzeit sowie Alter und Phase des Monds an. Eine begrenzte Anpassung an die geografische Breite ist ebenfalls möglich. Im Sockel befindet sich eine astronomische Uhr.

Ein uhrwerkgetriebener Himmelsglobus, 1646 von Isaac Habrecht II in Straßburg angefertigt, steht heute im National Maritime Museum in Greenwich. Der Globus hat Markierungen für Sonne und Mond entlang der Ekliptik. Die beiden genannten Beispiele sind zwei Spielarten der uhrwerkgetriebenen Globen und Sphären. Es gibt auch eine dritte Variante, in der ein Uhrwerk in einer unbeweglichen Erdkugel eine äußere Armillarsphäre rotieren lässt, die in einem fest stehenden Horizont- und Meridiansystem montiert ist. Von diesen Grundmodellen existieren andere leicht abgewandelte Spielarten, und in Museen auf der ganzen Welt kann man zahlreiche Beispiele bewundern. Alle basieren sie mehr oder weniger auf geozentrischen Weltbildern.

Kapitel 4

Die im Science Museum ausgestellte Nachbildung der astronomischen Uhr am Hampton Court Palace. (Mit freundlicher Genehmigung der Science and Society Picture Library, London.)

Astronomische Uhren

Die Sphären des Eudoxos

Eudoxos versuchte, mit Hilfe mathematischer Hilfsmittel, die er eigens zu diesem Zwecke erfand, die Bewegung der Planeten zu erklären.

Die scheinbaren Bewegungen von Merkur, Venus, Mars, Jupiter und Saturn sind sehr viel komplizierter als die der Sterne, der Sonne und des Monds (siehe Anhang I). Letztere wandern stets von Ost nach West über den Himmel, wenn auch die Geschwindigkeiten von Sonne und Mond nicht die ganze Zeit über die gleichen sind. Die Planeten dagegen bewegen sich nicht immer in dieselbe Richtung relativ zu den Hintergrundsternen.

Platon stellte offenbar die Frage: „Welche gleichförmigen, geordneten Bewegungen muss man annehmen, um die scheinbaren Bewegungen der Planeten erklären zu können?" (Thomas Kuhn, *The Copernican Revolution*). Da sich die Sterne geordnet bewegten und auch den Bewegungen von Sonne und Mond trotz einiger Unregelmäßigkeiten offenbar ein bestimmtes Muster zugrunde lag, musste es nach Platons Überzeugung möglich sein, die Bewegungen der Planeten mathematisch als Teil desselben Ordnungsplans zu erklären. Eudoxos nahm das Problem in Angriff. Seine Lösung war eine Theorie homozentrischer Sphären, so genannt, weil die ineinander greifenden Sphären, die er einführte, alle ein gemeinsames Zentrum hatten, der im Mittelpunkt der Erde lag. In seinem System war jeder Planet auf der Innenfläche eines Satzes von zwei oder mehr Sphären platziert, die sich ein wenig in ihrer Größe unterschieden. Die Achse, um die sich die innere Sphäre drehte, war an der Innenfläche der nächsten Sphäre befestigt, und die Achse, um die sich diese zweite Sphäre drehte, war wiederum an einer noch größeren Sphäre angebracht. Indem man die zwei oder mehr Sphären gleichzeitig, aber mit unterschiedlichen Geschwindigkeiten um ihre unabhängigen Achsen rotieren ließ, konnte man die Bewegungen der Planeten um die ruhende Erde im Zentrum nachahmen. Diese Bewegungen konnten einigermaßen genau wiedergegeben werden, indem man die verschiedenen Achsen um geeignete Winkel gegeneinander neigte und die Rotationsgeschwindigkeiten um diese Achsen variierte. Ein Querschnitt durch zwei solche Sphären ist in Abb. 4.1 zu sehen. Um die Bewegung des Monds zu simulieren, führte Eudoxos eine dritte Sphäre ein (siehe Abb. 4.2).

Die Planetenbewegungen sind noch komplizierter: Für jeden Planeten wurden vier Sphären benötigt. In jedem Fall sind die beiden äußeren Sphären ähnlich den in Abb. 4.3 gezeigten.

Sonne und Mond hatten jeweils drei Sphären, die fünf Planeten jeweils vier, und es gab noch eine weitere Sphäre für die Sterne. Insgesamt besaß Eudoxos' Modell also 27 Sphären.

In der gesamten Wissenschaftsgeschichte wurde stets unterschieden zwischen Rechenhilfen – oder mathematischen Modellen – und physikalischer Wirklichkeit. Da keine von Eudoxos' Schriften unversehrt erhalten geblieben ist und wir sein Werk nur aus zweiter Hand durch Berichte und Diskussionen kennen, sind wir nicht sicher, ob er seine homozentrischen Systeme als Abbild der realen Welt oder als Rechengerät ansah. Später wurde jedoch sein Werk von Aristoteles, der sich der Schwachpunkte seiner eigenen Theorie bewusst war, zu einer Darstellung der physikalischen Wirklichkeit ausgebaut. Aristoteles fand eine Möglichkeit, Eudoxos' Sphären so anzupassen, dass sie sich in sein erweitertes System einfügten. In seinem verbesserten Modell umschloss der Sphärensatz für den Mond die Erde, während die Himmelssphäre die gesamte Gruppe umgab. Die Sätze für die anderen Planeten passten zwischen die äußere Sphäre des Monds und die der Sterne. Dieses System hatte seine eigenen Schwierigkeiten, da Aristoteles früher behauptet hatte, die Sphäre der Fixsterne (selbst bewegt durch den Ersten Beweger) verursache wiederum alle anderen Bewegungen, wobei diese Bewegungen nur durch Reibung auf die anderen Sphären übertragen werden konnten.

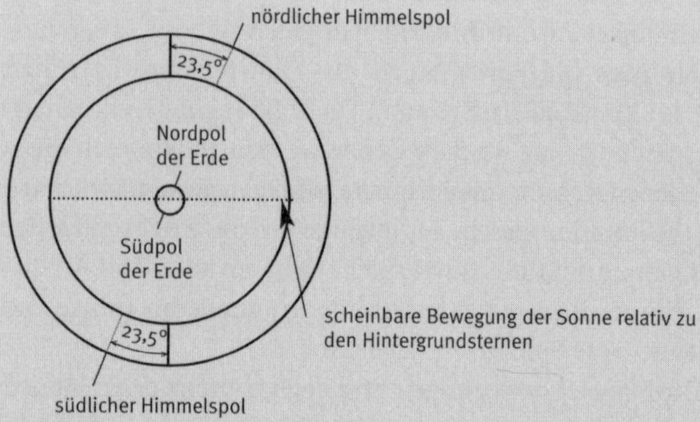

4.1 Querschnitt durch zwei Sphären.
Die äußere Sphäre bewegt sich genauso wie die Sphäre der Sterne, das heißt, sie dreht sich in westlicher Richtung in 23 Stunden und 56 Minuten einmal um eine Achse durch den nördlichen und südlichen Himmelspol. Um die Bewegung der Sonne darzustellen, rotiert die innere Sphäre um eine Achse, die um 23½ Grad gegen die Achse der äußeren Sphäre geneigt ist. Die Ostwärtsbewegung der Sonne entlang des Äquators der inneren Sphäre dauert ein Jahr. So entsteht die stetige Verschiebung der Sonne relativ zu den Hintergrundsternen entlang der Ekliptik, die um 23½ Grad gegen den Himmelsäquator geneigt ist.

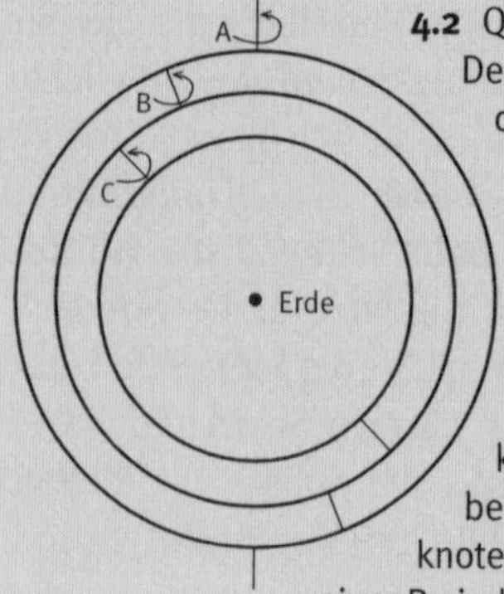

4.2 Querschnitt durch drei Sphären.
Der Mond folgt seiner eigenen Bahn, die um etwa fünf Grad gegen die Ekliptik geneigt ist. Neben der scheinbaren täglichen Umkreisung der Erde benötigt er 27 Tage für einen vollen Umlauf relativ zu den Hintergrundsternen. Beim Durchlaufen dieser Bahn kreuzt er zweimal die Ekliptik. Die beiden Schnittpunkte heißen Mondknoten. Diese Knoten bewegen sich mit einer Periode von 18,6 Jahren um die Ekliptik.

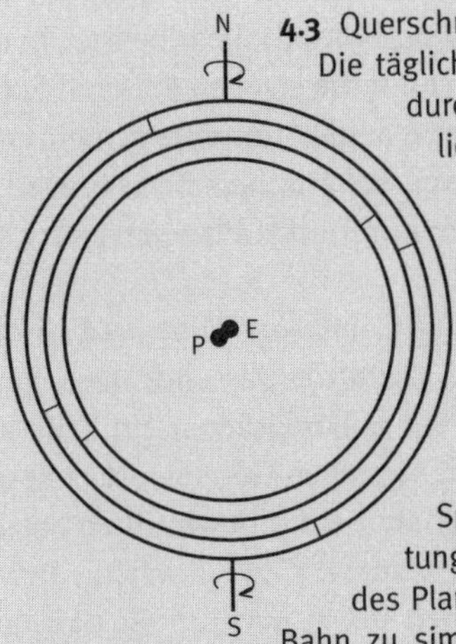

4.3 Querschnitt durch vier Sphären. Die tägliche Bewegung der Sterne wird durch die äußere Sphäre simuliert. Die zweite Sphäre vollführt eine Ostwärtsdrehung relativ zu den Hintergrundsternen innerhalb der mittleren Zeit, die dieser spezielle Planet für einen Umlauf auf seiner eigenen Bahn relativ zu den Sternen benötigt. Die beiden anderen Sphären sind nötig, um Richtung und rückläufige Bewegungen des Planeten entlang seiner mittleren Bahn zu simulieren (siehe Bewegung der Planeten in Kapitel 2). Die dritte Sphäre ist an der zweiten in zwei Punkten befestigt, die einander auf der Ekliptik genau gegenüberliegen. Die Achse der vierten Sphäre ist so an der dritten befestigt, dass die kombinierten Bewegungen von dritter und vierter Sphäre den Planeten auf der Oberfläche der dritten Sphäre eine Acht durchlaufen lassen (siehe Abb. 4.4). Diese Figur wird manchmal als „Pferdefessel" bezeichnet, nach der Vorrichtung, die man um die Vorderfüße eines Pferdes legt, um es am Davonlaufen zu hindern.

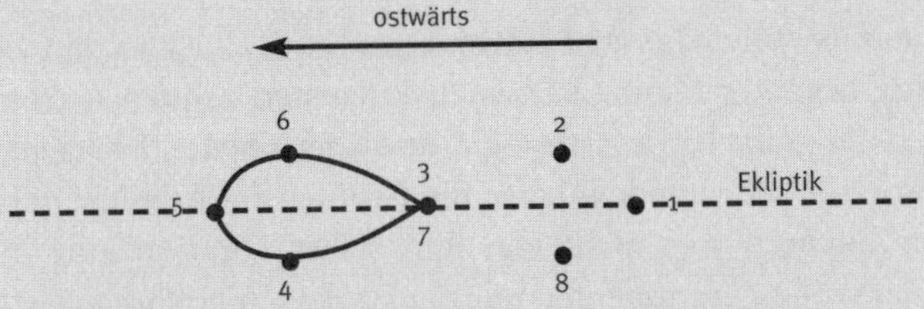

4.4 Die von den Sphären des Eudoxos erzeugte Pferdefessel-Figur einer Planetenbahn an der Himmelssphäre.

Aristoteles hatte erkannt, dass die tägliche Bewegung für alle Planeten (einschließlich Sonne und Mond) dieselbe ist. Um das Problem zu lösen, verzichtete er auf die eigenen äußeren Sphären jedes einzelnen Planeten und behielt nur eine gemeinsame tägliche Sphäre bei. Die anderen sphärischen Bewegungen in Eudoxos' System waren dagegen nur für den Planeten gültig, für den sie entworfen waren.

Michael Hoskins führt in *The Cambridge Illustrated History of Astronomy* aus: „Daher fügte Aristoteles passende neue Sphären zwischen allen benachbarten Sphärensätzen ein. Jede zusätzliche Sphäre drehte sich mit derselben Geschwindigkeit um dieselbe Achse wie eine der Sphären eines bestimmten Satzes, jedoch in entgegengesetzter Richtung: Ihr Zweck war, die Bewegung dieser Sphäre auszugleichen, um zu verhindern, dass eine Bewegung, die spezifisch für diesen einen Planeten war, auf die anderen Planeten weiter innen übertragen wurde."

Das aristotelische System wurde bis ins späte Mittelalter als reale Darstellung der Welt angesehen. Dies war der Standpunkt, den die christliche Kirche vertrat, und die Kirche weigerte sich, die neue Theorie des Nikolaus Kopernikus und später die Beobachtungen und Entdeckungen des Galileo Galilei anzuerkennen, weil diese das aristotelische Weltbild untergruben (siehe Kapitel 7).

Ptolemäus

Claudius Ptolemäus (um 100 bis etwa 170 n. Chr.) war ein vielseitig begabter Mann. Zu seinen Interessen zählten Astronomie, Geografie sowie Astrologie, und über alle drei Fachgebiete schrieb er bedeutende Bücher. Ein Großteil der Arbeiten in seinen Büchern war nicht von ihm selbst, sondern eine eindrucksvolle Zusammenfassung der Werke seiner Vorgänger. Im Laufe der Jahre ist Ptolemäus sowohl als herausragender Naturphilosoph verehrt als auch des Plagiats bezichtigt worden. Die jüngste Einschätzung seines Werks siedelt ihn irgendwo in der Mitte zwischen diesen beiden Extremen an. Kaum Zweifel kann jedoch über den Einfluss seiner Schriften bestehen.

Über das Leben Ptolemäus' wissen wir nur wenig. Manche behaupten, er sei nicht Grieche, sondern Ägypter gewesen – sogar seine Nationalität ist also ungewiss. Seine Geburts- und Sterbedaten sind nicht sicher bekannt, doch der Überlieferung nach erreichte er ein Alter von 78 Jahren. Auf dem Gebiet der Astronomie ist sein bekanntestes Werk die *Syntaxis mathematike* (*Die mathematische Sammlung*), die in Wirklichkeit ein Buch über mathematische Astronomie ist. Bei der Übersetzung ins Arabische erhielt sie jedoch den Titel *Die größte Sammlung*, woraus im Arabischen schließlich kurz *Almagest* wurde. Dreizehn Jahrhunderte lang war dies das bedeutendste Werk über Astronomie. Ptolemäus führte auch wichtige Arbeiten zur Geografie durch, die in seiner *Geographia* enthalten sind. Die Karten in diesem Buch waren es, die Christopher Kolumbus veranlassten, einen westlichen Seeweg nach Asien zu suchen, wobei er dann Amerika entdeckte. Im *Tetrabiblios* sind Ptolemäus' astrologische Arbeiten enthalten. Das Werk stellt inzwischen die Bibel der Astrologie dar. Für Ptolemäus war die Astrologie sehr viel mehr als eine Rezeptsammlung zur Vorhersage der Zukunft. Er versuchte, mit Hilfe der Astrologie eine universelle wissenschaftliche Theorie aufzustellen. Sein Interesse an verbesserten Vorhersagen über die Bahnen der Planeten beruhte sowohl auf seinen astronomischen wie auch astrologischen Arbeiten.

Die ptolemäischen Sphären

Einige der astronomischen Theorien, die im *Almagest* beschrieben sind, wurden anscheinend erstmals von Hipparchos formuliert. Für die Bewegung der Sonne um die Erde ist dies sicherlich der Fall. Hipparchos wusste, dass die vier Jahreszeiten nicht gleich lang sind und nicht jeweils genau ein Vierteljahr dauern. Er konnte dies erklären, indem er die Erde aus dem Mittelpunkt der kreisförmigen Umlaufbahn der Sonne rückte.

Ptolemäus erkannte, dass die Sphären des Eudoxos, so wie sie in das vereinheitlichte System des Aristoteles eingebaut waren, einen schwerwiegenden Mangel aufwiesen. Er betraf die Beobachtungstatsache, dass sich die Helligkeit der Planeten im Laufe von Monaten änderte. Da in Aristoteles' System die Entfernungen zwischen Erde und den Planeten immer gleich blieben, war diese Tatsache durch nichts zu erklären. Um die von der Erde aus beobachteten Bewegungen und schwankenden Helligkeiten der Planeten zu verstehen, ging Ptolemäus von einem anderen Ansatz aus, der möglicherweise von Hipparchos oder einem anderen früheren griechischen Astronom stammte. Dazu gehörte die Einführung von Deferenten und Epizykeln. Im ptolemäischen System bewegte sich jeder Planet auf einem Kreis – dem so genannten Epizykel –, dessen Mittelpunkt seinerseits auf einem größeren Kreis, dem Deferenten, umlief. Durch Verändern des Radiusverhältnisses von Epizykel und Deferent sowie der Geschwindigkeiten, mit denen sich der Planet auf dem Epizykel und dessen Mittelpunkt auf dem Deferenten bewegten, konnte man die Bewegungen von Sonne, Mond und allen Planeten mit einiger Genauigkeit simulieren (siehe Abb. 4.5a, b und c).

Da sich die Entfernung zwischen jedem beliebigen Planet und der Erde veränderte, konnte dieses System auch erklären, warum die Helligkeit der Planeten schwankte. Ptolemäus musste jedoch weitere mathematische Hilfsmittel einführen, um Diskrepanzen zwischen vorhergesagten und beobachteten Planetenbewegungen zu begründen. Diese Hilfsmittel werden Ausgleichspunkt und Exzenter genannt (siehe Abb. 4.6).

Wahrscheinlich erfuhr Ptolemäus von der Exzentrizität durch Hipparchos' Erklärung für die ungleich langen Jahreszeiten. Hipparchos wusste, dass zwischen Frühlingsäquinoktium und Sommersonnenwende 94½ Tage, zwischen Sommersonnenwende und Herbstäquinoktium 92½ Tage, zwischen Herbstäquinoktium und Wintersonnenwende 88 Tage und zwischen Letzterer und dem Frühlingsäquinoktium 90 Tage lagen. Er konnte dies erklären, indem er die Sonne mit konstanter Geschwindigkeit auf einem Kreis entlanglaufen ließ, die Erde je-

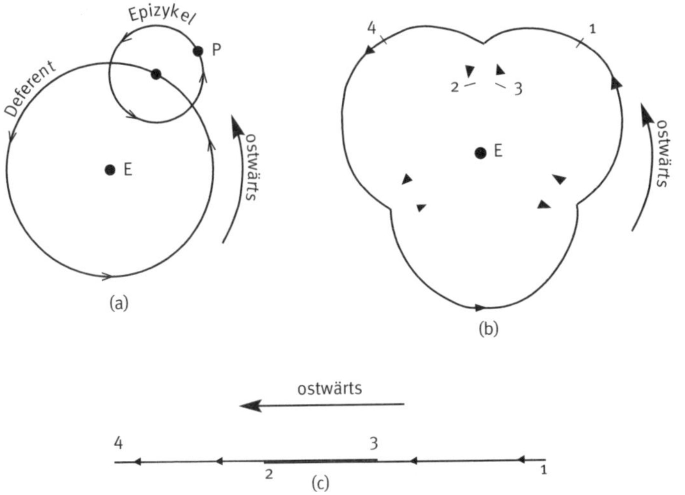

4.5a, b und c Die ptolemäischen Sphären.
a) Die ptolemäischen Hilfsmittel Epizykel und Deferent.
b) Die bei Verwendung von Epizykel und Deferent entstehende Planetenbewegung.
c) Die scheinbare Bewegung eines Planeten auf der Oberfläche der Himmelssphäre.

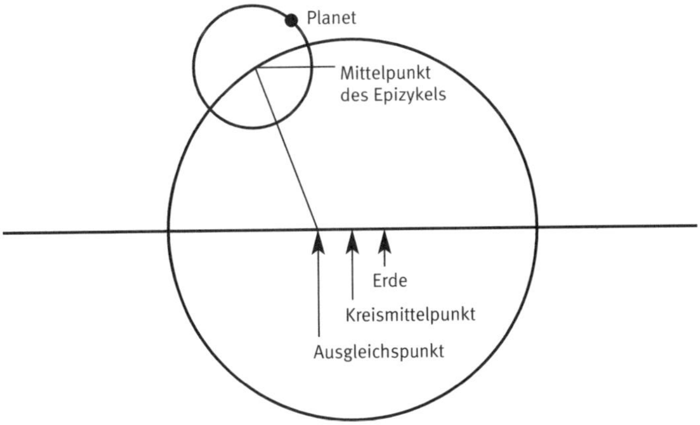

4.6 Die ptolemäischen Hilfsmittel Exzenter und Ausgleichspunkt.

doch nicht in den Mittelpunkt dieses Kreises, sondern an einen „exzentrisch“ gelegenen Punkt platzierte, der 1/24 des Kreisradius vom Mittelpunkt entfernt lag. Dann bildete die durch diesen Exzenter und den Kreismittelpunkt gehende Linie einen Winkel von 65½ Grad mit der Verbindungslinie zwischen den Frühlings- und Herbstäquinoktien. Um Unregelmäßigkeiten in den Bewegungen der Planeten auszugleichen, führte Ptolemäus den Ausgleichspunkt ein. Dieser Punkt lag auf der durch Exzenter und Kreismittelpunkt gehenden Linie, im gleichen Abstand vom Mittelpunkt wie der Exzenter, aber auf der gegenüberliegenden Seite. Der Planet sollte mit konstanter Winkelgeschwindigkeit um den Ausgleichspunkt laufen. Dies war so ähnlich, wie wenn der Minutenzeiger einer Uhr sich mit konstanter Geschwindigkeit bezüglich eines kreisförmigen Zifferblatts bewegt, wobei der Mittelpunkt des Zifferblatts gegen den Punkt verschoben ist, um den sich der Zeiger dreht.

Anscheinend haben Ptolemäus und seine Anhänger das ptolemäische System zu Anfang als reines Rechen-Werkzeug angesehen. In einer späteren Arbeit versuchte Ptolemäus jedoch, ihm physikalische Realität zu verleihen. In seiner Vorstellung bewegten sich die Planeten auf Kugelschalen endlicher Dicke. Der innere Radius einer Planetenschale war gleich dem Radius des Deferenten minus dem Radius des Epizykels, ihr äußerer Radius war gleich der Summe der beiden. Dann ordnete er diese Kugelschalen in der gleichen Reihenfolge an wie die Sphären im aristotelischen System, wobei jede Schale Kontakt zu ihrer oberen und unteren Nachbarschale hatte. So berührte zum Beispiel die Innenfläche der Merkursphäre die Außenfläche der Mondsphäre, während die Außenfläche der Merkursphäre an die Innenfläche der Venussphäre stieß und so weiter. Da Merkur und Venus nie in Opposition zur Sonne zu sehen waren (also nie der Sonne an der Himmelskugel gegenüberlagen), platzierte er die Mittelpunkte ihrer Epizykel auf die Verbindungslinie zwischen Erde und Sonne. Das Verhältnis der Deferentenradien zu den Epizykelradien hatte er bereits aus den beobachteten Bewegungen aller Planeten abgeleitet. Hieraus und aus der Forderung, dass sich die Kugelschalen tatsächlich berühren, konnte Ptolemäus die Größe des damals bekannten Universums abschätzen. Dazu benötigte er noch die Entfernung des Monds von der Erde. Diesen Wert übernahm er von Aristarch von Samos, der eine entsprechende Abschätzung durchgeführt hatte (siehe Kapitel 6). Damit berechnete Ptolemäus die Größe des Universums zu 20 000 Erdradien oder etwa 120 Millionen Kilometer (siehe Abb. 4.7).

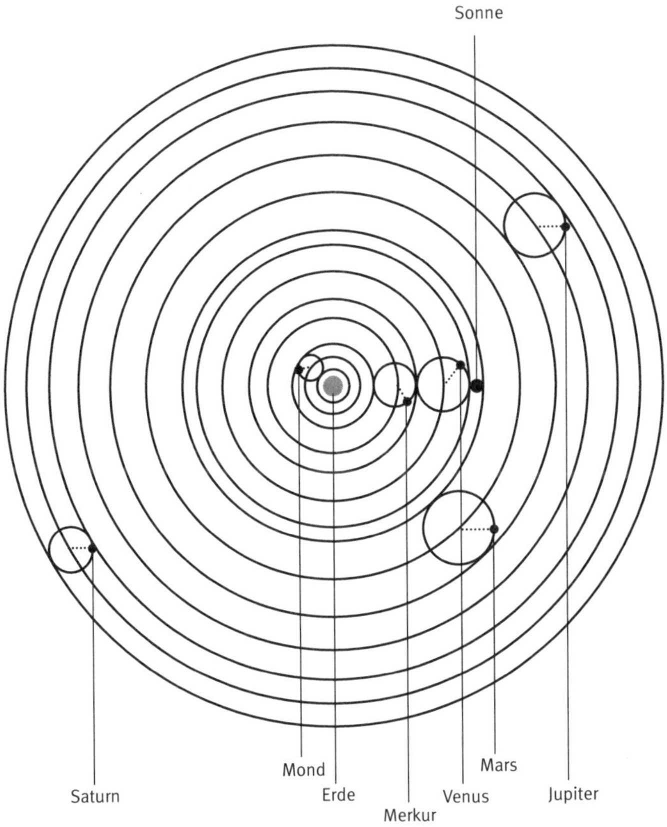

4.7 Wie die Sphären des Ptolemäus in der physikalischen Realität den gesamten Raum ausfüllen sollen.

Diese Arbeit erschien in seiner Schrift *Hypotheses planetarum*. Michael Hoskins meint dazu: „Dies ermöglichte es Ptolemäus ... seine planetaren Modelle zu einem einheitlichen, physikalisch realen System zusammenzufassen, eines, das spätere Handwerker versuchten – unvollkommen natürlich –, in Metall nachzubauen."

Es war zwar nie möglich, das gesamte System in einem mechanischen Modell darzustellen, doch einigen Uhrmachern gelang es, die einzelnen Planetenmechanismen in kunstvolle astronomische Uhren einzubauen. Das erfolgreichste dieser frühen Instrumente war die Dondi-Uhr.

Die Dondi-Uhr

Wie viele seiner klassischen Vorgänger war Giovanni Dondi ein Mann mit weit gefächerten Interessen. Er wurde 1318 in Chioggia in Italien als Sohn eines Arztes geboren, der auch Uhren entwarf. Die Familie zog 1349 nach Padua, wo Dondi Leibarzt von Kaiser Karl IV. wurde. Er war Professor an der Universität zu Padua und interessierte sich neben der Medizin auch für Astrologie, Philosophie und Logik. Dondi führte die Familientradition der Uhrmacherkunst fort, indem er eine astronomische Uhr entwarf, deren Herstellung 16 Jahre in Anspruch nahm. Dondi war ein Freund des italienischen Dichters Francesco Petrarca (1304–74), der ihn in seinem Testament rühmte und seine Uhr als „Planetarium" bezeichnete.

Obwohl die Originaluhr nicht erhalten ist, waren andere Uhrmacher in der Lage, sie nachzubauen, da Dondi in einer Abhandlung mit dem Titel *Tractatus Planetarii* sehr klare Anweisungen und zahlreiche Zeichnungen der verschiedenen Komponenten der Uhr hinterlassen hat.

Dondi schreibt, dass er die erste Anregung für das Projekt erhielt ... „durch die feine, scharfsinnige Idee, die Campanus in seiner *Theorica planetarium* für die Konstruktion seiner Äquatorien vorschlug." (Ein Äquatorium ist ein Gerät zur

Berechnung der Positionen von Sonne, Mond und Planeten. Anm. d. Übers.)

Die Originaluhr ging schließlich in die Hände von Galezzo Visconti über, der sie in der herzoglichen Bücherei im Castello Visconteo aufstellte. Doch sie verfiel, und nach 1530 gibt es keine Spur mehr von ihr. Einige von Dondis Schriften wurden von G. H. Bailie, H. Alan Lloyd und F. A. B. Ward ins Englische übersetzt und schließlich als *The Planetarium of Giovanni de Dondi* veröffentlicht. Mit Hilfe dieser Übersetzungen baute man moderne Repliken der Uhr: Eine befindet sich im Museum of History and Technology in Washington, D.C, die andere im Science Museum in London. Das Instrument gilt als eine der frühesten astronomischen Räderuhren, die auch die Planeten anzeigte und durch ein Uhrwerk angetrieben wurde.

Die Uhr hat sieben Zifferblätter, die an einem siebeneckigen Rahmen montiert sind. Ihr Durchmesser beträgt 45,7 Zentimeter und ihre Gesamthöhe 1,32 Meter. Die Zifferblätter haben Skalen für Sonne, Mond, Merkur, Venus, Mars, Jupiter und Saturn. Das Instrument wird angetrieben durch das langsame Niedersinken zweier Gewichte, die an zwei Schnüren hängen. Diese sind um zwei hintereinander liegende konzentrische, unterschiedlich dicke Zylinder gewickelt. Die Regulierung der Uhr geschieht durch den „Spindel-und-Waag-Mechanismus", der für eine brauchbare Ganggenauigkeit sorgt (siehe Abb. 4.8).

Die Zifferblätter für Venus, Mars, Jupiter und Saturn zeigen die Positionen dieser Planeten entlang der Ekliptik, wobei das ptolemäische System von Deferenten und Epizykeln angewandt wird. Ein Modellbausatzmodell (siehe Abb. 4.9) zeigt das Prinzip der mechanischen Analogie dieses Systems, die Dondi in dieser Uhr verwendet hat.

Die Grundbewegungen des Merkur können ebenfalls auf diese Weise dargestellt werden. Um die komplizierten Details dieser Bewegung wiederzugeben, musste Dondi jedoch die ptolemäischen Konzepte des Exzenters und des Ausgleichspunkts mechanisch umsetzen. Zu diesem Zwecke führte er eiförmige Zahnräder ein. In ihrem Buch *Geared to the Stars* weisen King

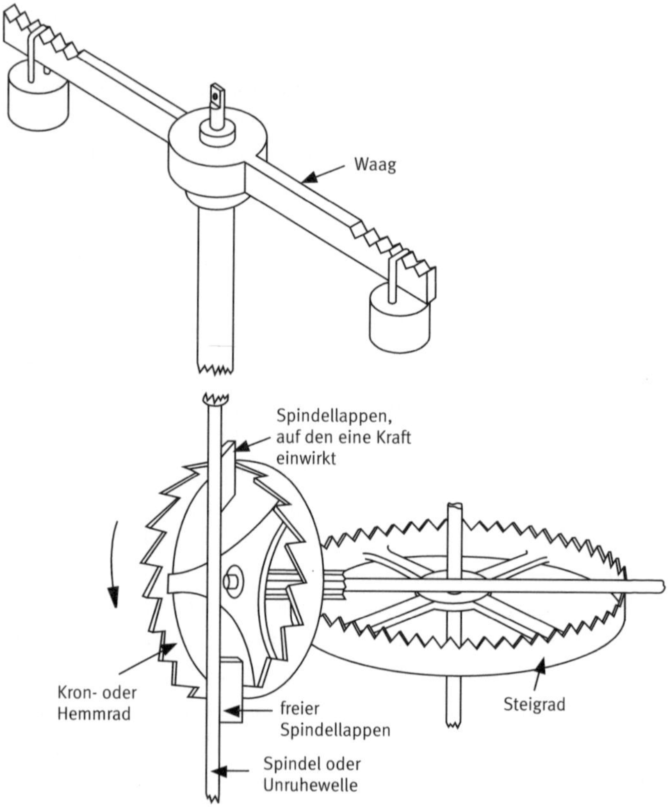

4.8 Der Spindel-Waag-Mechanismus, der zur Regulierung der Dondi-Uhr verwendet wurde.
Dieser Mechanismus besteht aus einem waagrechten Balken – dem Waag –, dessen Mittelpunkt drehbar auf einer senkrechten Stange – der Spindel – gelagert ist. An dieser Spindel sind zwei kleine, flache Platten („Spindellappen") befestigt, die in die Zähne eines senkrechten Kron- oder Hemmrads greifen. Dieses wird über eine Reihe von Zahnrädern durch fallende Gewichte in Bewegung versetzt. Die Zähne des Kronrads drücken die Spindel erst in die eine, dann in die andere Richtung, wodurch der Waag hin und her schwingt. Das Kronrad rückt bei jeder Hinundherbewegung des Waags um einen Zahn vor. Die Drehgeschwindigkeit des Waags kann durch Verändern des Abstands zwischen den kleinen Gewichten an seinen Enden reguliert werden.

4.9 Eine mechanische Version der ptolemäischen Sphären. Dieses Bausatzmodell demonstriert ihre Funktionsweise.

und Milburn darauf hin, dass die ovale Form, die Dondi mit diesem mechanischen Hilfsmittel für die Umlaufbahn des Merkurs erhielt, nicht der Bahnellipse entspricht, die sich aus den Keplerschen Gesetzen für den Planeten ergibt. Diese Gesetze, nach denen alle Planeten die Sonne auf elliptischen Bahnen umlaufen, wurden erst viel später von Johannes Kepler entdeckt. Doch Dondi setzte bereits 200 Jahre vor Keplers Geburt einen elliptischen Zahnradantrieb ein, um die Bewegungen des Merkur darzustellen.

Mit dem Epizykel-Deferent-System konnten auch die Grundbewegungen des Monds wiedergegeben werden, doch für die Details war eine andere Methode als der elliptische Zahnradantrieb erforderlich. Dondi löste das Problem, indem er zwei birnenförmige Zahnräder benutzte, um die Sonnenbewegung mit einer einfachen Astrolabiumuhr zu verknüpfen. Astrolabien und Astrolabiumuhren werden im nächsten Kapitel besprochen.

Die Dondi-Uhr hatte noch viele weitere Funktionen. Direkt unterhalb der Zifferblätter mit den Planetenskalen befindet sich ein Kalenderring, der das Datum anzeigt. Ebenfalls angezeigt werden die Sonnenauf- und -untergangszeiten für jeden Tag für die geografische Breite Paduas sowie die Daten der unbeweglichen und beweglichen kirchlichen Feiertage. Die scheinbare Bahn des Monds vor dem Sternhintergrund kreuzt die Ekliptik zweimal pro Mondmonat. Die beiden Schnittpunkte, die so genannten Mondknoten, wandern in 18,6 Jahren einmal um die Ekliptik. Die Bewegungen der Mondknoten lassen sich auf einem Zifferblatt der Uhr ablesen. Ein anderes Zifferblatt gibt die normale Uhrzeit an.

Jacob Bronowski bewertet die Dondi-Uhr in seinem Buch *The Ascent of Man* folgendermaßen: „Doch größer als das mechanische Wunder ist der geistige Entwurf, der von Aristoteles und Ptolemäus und den Griechen herstammt. De Dondis Uhr gibt deren Sicht der Planeten wieder, wie sie sich von der Erde aus darbietet ... Sie ist eine erstaunliche Geistesschöpfung; sehr kompliziert – doch dies lässt es umso verwunderlicher erscheinen, dass die Griechen um das Jahr 150, nicht lang nach der Geburt Christi, in der Lage waren, sich diese hervorragende Konstruktion auszudenken und mathematisch darzustellen."

Die Dondi-Uhr ist eine kunstvolle mechanische Verkörperung des ptolemäischen mathematischen Modells.

Andere astronomische Uhren

Eine frühere astronomische Uhr, nicht so kompliziert wie die von Dondi, wurde von Richard of Wallingford (1292–1336) gebaut. Er war Sohn eines Schmieds, zeitweise Gelehrter am Merton College in Oxford und später Abt eines Benediktinerklosters in St. Albans. Der englische Altertumskenner John Leland (1506–52) sah die Uhr im Jahr 1540 und beschrieb sie mit glühenden Worten.

Er berichtet, dass die Uhr die Bewegungen von Sonne, Mond und Sternen anzeigte sowie die Uhrzeit der Gezeiten, und fährt dann fort: „Und als diese Aufgabe, würdig der Geschichte, zu Ende gebracht war, schrieb er, da er der größte aller

Mathematiker seiner Zeit war, die Canones, in welchem Buche das Werk aufgezeichnet war, damit ein solch außergewöhnlicher Mechanismus nicht durch irgendeinen Fehler der Mönche wertlos würde oder wegen der unbekannten Natur seines Aufbaus still stünde."

Eine weitere Uhr, erbaut 1354, war an einer Innenwand des Straßburger Münster aufgestellt. Ihre Größe hat man aus Blei gefüllten Löchern abgeleitet, die in dieser Wand noch vorhanden sind. Demnach war die Uhr 18 Meter hoch und am Sockel fast acht Meter breit. Das Mittelstück der Uhr selbst war ein Astrolabium-Zifferblatt, und direkt darunter befanden sich Skalenscheiben, die das Datum angaben. Die gemalte Figur eines Tierkreismanns, umgeben von den Tierkreiszeichen, zeigte die Verbindungen dieser Zeichen mit den Teilen des menschlichen Körpers an, wie sie in der mittelalterlichen Disziplin der astrologischen Medizin gelehrt wurden. Der einzige erhalten gebliebene Teil dieser ersten Uhr am Straßburger Münster ist der Hahn, der die ganze Uhr krönte. Er ist aus Kupfer, Eisen und Holz gefertigt und vergoldet. Um zwölf Uhr mittags schlug er mit den Flügeln, spreizte die Federn, öffnete den Schnabel und krähte, Letzteres mit Hilfe eines Blasebalgs, der Luft über eine Membranzunge blies. Der Hahn galt als Symbol der Wachsamkeit und der Leiden Christi. Auf der Uhr befanden sich auch die Figuren der Heiligen Drei Könige, die vom Stern zu Bethlehem zum Jesuskind geführt wurden. Jeden Tag um zwölf Uhr Mittag verbeugten sich diese Figuren vor denen der Maria und des Jesuskinds zu den Klängen eines kleinen Glockenspiels.

Die Uhr im Straßburger Münster regte den Bau vieler ähnlicher Uhren in anderen europäischen Städten an. Drei Uhren aus etwa dieser Zeit zierten die Dome von Lund in Schweden, von Danzig in Polen und von Lübeck. Astronomische Uhren verschiedener Größen und Beschreibungen wurden auch in England gebaut.

Die Originaluhr an der Kathedrale von Wells aus dem Jahr 1392 hatte ein astronomisches Zifferblatt. Diese Uhr besaß mindestens drei Gangwerke und erfuhr mehrere Um- und Anbauten. Das innere Zifferblatt dieser Uhr befindet sich an einer Steinschranke auf der Westseite des nördlichen Querschiffs der Kathedrale. Obwohl das Zifferblatt mehrmals restauriert wurde, geht man allgemein davon aus, dass einige Teile der Originaluhr noch erhalten geblieben sind. Ein vergoldeter Stern an einem langen Zeiger gibt die Stunden an, ein kleinerer vergoldeter Stern an einem kürzeren Zeiger die Minuten. Der Minutenzeiger stammt höchstwahrscheinlich aus dem 17. Jahrhundert. Der Stundenzeiger ist an der Sonnenscheibe befestigt, die einmal in 24 Stunden rotiert. Sie hat einen äußeren Ring mit 30 Unterteilungen, die die Tage eines Mondmonats darstellen. Eine bemalte kupferne Mondscheibe rotiert einmal in einem Mondtag. Das Mondalter wird von einem Zeiger angegeben, der aus der konkaven Seite einer vergoldeten Mondsichel hervorschaut. Die Mondphase ist auch in einem runden Loch sichtbar, das in die Mondplatte geschnitten wurde. Eine weibliche Figur, Phoebe – den Mond darstellend – schmückt ein Rundbild, das gegenüber dem Mondphasenloch montiert ist. Das Rundbild ist um seine Mittelachse drehbar gelagert und auf der Unterseite mit einem Gewicht versehen, sodass es immer aufrecht bleibt. Die restliche Mondscheibe ist mit Schnitzereien verziert, die Wolken und den Himmel symbolisieren, die die zentrale Erde umgeben.

Eric Bruton schreibt in *The History of Clocks and Watches*: „Somit ist das Zifferblatt ein funktionsfähiges Modell des mittelalterlichen Weltbilds, mit der Erde samt ihren vier Elementen – Erde, Luft, Feuer und Wasser – im Mittelpunkt, umgeben von der ersten Himmelssphäre des Monds, die sich um sie dreht."

Die Kathedrale von Exeter besitzt ebenfalls eine interessante astronomische Uhr. Sie hat ein einziges Zifferblatt, das wahrscheinlich aus dem Jahr 1423 stammt. Das heutige Gangwerk stammt aus dem Jahr 1885. Auf der Stundenskala sind 24 hölzerne Scheibchen mit aufrecht stehenden römischen Zahlen angebracht, angeordnet in zwei Gruppen von eins bis zwölf. Eine kleinere Mondscheibe, um deren Rand 30 durchnummerierte Scheibchen angeordnet sind, dreht sich innerhalb des Stundenzifferblatts. Dessen Zentrum ist mit einer Erdhalbkugel abgedeckt. Zwischen dem Stundenzifferblatt und der Mondscheibe befindet sich ein Sonnenzeiger in Form einer Lilie. Dieser Zeiger ist an einer verborgenen Sonnenscheibe befestigt, die sich einmal in 24 Stunden dreht. Die Mondscheibe rotiert einmal in einem Mondtag. Die Mittellinie der Lilie hat zwei Funktionen: Das äußere Ende weist auf die Stunden des Tags, das innere auf das Mondalter.

Die Exeter-Uhr hat eine Besonderheit, die neben ihr noch zwei weitere Uhren in Westengland aufweisen: einen rotierenden Mondglobus, der mit dem Mondalter synchronisiert ist. Eine Hemisphäre dieses Globusses hat eine hellere Farbe als die andere, sodass bei seiner Rotation die Mondphasen simuliert werden. Die beiden anderen Uhren befinden sich an der St. Mary's Church in Ottery St. Mary in Devon sowie am Münster von Wimbourne in Dorset.

Es gibt noch andere Merkmale, die einer Reihe von Uhren an Kirchen und öffentlichen Gebäuden gemeinsam sind. Zum Beispiel haben einige eine Tierkreisscheibe. Ist eine solche vorhanden, kann man aus der Position des Frühlingspunktes relativ zum äußeren Ring die Sternzeit ablesen; verlängert man den Sonnenzeiger nach außen, so zeigt er die mittlere Sonnenzeit sowie die Lage der Sonne im Tierkreis an.

Die Hampton-Court-Uhr

Die astronomische Uhr am Hampton Court Palace ist Besuchern und Touristen ebenso bekannt wie die an der Kathedrale von Wells. Sie befindet sich über dem Anne-Boleyn-Tor und blickt nach Osten in den Uhrenhof des Palasts. Die Originaluhr wurde wahrscheinlich von Nicholas Oursian gebaut, der 1541 zum Uhrenwärter ernannt wurde. Ein Teil des Originalmechanismus trägt die Initialen des Erbauers und die Jahreszahl 1540. Der Entwurf für die Uhr könnte jedoch von Nicholas Cratzer stammen, einem Mathematiker und Astronom aus München, der in Oxford lehrte und auch Privatlehrer der Kinder von Sir Thomas More war.

Die Originaluhr wurde durch einen Spindel-und-Waag-Mechanismus reguliert, doch gegen Ende des 17. Jahrhunderts wurde dieser durch ein Pendel ersetzt. Es ist nicht bekannt, wann genau dieser Austausch stattfand, doch Eric Bruton ver-

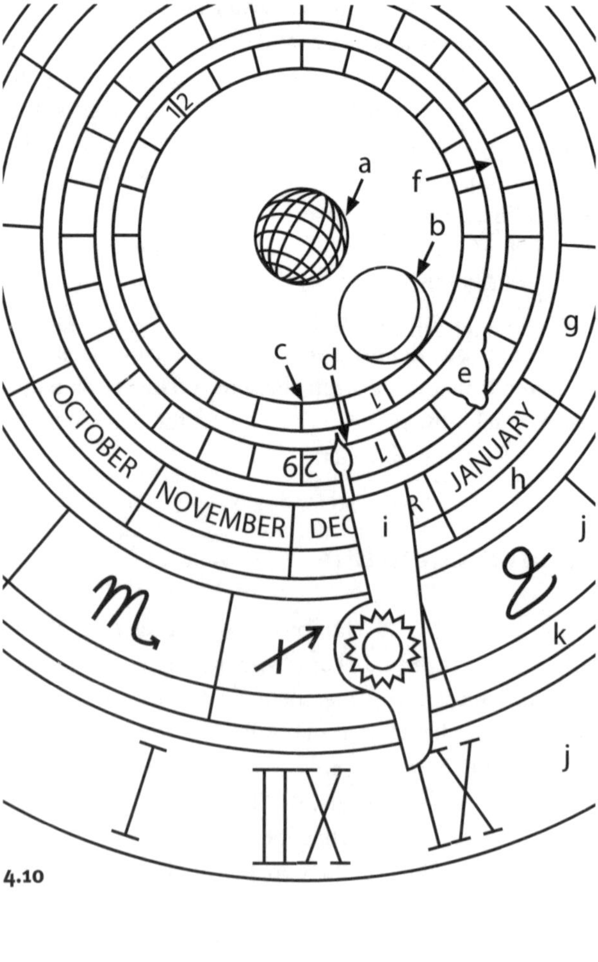

4.10

mutet in seinem Buch *The History of Clocks and Watches*, dass es nach 1649 war, als Hampton Palace von Oliver Cromwell beansprucht wurde. Cromwell interessierte sich bekanntermaßen für die Erfindung des Pendels. Während dieser Zeit wurde der Antrieb der astronomischen Zifferblätter auch für den Antrieb eines konventionellen Zifferblatts benutzt, das auf der anderen Seite des Tores angebracht war (siehe Abb. 4.10).

4.10 Die astronomische Uhr am Hampton Court Palace. Schematische Darstellung der Uhr mit den wichtigsten Zifferblättern und Zeigern.

a) Erde
b) Mondphasenfenster
c) Scheibe zum Ablesen der Zeit des Meridiandurchgangs des Monds.
d) Zu c gehörender Zeiger
e) Zeiger für die Mondalterscheibe
f) Mondalterscheibe
g) Monatsskalenring
h) Skalenring mit den Tagen des Monats
i) Sonnenzeiger; zeigt das Datum auf g und h, die Position und Grade des Tierkreises auf den entsprechenden Skalenringen j und k sowie die Uhrzeit auf dem Zifferblatt l.

Das Hauptzifferblatt hat einen Durchmesser von drei Metern. An seinem Außenrand sind zweimal die römischen Ziffern I–XII angebracht. Ein mit einem Sonnensymbol verzierter Zeiger gibt darauf die 24 Stunden des Tags an. Die Tierkreiszeichen, die Monate im Jahr und die Tage des Monats sind auf einer etwas kleineren Scheibe markiert. Diese Scheibe dreht sich einmal pro Sterntag, sodass nach einem Sonnentag der Sonnenzeiger das nächste Datum auf den Kalenderringen sowie die Position der Sonne im Tierkreis anzeigt. Der Sonnenzeiger ist an einer Scheibe befestigt, die eine Einteilung von eins bis 29½ enthält. Der Mondzeiger ist an der innersten Scheibe angebracht, weist aber auf Zahlen auf der Scheibe, an der der Sonnenzeiger montiert ist. Ein kreisrundes Loch in der Scheibe mit dem Mondzeiger zeigt die Mondphasen an. Diese Scheibe enthält auch zweimal die arabischen Ziffern eins bis zwölf. Ein kleiner roter Zeiger am Innenrand des Sonnenzeigers wandert über diese Ziffern und gibt damit den Zeitpunkt an, wann der Mond den Meridian überquert. Dieser Meridiandurchgang ist mit den Zeiten für das Einsetzen der Flut verknüpft.

Kleinere astronomische Uhren

Neben den großen astronomischen Uhren für Kirchen und öffentliche Gebäude wurden auch kleinere Uhren mit Zifferblättern von astronomischem Interesse hergestellt. Einige dieser Uhren waren mit einer Scheibe ausgestattet, die sich mit Sternzeit drehte. Diese Art der Zeitmessung war für beobachtende Astronomen äußerst wichtig, da damit bestimmt werden konnte, wann sich welche Himmelsobjekte in günstigen Beobachtungspositionen befanden. Sternzeituhren wurden daher für Sternwarten angefertigt.

Für Seefahrer wurden Gezeitenuhren gebaut, die so eingestellt werden konnten, dass sie aufgrund der bekannten Hafenzeit eines bestimmten Hafens die Durchschnittszeiten für das Einsetzen der Flut angaben. Heutzutage hat die wachsende Zahl von Amateurseglern und Wassersportlern Gezeitenuhren wieder populär gemacht.

Viele Haushaltsuhren wurden hergestellt, die die Mondphasen anzeigten. Ein mit dem Stundenzeiger der Uhr verbundener Zahnradsatz drehte in 29½ Tagen eine Scheibe mit zwei Bildern des Monds. Diese war hinter einem halbkreisförmigen Fenster auf dem Uhrzifferblatt angebracht, das zwei kleinere Halbkreise rechts und links der Mittellinie aufwies. Durch dieses Fenster war dann das eine oder das andere der beiden Mondbilder sichtbar, doch der ganze Mond war nur bei Vollmond zu sehen.

Alle diese Uhren beruhten auf vor-kopernikanischen Weltbildern. Einige wenige Uhrmacher versuchten, die räumliche Anordnung der Himmelskörper darzustellen, doch der Hauptzweck von Uhren bestand darin, zeitliche Angaben über die Positionen und Bewegungen dieser Körper zu machen, wie sie von der Erde aus beobachtet werden. Modelle mit einem direkteren Bezug zum Aufbau des Universums entstanden erst nach Einführung des kopernikanischen Systems.

Schwankung der Gezeiten

Das Phänomen der Gezeiten in einem speziellen Hafen kann sehr kompliziert sein, doch die Grundtatsachen sind relativ einfach. Die Gravitation des Monds zieht an den Wassermassen der Ozeane und führt zur Bildung zweier Flutberge – einer direkt unter dem Mond und der andere auf der gegenüberliegenden Seite der Erde. Wenn durch die Erdrotation ein bestimmter Punkt auf der Erdoberfläche unter diesem Wasserberg hindurchläuft, tritt bei ihm die Flut ein. Passiert er das Tal zwischen den beiden Flutbergen, herrscht Niedrigwasser oder Ebbe. Beim Passieren des zweiten Flutbergs ist wieder Flut. In der Zeit, die zwischen dem Passieren der beiden Flutberge verstreicht, hat sich der Mond am Himmel weiterbewegt. Aus diesem Grund liegen zwischen zwei Fluten etwa 12½ und nicht nur 12 Stunden. Die Sonne macht dieses einfache Bild komplizierter. Da uns der Mond näher ist als die Sonne, ist seine Gravitationswirkung auch stärker, doch der Beitrag der Sonne ist ebenfalls zu spüren. Liegen Sonne, Erde und Mond auf einer Linie, wie das bei Vollmond und Neumond der Fall ist, sind die Gezeiten stärker als normal – es ist Springflut. Bei zu- und abnehmendem Halbmond bilden Sonne und Mond bezüglich der Erde einen rechten Winkel und ziehen „quer" zueinander. Das vermindert den gravitativen Zug des Monds auf die Gezeiten, und es kommt zur Nippflut. Wäre die Erde vollständig von Wasser bedeckt, dann würde bei Springflut das Hochwasser genau zu dem Zeitpunkt einsetzen, an dem der Mond den Meridian überquert, also genau im Süden steht. Doch die Form der Landmassen und die Auswirkungen von Buchten, Flussmündungen und großen Flüssen führen dazu, dass zwischen dem Meridiandurchgang des Monds und dem Einsetzen der Flut immer eine zeitliche Verzögerung besteht. Diese wird „Hafenzeit" genannt, da Seeleute normalerweise in Häfen an den Gezeiten interessiert sind. Obwohl diese Zeitdifferenz bei Springflut einen festen Wert hat, kann sie bei anderen Mondphasen größer oder kleiner sein. Doch selbst zu diesen Zeiten gibt die Hafenzeit einen brauchbaren Mittelwert an. An der London Bridge beträgt die Hafenzeit im Mittel 75 Minuten, das heißt, die Flut setzt etwa 75 Minuten nach dem Meridiandurchgang des Monds ein.

Eine astronomische Uhr des 20. Jahrhunderts

Im 20. Jahrhundert wurden kaum astronomische Uhren hergestellt. Eine in den 1950ern gebaute ist jedoch von besonderer Bedeutung. Sie befindet sich im Rathaus von Kopenhagen und wurde von Jens Olsen entworfen. Olsen wurde 1872 geboren. Er machte eine Schlosserlehre und unternahm dann als Geselle ausgedehnte Reisen zu zahlreichen Uhrenzentren in ganz Europa. Eine Geschichte, die man sich von ihm erzählt, handelt davon, dass er sich, als die astronomische Uhr im Straßburger Münster repariert wurde, unter einer Abdeckplane versteckte, um das Räderwerk der Uhr studieren zu können. Nach seiner Rückkehr nach Dänemark ließ er sich als Uhrmacher nieder. Neben der Uhrmacherkunst interessierte er sich auch sehr für Astronomie und baute sich eine eigene private Sternwarte. In seinem fünften Lebensjahrzehnt begann er mit den Berechnungen für seine astronomische Uhr. Als er seine Arbeit dem schwedischen Astronom Strömgren vorlegte, der Direktor der Kopenhagener Sternwarte war, lobte dieser seine Fähigkeit, mathematische und mechanische Sachkenntnisse miteinander zu verknüpfen. Aufgrund dieser Beurteilung bezeichnete Olsen sich fortan als „Astromechaniker". Nach Fertigstellung der Pläne war er begierig, die Uhr auch zu bauen, hatte aber nicht die nötigen Finanzmittel dafür. Als Dänemark unter deutscher Besatzung stand, erhielt Olsen vom Arbeitgeberverband einen Zuschuss von 100 000 Kronen. Das reichte zwar nicht aus, um die Uhr zu bauen, doch es weckte das öffentliche Interesse an dem Projekt.

Laut Eric Bruton (*History of Clocks and Watches*) ... „riefen Zeitungen die gesamte Bevölkerung Dänemarks dazu auf, Geld zu spenden als Symbol für die Einheit der unter Besatzung stehenden Nation ... Das Ergebnis war überwältigend, und im Alter von fast 70 Jahren konnte Olsen mit dem Bau beginnen."

Anfangs wurde er dabei von seinem Sohn unterstützt, doch dieser wurde während eines Generalstreiks von einer Kugel tödlich getroffen. Olsen führte die Arbeiten mit Hilfe seiner Mitarbeiter fort – darunter zwei Uhrmacher, vier Feinmechaniker, zwei Graveure und ein Architekt –, die nach Olsens Tod am 17. Dezember 1945 die Uhr 1955 fertig stellten.

4.11 Olsens astronomische Uhr
Die Uhr besitzt elf separate Mechanismen, die alle über Zahnräder und Stahlbänder miteinander verbunden sind. Das Zifferblattwerk ist in drei Sektionen unterteilt. Die Uhr hat ein Glasgehäuse und befindet sich in einem klimatisierten Raum. Die Funktionsübersicht der verschiedenen Zifferblätter und Zeiger vermittelt einen Eindruck von der Vielzahl der Informationen, die diese Uhr liefert – eine ganz außerordentliche Vielzahl an Informationen für eine einzige Uhr! Es ist zwar nicht ausgeschlossen, dass heute ein astronomisch interessierter Uhrmacher eine solche Uhr konstruiert, doch es ist sehr unwahrscheinlich. Inzwischen haben Computer die Rolle der astronomischen Uhr größtenteils übernommen, wie in Kapitel 13 beschrieben, und Olsens Uhr könnte sehr wohl die Letzte ihrer Art sein.

Funktionsübersicht

- *Gregorianischer Kalender*
- *Ortszeit und wahre Sonnenzeit, Weltzeit*
- *Zeitgleichung*
- *Sonnenauf- und -untergang in mittlerer und wahrer Sonnenzeit*
- *Zifferblätter für Sternzeit*
- *Sonnen- und Mondzyklus*
- *In digitaler Form: Monat, Datum, Wochentag, Mondphase*
- *Bewegliche Feiertage (mechanisch am Silvesterabend für das folgende Jahr berechnet)*
- *Kreisförmige Sternkarte, die sich mit Uhrzeit und Datum ändert*
- *Angabe der Position des Himmelspols (die sich wegen der Präzession verschiebt)*
- *Geozentrischer Umlauf*
- *Heliozentrischer Umlauf*
- *Julianisches Datum*

Kapitel 5

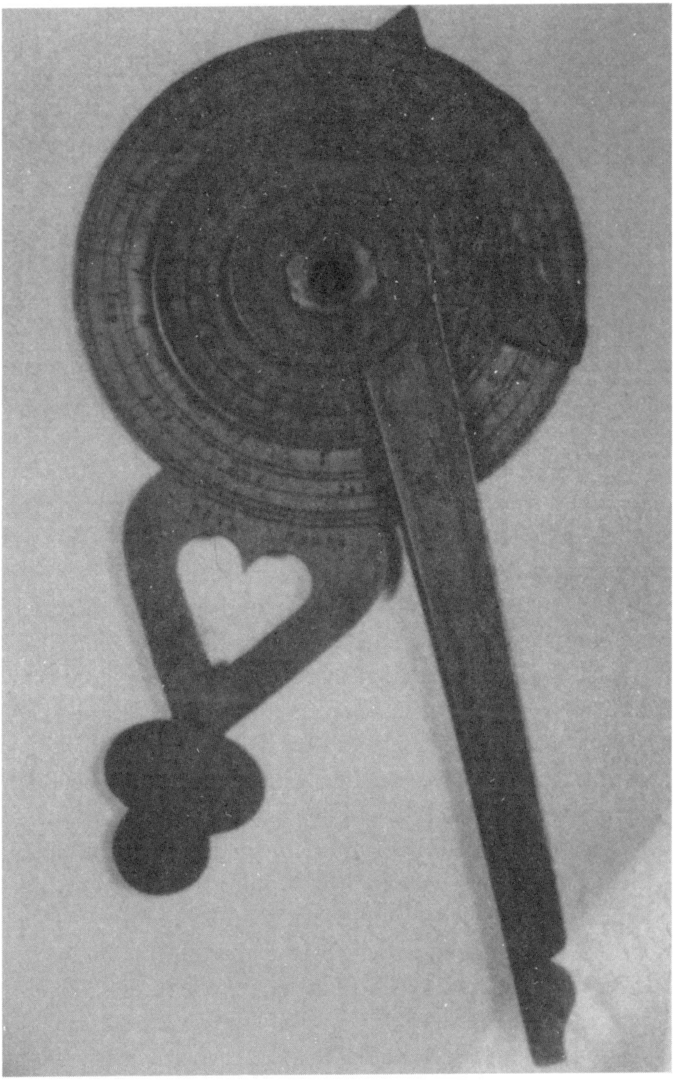

Eine Sternuhr aus den Archiven des Institute of Marine Studies der Universität Plymouth.

Astrolabien, Sonnen- und Sternuhren

Karten und Projektionen

Die in Kapitel 3 beschriebenen Himmelsgloben und Armillarsphären können zwar zur Lösung einer Reihe astronomischer Probleme bei der Zeitmessung und Navigation verwendet werden, doch sie sind nicht besonders zum Mitführen geeignet, weder zu Lande noch zur See. Die Genauigkeit dieser Instrumente hängt zudem von ihrer Größe ab – größere sind exakter als kleinere. Flache Geräte oder Karten sind für solche Zwecke sehr viel geeigneter. Doch um die wesentlichen Merkmale der Globen und Sphären beizubehalten, muss man die Positionen von Sternen, den Himmelsäquator, die Wende- und die Polarkreise auf einer ebenen Oberfläche darstellen. Dabei kommt es jedoch zu Verzerrungen. Das Problem besteht nun darin, eine Methode zum Übertragen von Punkten von einer Kugel auf eine ebene Fläche zu finden, die zu möglichst wenig Verzerrung führt und dennoch für die jeweiligen Zwecke brauchbare Ergebnisse liefert. Das mathematische Werkzeug hierfür heißt Projektion, und im Laufe der Zeit erfanden Astronomen und Geografen (die vor dem gleichen Problem stehen, wenn sie die Kontinente auf einer ebenen Fläche darstellen wollen) mehrere unterschiedliche Projektionsarten. Wir beginnen mit der Beschreibung einer möglichen Methode, wie man Positionen auf einer Kugeloberfläche auf eine ebene Fläche übertragen könnte.

Auf einer durchsichtigen Kugel zeichne man die Pole, den Äquator, die Breitenkreise (oder Deklinationskreise) und die Längenmeridiane (oder die Halbkreise gleicher Rektaszension) auf. Ins Zentrum dieser Kugel setze man eine punktförmige Lichtquelle. Nun stelle man sich einen durchsichtigen Zylinder vor, in den die Kugel genau hineinpasst. Der Zylinder muss den gleichen Durchmesser und die gleiche Höhe haben wie die Kugel und außerdem zwei durchsichtige Deckel. Die Polachse der Kugel ist identisch mit der Achse des Zylinders. Wird die punktförmige Lichtquelle eingeschaltet, werden die Breitenkreise und die Längenmeridiane auf den durchsichtigen Zylinder und seinen oberen und unteren Deckel projiziert. Auf den Deckeln werden die Längenmeridiane zu geraden Linien, die strahlenförmig von den Polen ausgehen, während die Breitenkreise konzentrische Kreise um die Pole bilden (siehe Abb. 5.1). Auf dem Zylinder bleiben die Breitenkreise parallele Kreise, doch sie haben alle den gleichen Durchmesser, ihre Mittelpunkte liegen auf der Zylinderachse, und die Längenmeridiane werden zu geraden Linien. Der zylindrische Teil wird nun entlang eines Längenmeridians aufgeschnitten und auseinander geklappt, sodass man ihn flach auf eine ebene Fläche legen kann (siehe Abb. 5.2). Die Positionen der Sterne können nun auf den beiden Pol-Kreis-

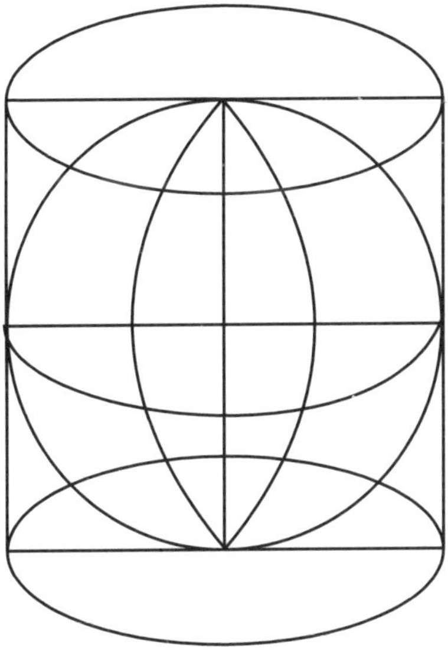

5.1 Projektion einer Kugel auf einen Zylinder.

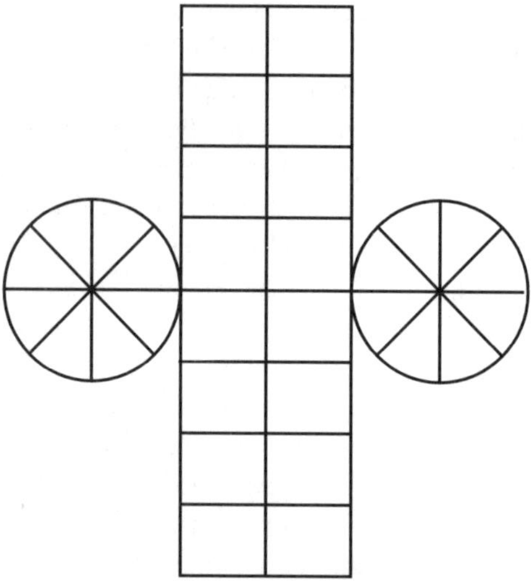

5.2 Das Abrollen eines Zylinders auf eine ebene Fläche.

scheiben und auf dem platten Zylinder, der nun ein Rechteck ist, eingetragen werden. Auf diese Weise ist die Himmelssphäre in eine ebene Karte verwandelt worden, die aufgerollt und sehr viel leichter transportiert werden kann.

Himmelskarten

Seit Jahrhunderten werden Himmelskarten benutzt, um die Positionen der Sterne relativ zueinander, zum Äquator und zum himmlischen Nullmeridian aufzuzeichnen. Dies geschieht mit Hilfe der gemessenen Deklinationen und Rektaszensionen der Sterne. Die unterschiedlichen Helligkeiten der einzelnen Sterne können durch unterschiedlich große Punkte dargestellt werden: je heller der Stern, desto größer der Punkt. Die Bewegungen der Planeten können auf solchen Karten als Bahnen eingezeichnet werden (siehe den Abschnitt über Planetenbewegungen in Kapitel 2). Solche Karten sind für die Astronomen wichtige Hilfsmittel. Neue Planeten, Kometen und kleinere Körper im Sonnensystems (so genannte Asteroiden) wurden dadurch entdeckt, dass man ihre Positionen in aufeinander folgenden Nächten in solchen Karten vermerkte und dann feststellte, dass sie sich relativ zu den Hintergrundsternen bewegt hatten. Dieses Kapitel befasst sich jedoch mit spezielleren Kartentypen, die für andere Zwecke verwendet werden können.

Astrolabien

Das Astrolabium ist eine tragbare Sternkarte aus Metall, die gegen eine auf einer rahmenartigen Grundplatte sitzende, gravierte Metallscheibe drehbar ist. Mit seiner Hilfe kann eine Reihe von astronomischen Aufgaben mit ausreichender Genauigkeit gelöst werden. In seiner Fernsehserie *The Ascent of Man (Der Aufstieg des Menschen)* bezeichnete Bronowski das Astrolabium als „Taschenuhr und Rechenschieber der Astronomie". Für Anhänger des Islam war das Astrolabium mehr als ein wissenschaftliches Instrument: Es war ein religiöser Gegenstand, der bei Andachten eine wichtige Rolle spielte.

Die meisten Astrolabien bestehen aus fünf Teilen: dem Netz (Rete), der Einlegescheibe, der Grundplatte (auch Mater oder Mutter genannt), dem Zeiger und einem Visierlineal, der so genannten Alhidade (siehe Abbildungen 5.4a–e und Kasten). Das Netz ist im Wesentlichen eine einfache Sternkarte in Form einer vielfach durchbrochenen Metallscheibe. Sie stellt eine ebene (stereografische) Projektion eines Teils der Himmelssphäre dar. Diese Projektion erhält man, indem man vom südlichen Himmelspol auf eine auf dem nördlichen Himmelspol ruhende ebene Fläche projiziert, die senkrecht zu der durch beide Pole verlaufenden Achse liegt (siehe Abb. 5.3). Diese Projektionsart wurde erstmals von Ptolemäus in einem seiner kleineren Werke beschrieben, dem *Planisphaerium*. Der Historiker Otto Neugebauer behauptete allerdings, dass das Konzept von Hipparchos aus dem Jahre 150 v. Chr. stamme.

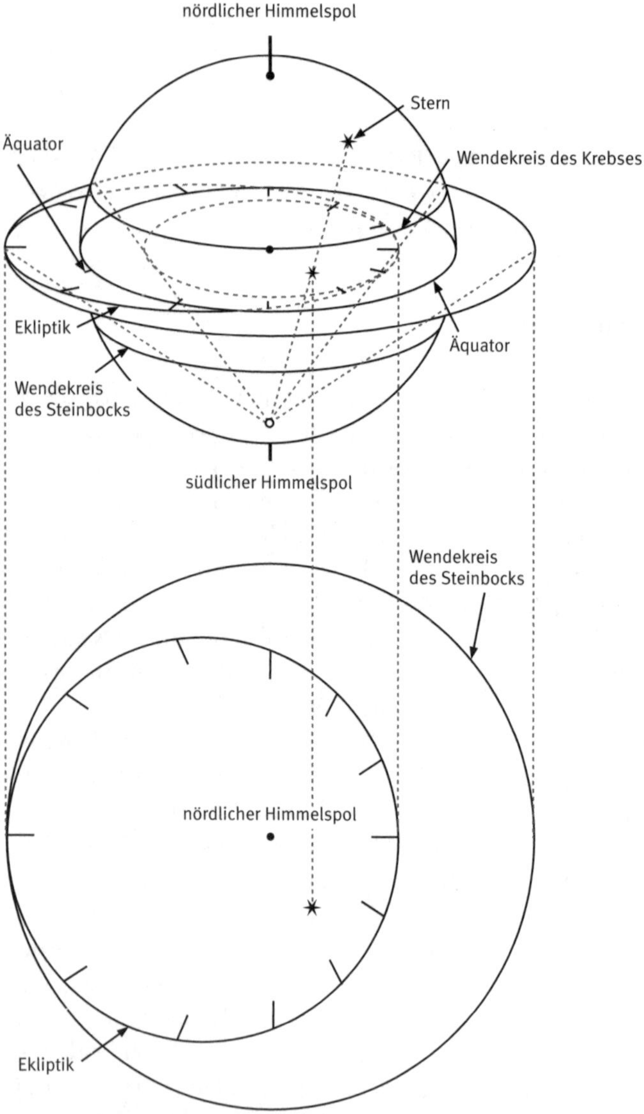

5.3 Die stereografische Projektion des Astrolabiums.
Dieses Diagramm verdeutlicht das Prinzip der stereografischen Projektion, die bei Astrolabien verwendet wird, um Groß- und Kleinkreise sowie Punkte der Himmelssphäre auf eine ebene Fläche zu übertragen.

Die Bestandteile eines Astrolabiums

Das Netz (Rete) (siehe Abb. 5.4d) ist eine drehbare, vielfach durchbrochene Metallscheibe, die genau in den erhöhten Rand der Grundplatte passt. Sie besteht aus einem Gitterwerk von Kreisringen für Ekliptik, Äquator und Wendekreis. Die Positionen der wichtigsten Sterne sind durch die Enden von kleinen, geschweiften Metallspitzen markiert, die Namen der Sterne sind auf dem Netz eingraviert. Der Ekliptikkreis ist in die zwölf Tierkreiszeichen eingeteilt, die wiederum in jeweils 30 Grad unterteilt sind.

Die Einlegescheibe (siehe Abb. 5.4c) ist jeweils für eine bestimmte geografische Breite angefertigt. In ihr sind der Horizont des Beobachters, die Azimutalkreise (Kreise gleicher Höhen, auch Almukantaraten genannt) sowie die Höhenkreise eingraviert (die Linien gleichen Azimuts, die radial vom Zenit des Beobachters ausgehen). Viele Astrolabien haben mehrere Einlegescheiben für verschiedene geografische Breiten.

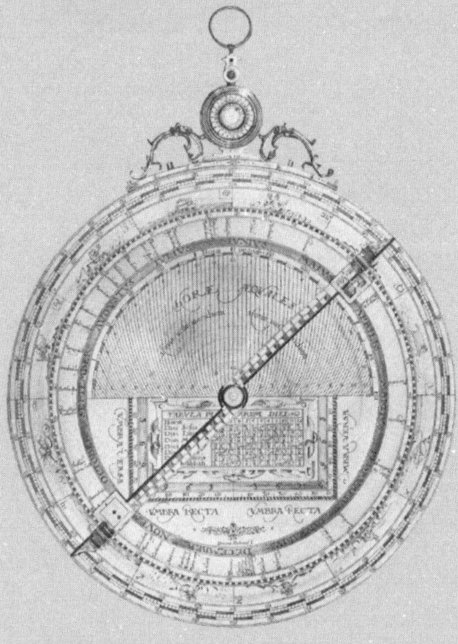

5.4a Die Rückseite eines Astrolabiums mit dem Visierlineal (Alhidade).

5.4b Die Grundplatte (Mater), in die Einlegescheibe und Netz (Rete) hineinpassen.

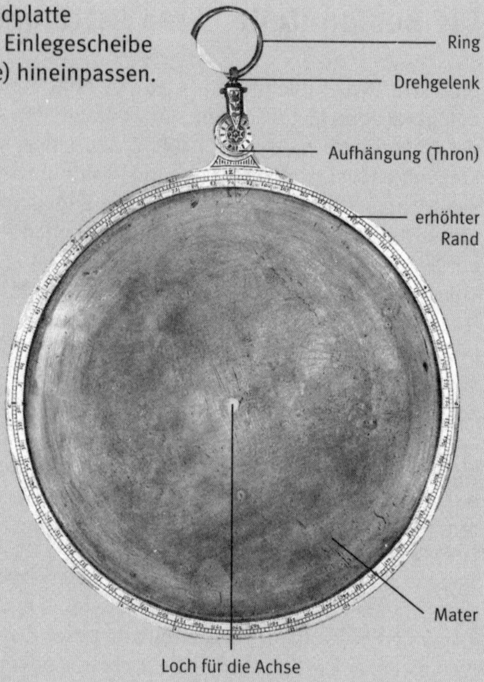

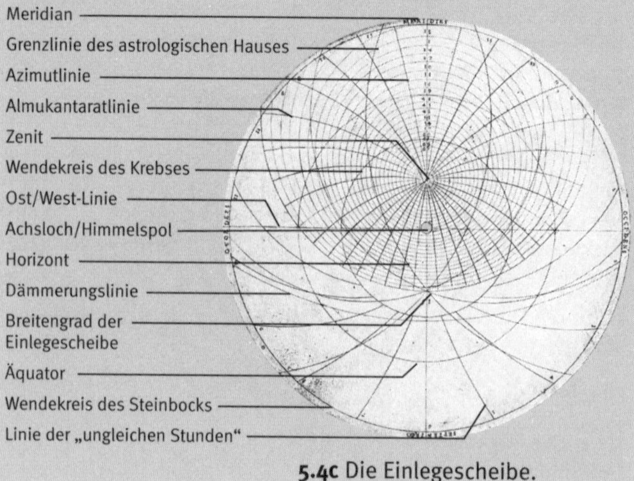

5.4c Die Einlegescheibe.

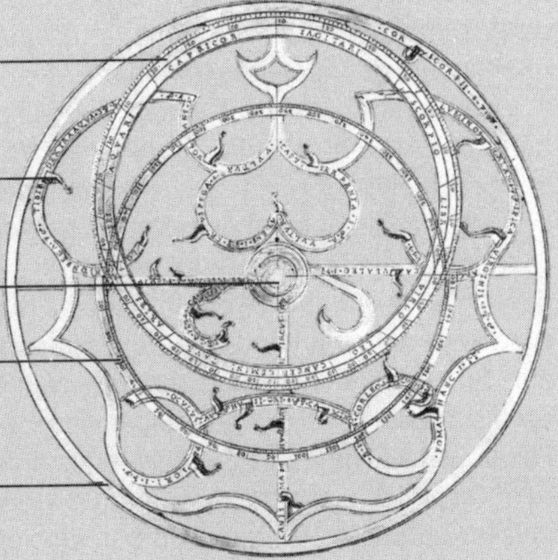

5.4d Das Netz (Rete), das über die Einlegescheibe gelegt wird.

An einem bestimmten Beobachtungsort kommt immer nur die Scheibe mit der passenden geografischen Breite zum Einsatz. Jede Scheibe hat einen kleinen Höcker, der in eine kleine Vertiefung im erhöhten Rand der Grundplatte passt: Damit wird verhindert, dass sich die Scheibe mitdreht, wenn das Netz gedreht wird. Die Grundplatte (Mater) (siehe Abb. 5.4b) ist eine Metallscheibe mit erhöhtem Rand, in den das Netz und die Einlegescheibe hineinpassen. Der Rand ist mit den Tierkreiszeichen, unterteilt in je 30 Grad, sowie einer Winkelskala und einer Zeitskala versehen, die aus zwei Halbkreisen mit jeweils den Zahlen eins bis zwölf besteht. Eine Schraube, fixiert durch Unterlegscheibe und Mutter, geht von der Rückseite des Astrolabiums mitten durch die Alhidade, die Grundplatte, die Einlegescheibe, das Netz und den Zeiger hindurch. Auf der Rückseite der Grundplatte sind die Tierkreiszeichen, die Monate des Jahres und die Tage des Monats aufgezeichnet (siehe Abb. 5.4a).

5.4e Der Zeiger.

Die Alhidade (Visierlineal) ist mit zwei diametral gegenüberliegenden Visiermarken zum Anvisieren von Sternen versehen. Oben am Astrolabium befindet sich ein Ring, an dem das Instrument beim Anvisieren eines Sterns gehalten wird. Aufgrund seines Gewichts hängt das Astrolabium dabei senkrecht und dient so als sein eigenes Senkblei. Wird ein Stern zur Bestimmung der Uhrzeit benutzt, muss seine Position auf dem Netz angegeben sein. Ist der Stern durch die beiden Löcher der Visiermarken der nach unten hängenden Alhidade angepeilt worden, wird die Höhe des Sterns von der Gradskala auf dem Rand der Grundplatte abgelesen. Dann wird auf der Vorderseite des Astrolabiums die Markierung dieses Sterns auf die richtige Höhenlinie gedreht. Damit sind auch die Positionen aller anderen auf dem Netz dargestellten Sterne gegeben. Diejenigen, die oberhalb der Horizontlinie liegen, sind zu diesem Zeitpunkt ebenfalls sichtbar; die außerhalb des Horizontovals sind es nicht. Die Sonnenzeit wird in zwei Stufen ermittelt. Die Position der Sonne in einem bestimmten Sternbild an dem gegebenen Datum wird mit Hilfe einer Kante der Alhidade an den beiden Skalenkreisen am Rand der Rückseite des Astrolabiums abgelesen. Dann wird das Instrument umgedreht und das Netz auf die Zeit eingestellt, zu der die Position der Sonne einer bestimmten Höhe über dem Horizont entsprach. Mit Hilfe des Zeigers kann man dann die Position der Sonne auf dem Ekliptikkreis des Netzes markieren. Aus der Stellung des Zeigers kann man nun am äußeren Rand der Vorderseite des Astrolabiums die Zeit ablesen.

Das Astrolabium kann auch zur Bestimmung der Uhrzeit mit Hilfe der Sonne statt eines Sterns verwendet werden. In diesem Falle wird es jedoch anders angewandt, da man nicht direkt in die Sonne schauen kann. Das Astrolabium wird in Taillenhöhe gehalten und die Alhidade so justiert, dass der Lichtfleck der durch das eine Visierloch fallenden Lichtstrahlen sehr dicht am anderen Visierloch zu liegen kommt. Die Höhe der Sonne wird dann vom „Grad"-Skalenkreis auf der Rückseite abgelesen. Man kann feststellen, in welchem Sternbild sich die Sonne am fraglichen Datum befindet und diese Information auf den Kreis der Ekliptik übertragen. Platziert man die Position der Sonne auf die passende Höhenkurve, kann man die Uhrzeit ablesen.

Das Astrolabium hat zahlreiche andere Anwendungsmöglichkeiten. Fred Hoyle fasste seine Bedeutung mit den Worten zusammen: „Die Idee, die seiner Konstruktion zugrunde liegt, war so scharfsinnig wie bei kaum einem anderen Instrument jener Zeit."

Und Michael Hoskin, Wissenschaftshistoriker in Cambridge, meint in *The Cambridge History of Astronomy*: „Dies sind nur einige der Anwendungsmöglichkeiten dieses außerordentlichen Instruments, das im islamischen und christlichen Mittelalter von grundlegender Bedeutung sowohl für die Astronomie, die Astrologie als auch für die astrologische Medizin war."

Harold Saunders, Astronom und begeisterter Fan des Astrolabiums, stellte mehrere dieser Instrumente aus unterschiedlichen Materialien her. In seinem Büchlein über das Astrolabium schreibt er, dass das Gerät in den Schriften von John Philoponos aus dem Jahr 630 und von Sevenus Sebokht aus dem Jahr 650 erwähnt wird. Doch seiner Ansicht nach verwendeten beide Autoren eine bereits aus dem Jahr 400 stammende Abhandlung von Theon von Alexandria als Quelle. Angesichts der wichtigen Rolle, die die Astronomie im islamischen Glauben spielte, besteht kaum Zweifel, dass das Gerät von islamischen Astronomen entwickelt und perfektioniert wurde.

Islamische Astronomie

Im Islam hatte die Rolle, die Himmelserscheinungen spielten, nichts mit Astrologie zu tun. Der religiöse Kalender des Islam beruhte schon immer auf dem Mond, wie in der früheren Geschichte bereits der Kalender der Babylonier. Das bedeutete, dass die islamischen Astronomen die Positionen und Bewegungen des Monds sehr sorgfältig untersuchen mussten. Insbesondere markierte das Erscheinen der Mondsichel das Ende des Fastenmonats Ramadan, des neunten Monats im islamischen Jahr, in dem erst bei Anbruch der Dunkelheit gegessen werden darf.

Zweitens mussten die Gläubigen zu bestimmten Zeiten am Tag ihre Gebete verrichten und dabei in Richtung Mekka blicken. Die Bestimmung der Richtung, in der Mekka lag, geschah mittels astronomischer Methoden. Somit leisteten islamische Astronomen nicht nur zahlreiche Beiträge zur Astronomie, sondern auch zu bestimmten Bereichen der Mathematik, die nötig waren, um diese Methoden in die Praxis umzusetzen, wie zum Beispiel die sphärische Trigonometrie.

Die Astrologie gelangte im achten und neunten Jahrhundert durch griechische, indische und persische Quellen in die Welt des Islam. Obwohl das Praktizieren von Astrologie aus religiösen Gründen auf starken Widerstand stieß, übte sie einen dauerhaften Einfluss auf die islamische Kultur aus.

Mit dem weiter oben beschriebenen Grundmodell des Astrolabiums konnte man bei Tag und bei Nacht die Uhrzeit bestimmen. Islamische Gelehrte und Handwerker stellten jedoch einige Räder-Astrolabien her, an denen man auch die Mondphasen und das Mondalter ablesen konnte sowie das Verhältnis zwischen Mondmonaten und Sonnenjahren. E. Wiederman besprach 1913 ein Manuskript von al-Biruni, in dem ein solches Räder-Astrolabium beschrieben wurde. Die Zahnräder waren zwischen Einlegescheibe und Grundplatte montiert. Ein Beispiel eines Räder-Astrolabiums von Muhammed ibn Abi Bakr al-Ibari von Isfahan (um 1220) befindet sich im History of Science Museum in Oxford. Über drei getrennte Öffnungen lieferte sein Zahnradantrieb Informationen über die Mondphasen, das Mondalter und die Positionen von Sonne und Mond auf dem Tierkreis. Das Astrolabium wurde durch einen Arm betrieben, der einmal in sieben Tagen gedreht wurde. Die Mondphase erhielt man mit Hilfe zweier schwarzer Scheiben auf einem Mondphasenrad, das sich einmal in 59 Tagen drehte (die zweifache Periode von Vollmond zu Vollmond). Die meiste Zeit über (außer bei Vollmond) ist ein entsprechender Abschnitt einer der beiden schwarzen Scheiben sichtbar, der die jeweilige Mondphase darstellt (siehe Abb. 5.5a und b).

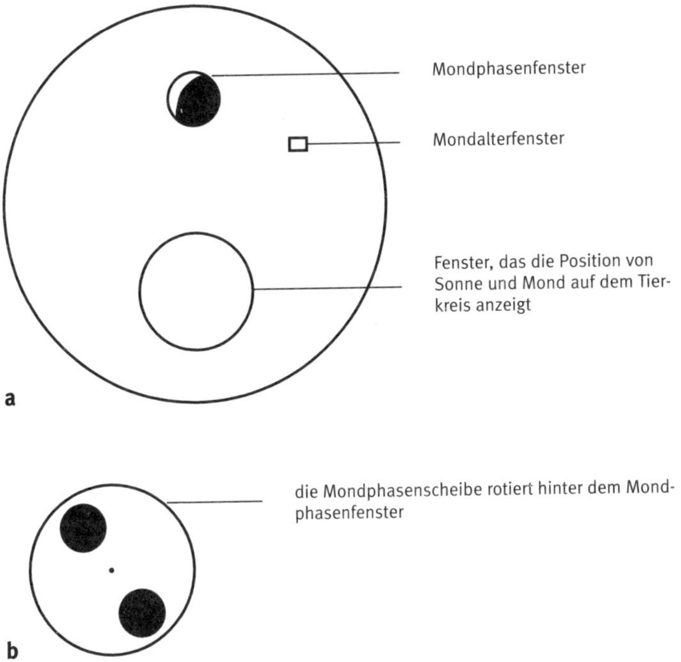

5.5 **a** Die Rückseite eines Astrolabiums, auf der die Mondphasen und das Mondalter abgelesen werden können. **b** Detail der Mondphasenscheibe.

Islamische Observatorien

Einige der ersten eigens zur Himmelsbeobachtung gebauten Sternwarten wurden von islamischen und arabischen Astronomen errichtet. Da der islamische Glaube die Anwendung der Astrologie für Vorhersagen missbilligte, konnten Astronomen in der islamischen Welt ihr Einkommen nicht auf diese Weise verbessern. Wohlhabende Anhänger des Islam waren jedoch bereit, fähigen Astronomen Mittel zum Bau von Sternwarten zur Verfügung zu stellen und ihnen ein Gehalt zu zahlen, damit sie ernsthafte astronomische Beobachtungen durchführen konnten. Eine dieser Sternwarten wurde im 12. Jahrhundert für Ibn Yunus auf dem Muqattam-Hügel außerhalb von Kairo errichtet. Seyyed Hossein Nasr (*Islamic Science*) zufolge besaßen die meisten moslemischen Städte ein Observatorium der einen oder anderen Form, doch oft verfielen sie oder wurden zerstört, wenn der Astronom oder sein Förderer starb oder getötet wurde. Mit dem Bau der Sternwarte in Maraghah im Jahr 1259 begann jedoch ein gänzlich neues Kapitel in der Geschichte der Naturwissenschaft. Der Direktor dieser Sternwarte machte aus ihr eine wissenschaftliche Einrichtung, an der eine Gruppe von Astronomen ihre Untersuchungen durchführen konnten, ohne von einem einzelnen Gönner oder Astronomen abhängig zu sein. Die Sternwarte von Maraghah diente auch als Vorbild für das Observatorium in Samarkand, das ein Jahrhundert später von Ullugh Beg errichtet wurde. Nasr zitiert archäologische Befunde über die Grundmauern und Bauform der Sternwarte von Maraghah, die vor einigen Jahrzehnten von der aserbaidschanischen Universität Täbris entdeckt worden war. Zum Abschluss meint er: „Das Observatorium als wissenschaftliche Einrichtung ist eine der wichtigen Errungenschaften der islamischen Wissenschaft."

Wenn auch Fernrohre noch lange nicht erfunden waren, so waren diese Observatorien doch mit den modernsten Instrumenten ihrer Zeit ausgerüstet. Neben großen Astrolabien besaßen sie auch Armillarsphären, die so groß waren, dass die Astronomen zur Durchführung ihrer Messungen darin stehen konnten.

Islamische Interpretation des Ptolemäus

Ein Großteil der Arbeiten islamischer Astronomen galt der Verbesserung des mathematischen Gerüsts des ptolemäischen Systems. Nasr zufolge verwendeten islamische Astronomen bis zum zehnten Jahrhundert Planetenmodelle aus Indien und Persien. Doch ab der Zeit von al-Battani begann die ptolemäische Theorie, die astronomische Denkweise in der islamischen Welt zu beherrschen. Die Vorstellungen Ptolemäus' wurden jedoch nicht kritiklos akzeptiert, und in den folgenden zwei Jahrzehnten stellten Mathematiker-Astronomen und Philosophen viele der Grundvorstellungen in Frage, die Ptolemäus einige Jahrhunderte zuvor eingeführt hatte. Insbesondere gab es in Spanien im 12. Jahrhundert eine gegen Ptolemäus gerichtete Bewegung, die von einer wachsenden Unterstützung des älteren kosmologischen Modells des Aristoteles begleitet war. Dies geschah zum Teil aus Unzufriedenheit über das ptolemäische Konzept, nach dem die Erde nicht exakt im Mittelpunkt des Universums lag (sondern im Exzenterpunkt), und auch weil die Planeten ihre jeweiligen Deferenten nicht mit konstanter Geschwindigkeit umliefen. Viele der Argumente beruhten auf philosophischen und nicht auf astronomischen und mathematischen Überlegungen zur Verbesserung der Vorhersagen von Planetenbewegungen.

Zu einer Gruppe von Astronomen, die an der Erstellung tauglicherer Tabellen der Planetenbewegungen interessiert waren, gehörten auch Qutb al-Din und Ibn al Shatir. Sie entwickelten ein Planetenmodell weiter, das erstmals von Nasir al-Din al Tusi (1201–1274) vorgeschlagen worden war. E. S. Kennedy, der dieses Modell entdeckte, nannte den Mechanismus das *Tusi-Paar* und schrieb: „Er [Tusi] scheint als Erster bemerkt zu haben, dass wenn ein Kreis innen an einem zweiten, doppelt so großen Kreis entlangrollt, ein beliebiger Punkt auf dem Umfang des ersten Kreises einen Durchmesser des zweiten beschreibt." Mit derartigen Hilfsmitteln gelang es einigen islamischen Gelehrten, die Schwierigkeiten des ptolemäischen Systems zu überwinden und dennoch seine Vorteile beizubehalten.

Der wahrscheinlich dauerhafteste Beitrag islamischer Astronomen zur Geschichte der Naturwissenschaft war ein philosophischer. Die Mathematiker und Astronomen der griechischen Antike sprachen vom „Bewahren der Erscheinungen" und sahen ihre wissenschaftliche Aufgabe in der Konstruktion mathematischer Modelle, die die Wirklichkeit nachahmen konnten. Doch sie glaubten nicht, dass ihre Modelle einen direkten Bezug zur realen Welt hatten. Moslemische Astronomen dagegen verwandelten die mathematischen Konzepte der ptolemäischen Sphären in physikalische Realität. Nasr meint dazu: „Sie waren der festen Überzeugung, Aspekte der physikalischen Wirklichkeit zu entdecken.“

Sonnenuhren

Die Ägypter hatten eine Schattenuhr erfunden, um mit Hilfe der Sonne die Uhrzeit zu bestimmen, und im Laufe der Zeit wurden zahlreiche Varianten dieser allgemeinen Methode zur Zeitbestimmung am Tage entwickelt. In den *Canterbury Tales* von Geoffrey Chaucer gibt es mehrere Beispiele, wie Personen die Länge ihres eigenen Schattens oder die der Schatten wohlbekannter Landmarken dazu nutzen. Ein solches Beispiel stammt aus dem *Prolog des Pfarrers*:

„Nach meiner Schätzung war's vier Uhr daher;
Denn elf Fuß Länge, minder oder mehr,
Erreichte schon mein Schatten mittlerweile ...“

Ein differenzierteres Zitat findet sich im *Prolog des Rechtsgelehrten:*

„Der Wirt ersah, dass ihren Tagesbogen
Die Sonne schon zum vierten Teil durchzogen,
Seit etwas mehr als einer halben Stunde.
Nicht hochgelehrt, besaß er dennoch Kunde,
Dass es der Achtzehnte heut sei
Im Mond April, dem Herolde des Mai;
Und da er sah, dass aller Bäume Schatten
Dasselbe Maß in ihrer Länge hatten
Wie ihre Körper, die der Schatten Grund,
So ward durch diesen Umstand es ihm kund,
Dass Phöbus an dem Himmelspfade,
Erklommen hatte fünfundvierzig Grade;
Und daher, in Betracht von Zeit und Ort,
Sei es zehn Uhr, so schloss er weiter fort.“

Um also mit Hilfe der Sonne die Uhrzeit angeben zu können, muss man drei Dinge wissen: die Höhe der Sonne über dem Horizont in Grad, das Datum und die geografische Breite des Orts. In diesem Fall steht die Sonne 45 Grad über dem Horizont, da die Länge der Schatten jeweils gleich der Höhe der Objekte ist, die ihn werfen; und das Datum ist der 18. April. Der Wirt in dem Gedicht kennt die Sonnenstände bei dieser speziellen geografischen Breite, und somit kann er die richtige Uhrzeit berechnen.

Sonnenuhren erhöhten die Genauigkeit dieser Zeitmessmethode, und kleinere, transportable Sonnenuhren ermöglichten es, einigermaßen genaue Instrumente zur Bestimmung der Uhrzeit mit sich zu führen. Sonnenuhren sind nach dem Grundprinzip konstruiert, dass sich die Erde in 24 Stunden um 360 Grad dreht beziehungsweise um 15 Grad in einer Stunde. Die Sonne bewegt sich daher scheinbar auf einer zur Erdachse senkrechten Kreisbahn mit einer Geschwindigkeit von 15 Grad pro Stunde über den Himmel.

Wenn man einen Zylinder halbiert und an diesem Halbzylinder einen dünnen Stab als seine Achse anbringt, dann wirft der Stab an einem sonnigen Tag einen Schatten auf die gekrümmte Innenfläche des Zylinders, wenn der Stab parallel zur Erdachse ist (also auf den nördlichen Himmelspol weist) und die konkave Innenseite des Zylinders nach Süden zeigt. Der Stab wird gewöhnlich Gnomon genannt (siehe Abb. 5.6). Dieser Schatten bewegt sich mit einer Geschwindigkeit von 15 Grad pro Stunde. Wenn man also in gleichmäßigen Abständen (in Intervallen von 15 Grad) Markierungen auf der Innenfläche des Zylinders anbringt, kann man an einem sonnigen Tag mit dieser Vorrichtung die Uhrzeit bestimmen. Der Winkel, den der Gnomon mit der Horizontebene bildet, muss gleich der geografischen Breite des Beobachters sein. Jeder Gnomon, der so montiert ist und damit auf den Himmelspol weist (den nördlichen oder südlichen), wirft auch auf einer ebenen horizontalen Oberfläche einen Schatten. Doch anders als beim Halbzylinder bewegt sich dieser Schatten nicht mit gleich bleibender Geschwindigkeit, während sich die Erde dreht, sodass die Stundenmarkierungen nicht in gleichen Abständen zueinander liegen. Sie müssen für die Herstellung des Zifferblatts speziell errechnet werden. Diese Art Sonnenuhr ist jedoch sehr einfach zu konstruieren und in vielen Gärten zu finden.

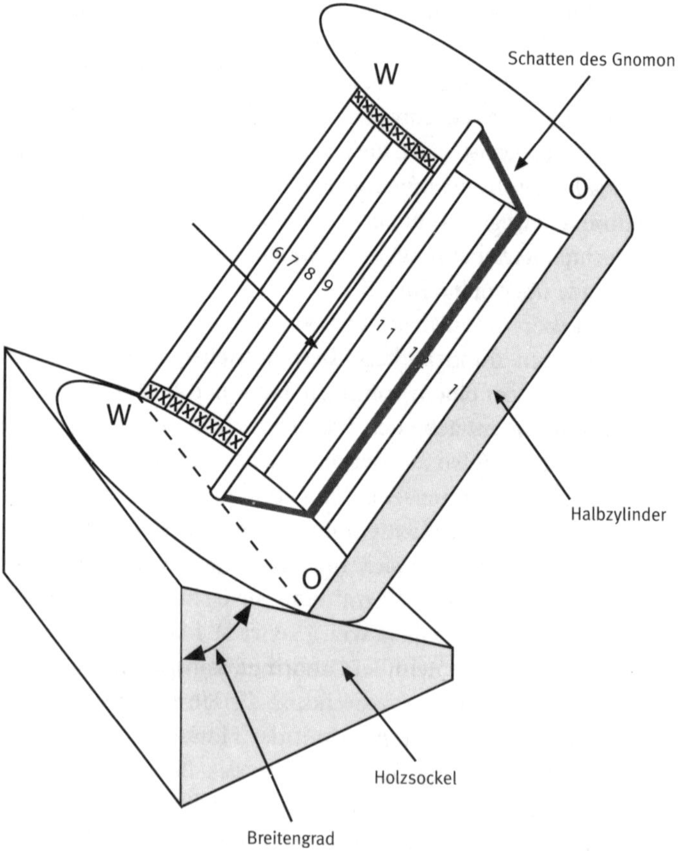

5.6 Eine zylindrische Sonnenuhr aus Holz und Pappe, gebaut von Percy Seymour.

Sternuhren und drehbare Sternkarten

Bei Nacht können Sterne auf eine ganz ähnliche Weise zur Bestimmung der Uhrzeit verwendet werden wie die Sonne bei Tag. Dies sei an zwei Literaturzitaten belegt. Das erste stammt aus *Far From the Madding Crowd* von Thomas Hardy. Im folgenden Auszug nutzt Gabriel Oak, der Hirte, sein Wissen über den Himmel, die Sterne und welche Sternbilder zu welcher Zeit sichtbar sind, um herauszufinden, wie viel Uhr es ist:

Im Süden standen Hundsstern und Aldebaran auf halber Höhe und zeigten auf die flimmernden Plejaden, und zwischen ihnen hing das Sternbild des Orion, das nie so lebhaft funkelt wie in dieser Stunde, da es sich über den Horizont aufschwingt. Kastor und Pollux mit ihrem stillen Leuchten standen fast im Zenit; das nüchtern-düstere Quadrat des Pegasus schob sich gegen Nordwesten; von fern durch den Wald glitzerte Wega wie eine Lampe, die in den entlaubten Bäumen hing, und der Thron der Kassiopeia stand schwerelos auf den höchsten Zweigen.

„Ein Uhr", sagte Gabriel.

Anhand dieses Zitats kann man feststellen, um welche Jahreszeit es sich handelt, nämlich Ende November.

Shakespeare zitiert in *König Heinrich der Vierte* ebenfalls diese Methode: *„Ohe! Wenns nicht schon um viere ist, will ich mich hängen lassen. Der Wagen da droben steht schon über dem neuen Schornstein, und unser Pferd ist noch nicht bepackt."*

Er schätzt aus der Lage des Großen Wagens relativ zu einer lokalen Landmarke die Uhrzeit ab. Der Große Wagen, im damaligen England „Karls Wagen" genannt (womit der Wagen Karls des Großen gemeint war), wird häufig auch als Pflug bezeichnet oder, wie in Nordamerika, als Große Schöpfkelle. Er ist Teil des Sternbilds Großer Bär, lateinisch *Ursa Major*.

Vor etwa 400 Jahren wurde die Genauigkeit dieser Methode durch die Erfindung der Sternuhr (auch Nachtuhr oder Nokturnal genannt) verbessert. Dabei handelte es sich um das nächtliche Gegenstück der Sonnenuhr, mit dem man anhand des Großen oder des Kleinen Wagens die Uhrzeit bestimmen konnte.

Vor der Erfindung der Sternuhr prägten sich die Seeleute für jede Monatshälfte im Jahr die mitternächtliche Position des Großen Wagens ein, woraus sie dann in jeder beliebigen Nacht des Jahres die Uhrzeit abschätzen konnten. Der Große Wagen umkreist in etwas weniger als 24 Stunden einmal den Polarstern, doch sein Ausgangspunkt verschiebt sich im Laufe des Jahres stetig und hängt damit vom jeweiligen Datum ab (siehe Abb. 5.7). Die Sternuhr besteht aus zwei Holzscheiben und einem geraden Visierarm, die von einem Niet mit einem Loch im Zentrum zusammengehalten werden (siehe Abb. 5.8).

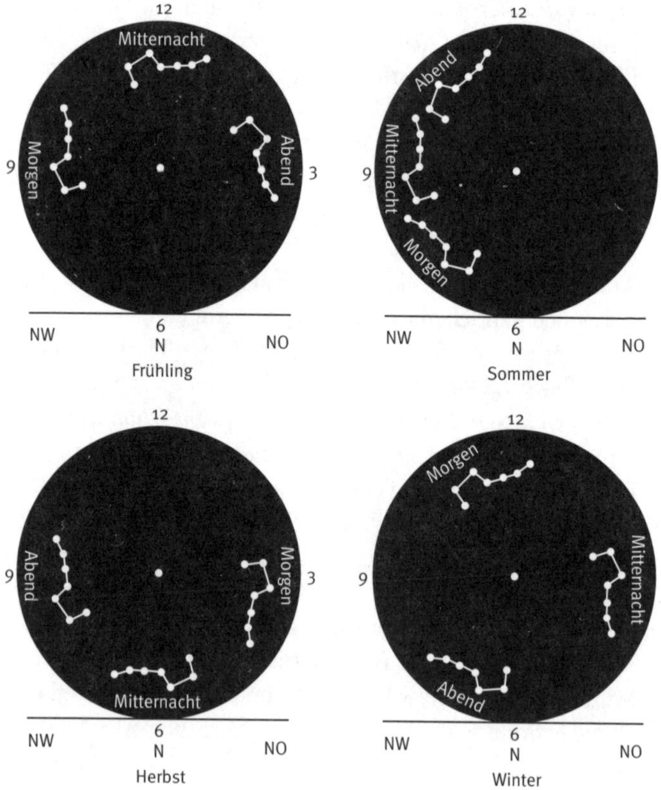

5.7 Die Lage des Großen Wagens zu verschiedenen Uhrzeiten in den verschiedenen Jahreszeiten.

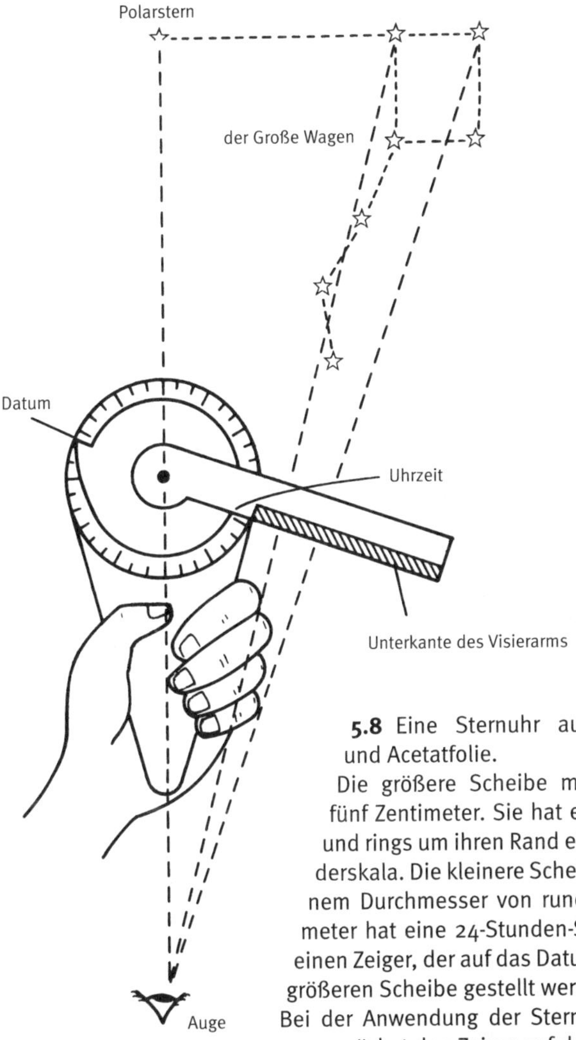

5.8 Eine Sternuhr aus Pappe und Acetatfolie.
Die größere Scheibe misst etwa fünf Zentimeter. Sie hat einen Griff und rings um ihren Rand eine Kalenderskala. Die kleinere Scheibe mit einem Durchmesser von rund 4 Zentimeter hat eine 24-Stunden-Skala und einen Zeiger, der auf das Datum auf der größeren Scheibe gestellt werden kann. Bei der Anwendung der Sternuhr stellt man zunächst den Zeiger auf das richtige Datum. Dann hält man sie in Armeslänge mit dem Griff senkrecht nach unten und visiert durch das Loch in der Mitte des Niets den Polarstern an. Nun bewegt man den Visierarm, bis seine Visierkante sehr dicht an den beiden hinteren Kastensternen des Großen Wagens liegt, die in Richtung Polarstern weisen. Die Uhrzeit kann dann an dem Punkt abgelesen werden, wo der Visierarm die Stundenskala schneidet.

Die drehbare Sternkarte (Planisphäre) ist das moderne Gegenstück eines Astrolabiums. Durch die heute verfügbaren durchsichtigen Plastikmaterialien ist es jedoch möglich, die Reihenfolge von Netz und Einlegescheibe zu vertauschen (siehe Abb. 5.9).

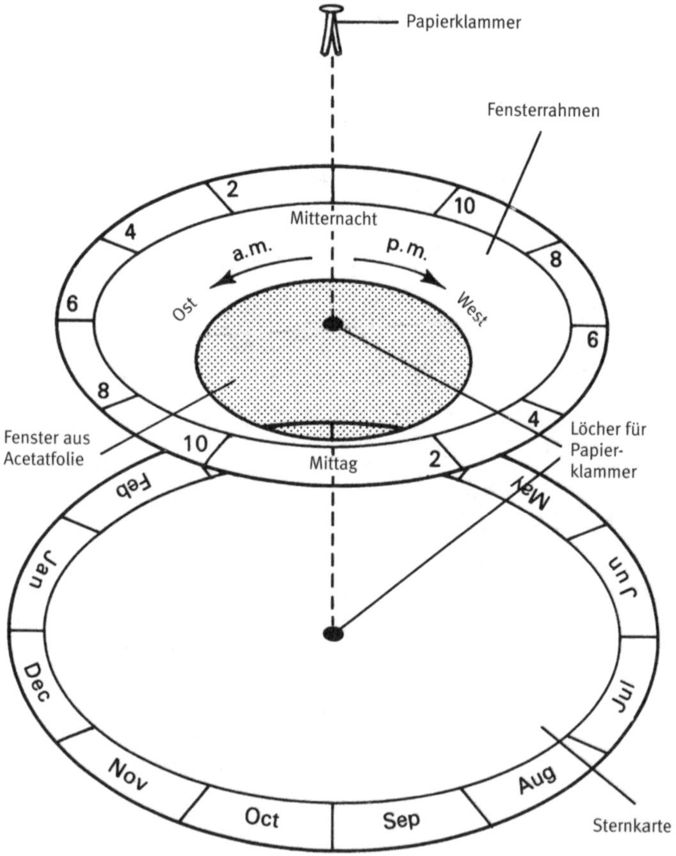

5.9 Die Hauptbestandteile einer einfachen drehbaren Sternkarte (Planisphäre), entworfen und gebaut von Percy Seymour.
Die Sternkarte ist auf eine kreisrunde Acetatfolie gedruckt, die bei den kleineren etwa 6.5 Zentimeter, bei den größeren rund 15 Zentimeter Durchmesser hat. Es wird jedoch keine stereografische Pro-

jektion benutzt. Die Linien gleicher Deklination sind Kreise um den Himmelspol, wobei der Radius jedes Kreises proportional zu seiner Poldistanz ist (die 90 Grad minus die Deklination beträgt). Die Halbkreise der Rektaszension stellen sich als gerade Linien dar, die strahlenförmig vom Himmelspol ausgehen. Um den äußeren Rand läuft eine Kalenderskala mit den Monaten des Jahres, unterteilt in Tage. Die Scheibe besteht aus einem weiteren Stück Acetatfolie, die teils undurchsichtig und teils durchsichtig ist. Diese Scheibe ist etwas kleiner als die Sternkarte und trägt eine 24-Stunden-Skala auf ihrem Rand. Der Rand des durchsichtigen ovalen Fensters auf der Scheibe stellt den Teil der Himmelssphäre dar, der sich zu einer bestimmten Zeit über dem Horizont befindet. Der östliche und westliche Horizont ist außen neben dem Rand des Fensters an den entsprechenden Stellen markiert. Die beiden Scheiben sind in der Mitte mit einem Niet verbunden, aber so, dass sie gegeneinander drehbar sind.
Um festzustellen, welche Sternbilder zu einer bestimmten Uhrzeit an einem bestimmten Datum sichtbar sind, dreht man die Scheibe mit dem Fenster so, dass der Uhrzeitteilstrich auf deren Skala und der Datumsteilstrich auf der Sternkartenskala genau übereinander liegen. In dem durchsichtigen Oval findet man dann die Sternbilder, die in dieser Nacht zu dieser Uhrzeit sichtbar sind. Um Position und Himmelsrichtung der Sterne am echten Himmel zu finden, muss man die Planisphäre über den Kopf halten, Vorderseite nach unten. Die Marke für Mitternacht weist dann nach Norden, die für Mittag nach Süden. Die Marken für den östlichen und nördlichen Horizont liegen nun ebenfalls an der richtigen Stelle bezüglich des echten Horizonts. Die Positionen der Sternbilder im Fenster der Sternkarte stimmen nun recht gut mit ihrer Lage am wirklichen Himmelsgewölbe überein. Zahlreiche Hobbyastronomen haben früher mit Hilfe solcher drehbaren Sternkarten ihre Beobachtungen geplant, doch neuerdings benutzen viele von ihnen stattdessen Sternkarten, die von PCs erzeugt wurden.

Falsche Astrolabien

Echte Astrolabien findet man in Museen auf der ganzen Welt. Einige Sammlungen enthalten jedoch falsche Astrolabien, die nur deshalb aufbewahrt wurden, um zu zeigen, dass sich manchmal künstlerische Beweggründe über die wissenschaftliche Genauigkeit hinwegsetzten. Als sich Astrolabien zunehmender Beliebtheit erfreuten, beschlossen einige Hersteller, ihre Entwürfe symmetrisch zu gestalten und die tatsächlichen Positionen der Sterne auf der Himmelssphäre zu ignorieren. Derartige Astrolabien waren nutzlos. Obwohl man mit Hilfe der Alhidade auf der Rückseite die Höhe eines Himmelskörpers bestimmen konnte, war es nicht möglich, auf der Vorderseite abzulesen, welche Sterne zu einem bestimmten Zeitpunkt über dem Horizont stehen, da sie auf dem Netz (der vereinfachten Sternkarte) nicht korrekt dargestellt waren.

Eine astronomische Taschenuhr

Ein Astrolabium mit der passenden Einlegescheibe für eine bestimmte geografische Breite kann man verwenden, um anzugeben, welche Sterne sich zu einem bestimmten Zeitpunkt und Datum über dem Horizont befinden. Durch Auswechseln der Scheibe können unterschiedliche Breiten dargestellt werden. Mit Hilfe der Alhidade lässt sich die Höhe eines Sterns feststellen, und wenn dieser Stern auf dem Netz auf den entsprechenden Höhenkreis auf der Scheibe gedreht wird, zeigt er an, welche Sterne über dem Horizont sichtbar sind. Eine moderne drehbare Sternkarte funktioniert ganz ähnlich, doch bei ihr benötigt man noch eine Uhr, die einem Datum und Uhrzeit angibt.

Es sind nur sehr wenige Taschenuhren hergestellt worden, die versuchen, den Himmel zu einer bestimmten Uhrzeit an einem bestimmten Tag an bestimmten Orten der Erde darzustellen. Doch zumindest eine solche Uhr wurde Ende des 19. Jahrhunderts von der Firma Le Roy in Paris gebaut. Die Uhr wurde 1897 von einem sehr wohlhabenden Portugiesen namens A. A. de Carvalho Monteiro in Auftrag gegeben und war etwa vier Jahre später fertiggestellt. Sie zeigte an, welche Sterne zu der Uhrzeit und an dem Datum, die die Zeit-Kalender-Einheit des Instruments angab, in Paris sichtbar waren (für diese geografische Breite konnte sie bis zu 236 Sterne anzeigen) sowie auch für die Breite von Lissabon (hier waren es bis zu 560 Sterne). Die Uhr besaß zudem einen Austauschmechanismus, der bis zu 611 Sterne des Südhimmels für die geografische Breite von Rio de Janeiro darstellen konnte. Neben der lokalen Uhrzeit und dem Datum zeigte sie die Uhrzeit für 125 Städte rund um die Welt an sowie die Auf- und Untergangszeiten der Sonne an verschiedenen Tagen des Jahres für die geografische Breite von Lissabon. Sie war in einem goldenen Gehäuse untergebracht, das einen Durchmesser von 5,6 Zentimeter hatte, und wog 226 Gramm. Der König von Portugal, ebenfalls Kunde von Le Roy, besuchte die Firma, kurz nachdem die Uhr fertig gestellt war. Er erbot sich, sie mit nach Portugal zu nehmen. Monteiro sollte sie sich dann im Palast abholen. Dort blieb sie, bis sie 1953 mit öffentlichen Mitteln für das Museum der Schönen Künste in Besançon, dem Zentrum der französischen Uhrmacherindustrie, erworben wurde.

Zusammenfassung

Ebene Projektionen der Himmelssphäre sind erfolgreich in Form von Astrolabien, drehbaren Sternkarten, Sonnenuhren und Sternuhren verwendet worden. Menschen, die in verschiedene Teile der Welt reisten, konnten diese tragbaren Instrumente mit sich führen und waren auf diese Weise stets über die Uhrzeit und den Zustand des Sternhimmels informiert. Die Anhänger des Islam trugen viel zur Entwicklung dieser „transportablen“ Weltmodelle bei, zu einem Großteil deshalb, weil sie Nomaden waren und aufgrund ihrer Lebensweise nicht regelmäßig Moscheen aufsuchen konnten. Ihr Glaube verlangte jedoch von ihnen, stets die Uhrzeit, die Zeit im Mondmonat und die Richtung nach Mekka zu kennen. Ihr Interesse an kosmischen Beobachtungen und Vorstellungen sowie an der Mathematik führte dazu, dass das Erbe der antiken Astronomie nicht nur an die moderne westliche Welt weitergegeben, sondern dabei noch beträchtlich vergrößert wurde.

Kapitel 6

Ein Orrery-Planetarium von Addison. (Mit freundlicher Genehmigung von The Plymouth City Museum and Art Gallery.)

Kopernikanische Orrery-Planetarien

Pythagoras

Pythagoras war eine mysteriöse Persönlichkeit, die im 6. Jahrhundert vor Christus lebte. Über ihn ist wenig Zuverlässiges bekannt, wenn auch vieles seinen Lehren zugeschrieben worden ist. Da er der Anführer eines Geheimbunds war, ist es schwierig, seine Lehren genauer zu beschreiben. Pythagoras war ein Mann, der mit einem Fuß in der altertümlichen Welt der okkulten Zahlenkunde und des Mystizismus stand und mit dem anderen in der modernen Welt der reinen Mathematik und ihrer Anwendung auf die physikalische Wirklichkeit.

Die Ideen, die allgemein Pythagoras und seinen Anhängern zugeschrieben werden, übten großen Einfluss auf die späteren naturwissenschaftlichen Entwicklungen der Griechen und auf die Geschichte der Naturwissenschaft im Allgemeinen aus. Was den Aufbau des Universums betraf, so schlugen die Pythagoreer eine Kosmologie vor, in der sich die Erde bewegte und damit ihre ruhende Position im Mittelpunkt des Universums verlor.

Ihnen zufolge waren die Sterne an einer riesigen Sphäre befestigt, doch anstelle der Erde befand sich ein gewaltiges Feuer im Zentrum, der Altar des Zeus, der jedoch von der Erde aus nicht zu sehen war. Das lag daran, dass die bewohnten Gebiete der Erde stets von diesem Feuer abgewandt waren. Die Pythagoreer behaupteten auch, dass die Erde nur einer von einer ganzen Reihe von Himmelskörpern sei, darunter auch die Sonne, die allesamt das zentrale Feuer umkreisen.

Aristarch von Samos

Aristarch wurde vermutlich um 320 v. Chr. auf Samos geboren und starb etwa 250 v. Chr. in Alexandria. Er baute die Vorstellungen des Phythagoras weiter aus, verzichtete aber auf den Altar des Zeus. Stattdessen setzte er die Sonne in das Zentrum des Sonnensystems und ließ alle damals bekannten Planeten in folgender Reihenfolge um sie kreisen: Merkur, Venus, Erde, Mars, Jupiter und Saturn. Zu seinen bekanntesten Leistungen zählte der Versuch, die Größe von Erde, Mond und Sonne sowie die Entfernung von Mond und Sonne zu ermitteln (siehe Abb. 6.1a, b und c). Dazu benutzte er erstens die gemessene Winkeldistanz zwischen Sonne und Mond bei Halbmond, zweitens die Tatsache, dass von der Erde aus gesehen die Winkeldurchmesser von Sonne und Mond gleich groß sind, drittens die maximale Dauer einer Mondfinsternis und viertens ein wenig einfache Geometrie. Obwohl sich seine Ergebnisse zum Teil sehr von unseren heutigen unterscheiden, stellte seine Methode einen mutigen Versuch dar, Zahlenwerte für die Entfernung und Größe einiger weniger Himmelsobjekte abzuleiten. Sein größter Verdienst bestand jedoch darin, den Weg für Kopernikus zu bereiten.

Die kopernikanische Revolution

Nikolaus Kopernikus lebte von 1473 bis 1543. Sein Entschluss, die griechische Vorstellung eines heliozentrischen Universums wieder aufzugreifen und zu verbessern, führte zu einer Umwälzung, die von tiefgreifender Wirkung auf alle Aspekte der westlichen Denkweise war. In *The Copernican Revolution* schreibt Thomas S. Kuhn: „Begonnen als eine enge fachliche, höchst mathematische Berichtigung der klassischen Astronomie, wurde die kopernikanische Theorie zu einem Brennpunkt der gewaltigen Kontroversen in Religion, Philosophie und Sozialtheorie, die in den beiden Jahrhunderten nach der Entdeckung Amerikas den Tenor des modernen Geistes bestimmten.“

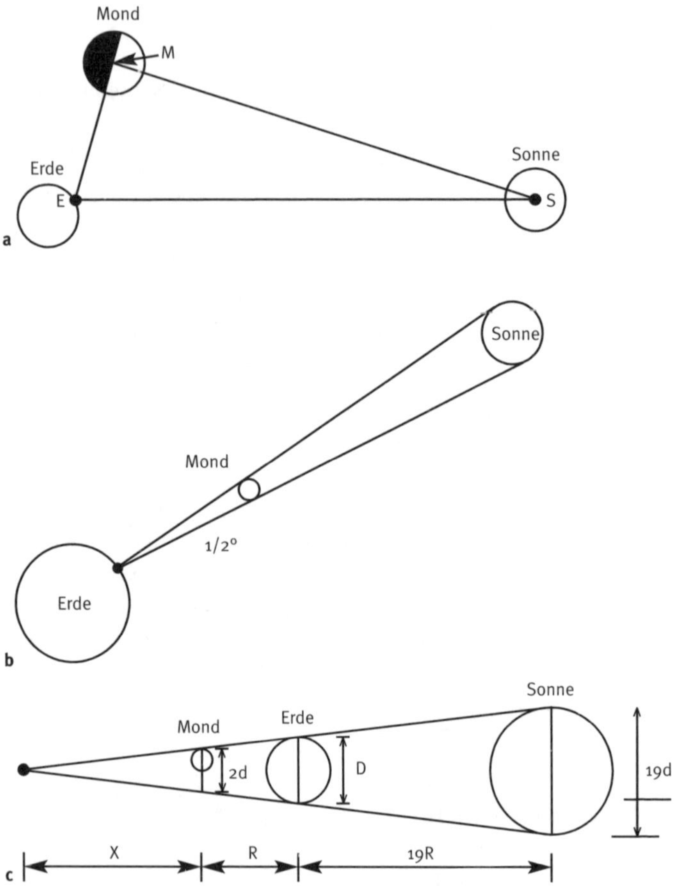

6.1a Die Positionen von Erde, Sonne und Mond bei zunehmendem Halbmond (1. Viertel).
Das Verhältnis des Abstands Erde–Mond zum Abstand Erde–Sonne kann aus dem von der Erde aus beobachteten Winkel zwischen Sonne und Mond errechnet werden.
b Erde, Sonne und Mond bei einer totalen Sonnenfinsternis.
Die Skizze zeigt, dass das Verhältnis von Mondgröße zu Sonnengröße gleich dem Verhältnis Abstand Erde–Mond zu Abstand Erde–Sonne ist.
c Erde, Sonne und Mond bei einer totalen Mondfinsternis.
Aus der Strecke, die der Mond im Kernschatten der Erde zurücklegt, kann die Größe der Sonne als Vielfaches der Mondgröße berechnet werden.

In dem von Kopernikus vorgeschlagenen System lag die Sonne im Zentrum des Sonnensystems, und alle Planeten, einschließlich der Erde, bewegten sich um die Sonne. Die kopernikanische Theorie konnte solche Erscheinungen wie Tag und Nacht und die Jahreszeiten dadurch erklären, dass die Erde sich in 24 Stunden um ihre eigene Achse dreht und in etwa 365,25 Tagen einmal um die Sonne läuft. Die scheinbare Bewegung der Sonne vor den Hintergrundsternen ließ sich mit dieser Theorie ebenfalls leicht begründen: Sie ist eine Projektion der Bewegung der Erde. Da diese die Sonne umkreist, sieht es von der Erde aus so aus, als ob die Sonne vor den Sternen entlangwandere (wenn man Sonne und Sterne gleichzeitig sehen könnte).

Kopernikus' Theorie erklärte auch, warum sich die Planeten relativ zu den Hintergrundsternen manchmal in die eine und manchmal in die andere Richtung zu bewegen scheinen. Die Planeten Merkur und Venus, die näher an der Sonne liegen als die Erde, benötigen weniger Zeit für einen Umlauf um die Sonne. Daher überholen sie ab und zu die Erde auf der „Innenseite", während sie zu anderen Zeiten von der Erde aus gesehen „hinter" der Sonne entlanglaufen. Das heißt, dass sie sich zu diesen unterschiedlichen Zeiten relativ zu den Hintergrundsternen in unterschiedliche Richtungen zu bewegen scheinen. Die (damals bekannten) äußeren Planeten – Mars, Jupiter und Saturn – umkreisen die Sonne weiter außen als die Erde. Zu bestimmten Zeiten überholt die Erde diese Planeten auf der „Innenbahn", sodass diese dann kurzfristig „rückwärts" zu laufen scheinen.

Obwohl er kühn genug war, die Erde aus dem Zentrum des Universums zu verbannen, zögerte Kopernikus doch sehr, auch die meisten anderen Ideen des Aristoteles fallen zu lassen. So hielt er starr an Aristoteles' Vorstellung der kreisförmigen Bewegung fest und musste daher für die genaue Beschreibung der Planetenbewegungen ebenfalls auf Epizykel und Deferenten zurückgreifen, wenn auch diesmal die Sonne im Zentrum des Deferenten stand und die Epizykel sehr viel kleiner waren als bei Ptolemäus. Zudem wollte er auch nicht die Bewegungsgesetze des Aristoteles aufgeben, und da diese nicht mit einer sich bewegenden Erde vereinbar waren, musste er sich höchst gekünstelte Argumente ausdenken, um die beiden Standpunkte in Einklang zu bringen. Dennoch hat Kopernikus den Weg bereitet für eine noch radikalere Erneuerung der Grundvorstellungen der antiken Naturwissenschaft und Astronomie.

Kopernikus' Festhalten am System des Aristoteles stellte ihn auch vor das Problem der Erdachsenneigung und Entstehung der Jahreszeiten. Die Jahreszeiten lassen sich erklären, wenn die Erdachse stets in die gleiche Richtung relativ zu den Hintergrundsternen geneigt ist. Kopernikus glaubte jedoch in Anlehnung an Aristoteles, dass die Erde auf der Oberfläche einer durchsichtigen Sphäre um die Sonne geführt würde, doch dann würde die Erdachse nicht immer in dieselbe Richtung weisen (siehe Abb. 6.2). Damit sie das doch tat, musste Kopernikus zusätzlich zur Rotation der Erde um ihre eigene Achse und zu ihrem Umlauf um die Sonne noch eine dritte Bewegung einführen. Diese dritte Bewegung wurde von der Erdachse selbst ausgeführt, indem sie einen Doppelkegel im Raum beschrieb, wobei die Spitzen der beiden Kegel im Erdmittelpunkt lagen

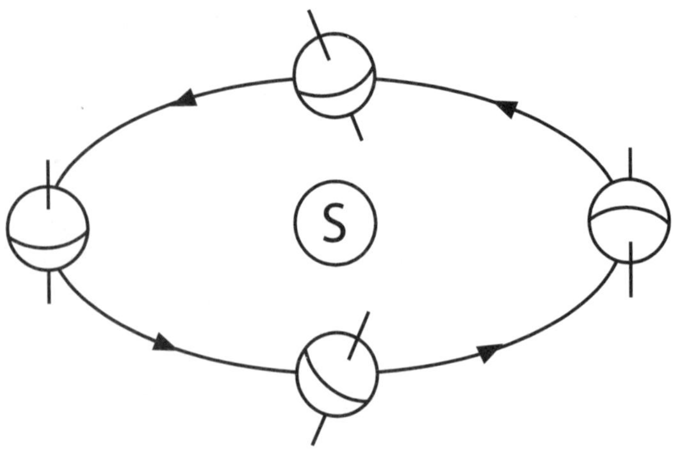

6.2 Die Bewegung der Erdachse in Kopernikus' Interpretation des aristotelischen Systems.

(siehe Abb. 6.3). Diese Bewegung glich das in Abbildung 6.2 gezeigte Verhalten der Erdachse aus und führte zu der beobachteten Bewegung, die in Abbildung 6.4 dargestellt ist.

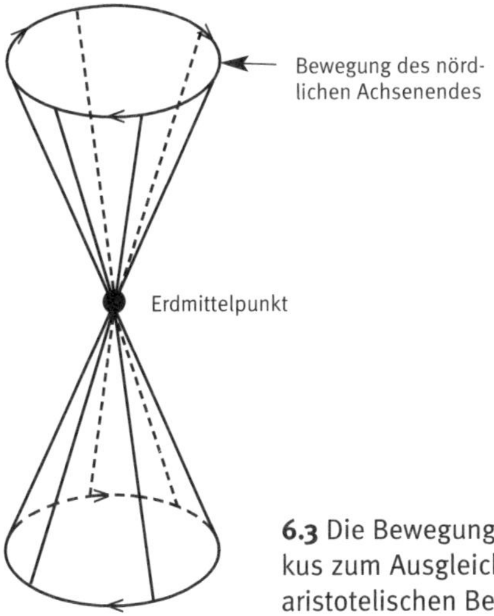

6.3 Die Bewegung der Erdachse, die Kopernikus zum Ausgleich der in Abb. 6.2 gezeigten aristotelischen Bewegung einführen musste.

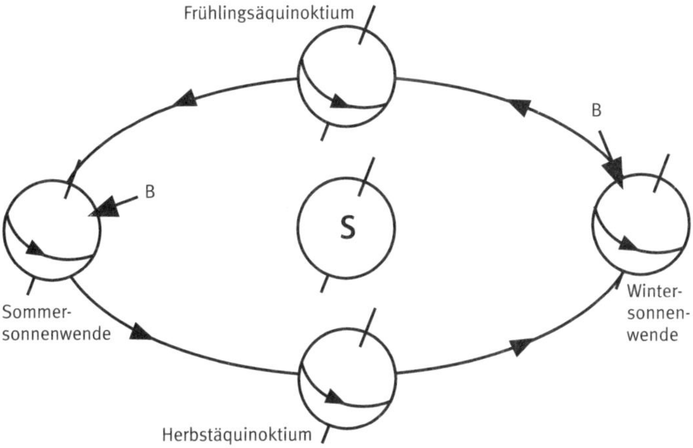

6.4 Die Entstehung der Jahreszeiten aufgrund der gleich bleibenden Neigung der Erdachse beim Umlauf der Erde um die Sonne.

Tycho Brahe

Im Jahr 1571 beobachtete Tycho Brahe (1546–1601) eine „Nova", einen „neuen" Stern, und sorgte damit für Unruhe in der Welt der Astronomie. Novae sind nicht wirklich neue Sterne, doch explosive Veränderungen lassen ihre Helligkeit einige Tage lang deutlich ansteigen. Danach verblassen sie wieder über einen längeren Zeitraum hinweg. Sehr oft ist der ursprüngliche Stern vor seiner Explosion zu schwach, um mit bloßem Auge erkennbar zu sein. Durch den Helligkeitsanstieg wird er dann sichtbar, und so ist es nicht verwunderlich, dass er Himmelsbeobachtern, denen nur das bloße Auge zur Verfügung stand, als neuer Stern erschien. Brahe versuchte nun, mit Hilfe der so genannten Parallaxenmethode die Entfernung der von ihm beobachteten Nova zu bestimmen.

Die Parallaxe ist eine Folge der Tatsache, dass sich Licht geradlinig ausbreitet. Sie lässt sich ganz einfach, ohne irgendwelche speziellen Instrumente, demonstrieren: Man strecke seinen Arm aus, recke den Daumen nach oben und betrachte erst mit dem rechten und dann mit dem linken Auge – das andere ist jeweils geschlossen – die Position des Daumens vor dem Hintergrund. Der Daumen scheint sich zu bewegen. Mit Hilfe dieses Prinzips kann man die Entfernungen von Himmelsobjekten ermitteln. Wenn zum Beispiel zwei Beobachter gleichzeitig von zwei entgegengesetzten Seiten der Erde aus den Mond fotografieren, zeigen die beiden Fotos den Mond in leicht unterschiedlichen Positionen relativ zu den Hintergrundsternen. Auch dies ist eine Folge der Parallaxe. Um die Entfernung der Nova mit Hilfe dieser Methode zu bestimmen, verglich Brahe seine eigenen Beobachtungen mit denen von Beobachtern in anderen Ländern. Er stellte fest, dass die von ihm entdeckte Nova sehr viel weiter entfernt sein musste als der Mond. Das war ein ernster Schlag für die aristotelische Sichtweise: Aristoteles hatte behauptet, alles im Himmel sei vollkommen, zyklisch und ewig. Und doch gab es hier einen neuen Stern, der unvorhergesehen in der Region jenseits des Monds aufflammte.

Das gleiche Verfahren wandte Brahe auch auf Kometen an. Als 1577 ein großer Komet am Himmel erschien, beobachtete Brahe ihn sehr sorgfältig und verglich wiederum seine Ergebnisse mit denen von Beobachtern in anderen Ländern. So konnte er beweisen, dass sich der Komet jenseits der Mondsphäre befand – ein weiterer Schlag gegen das Weltbild des Aristoteles. Edmund Halley entdeckte als Erster, dass einige Kometen periodisch sind, das heißt in regelmäßigen Abständen wieder auftauchen. Aristoteles hatte Kometen als unberechenbare, unregelmäßige Besucher an unserem Himmel angesehen und sie als unvollkommene Himmelskörper unserer eigenen Atmosphäre zugeordnet und nicht der Sphäre der Vollkommenheit oberhalb des Monds. Mit dem Komet von 1577 bewies Brahe abermals, dass das aristotelische System unzulänglich war.

Obwohl Brahe einige Vorstellungen des Aristoteles in Frage stellte, akzeptierte er doch viele der Grundideen des alten Griechen. Er glaubte weiterhin an eine feststehende Erde und wandelte das von Kopernikus vorgeschlagene System dementsprechend ab. Bei Brahe stand die Erde still, die Sonne kreiste um die Erde, während alle anderen Planeten um die Sonne kreisten. So gelang es ihm, die Vorteile des kopernikanischen Systems beizubehalten und gleichzeitig eine ruhende Erde zu haben.

Kepler

Johannes Kepler (1571–1630) war ein deutscher Astronom, der die Gesetze der Planetenbewegung formulierte. Sie beruhen im Wesentlichen auf den Eigenschaften der geometrischen Figur der Ellipse, die einem abgeflachten Kreis gleicht (siehe Abb. 6.5).

Das Erste Kepler'sche Gesetz (siehe Abb. 6.6) besagt, dass sich alle Planeten auf elliptischen Umlaufbahnen um die Sonne bewegen, wobei die Sonne in einem der beiden Brennpunkte

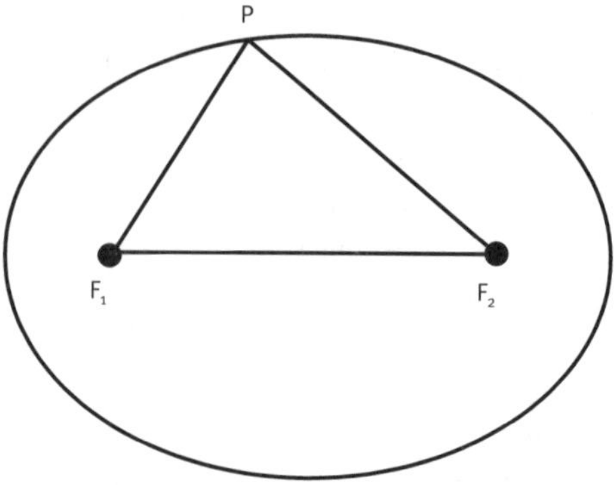

6.5 Die Grundeigenschaften der Ellipse: $F_1P + F_2P$ = konstant. F_1 und F_2 werden die Brennpunkte (Fokusse) der Ellipse genannt.
Weist ihre große Achse (die Hauptachse) in Ost-West-Richtung, so hat eine vom Mittelpunkt der Ellipse nach Osten (oder Westen) gezogene Linie eine maximale Länge, während eine Linie vom Mittelpunkt nach Norden (oder Süden) eine minimale Länge hat. Auf der Hauptachse liegen in gleichen Abständen vom Mittelpunkt die beiden Brennpunkte. Sie haben eine wichtige Eigenschaft: Verbindet man einen Punkt auf der Ellipse mit beiden Brennpunkten, so ist die Summe der beiden Verbindungslinien für alle Punkte auf der Ellipse stets gleich.

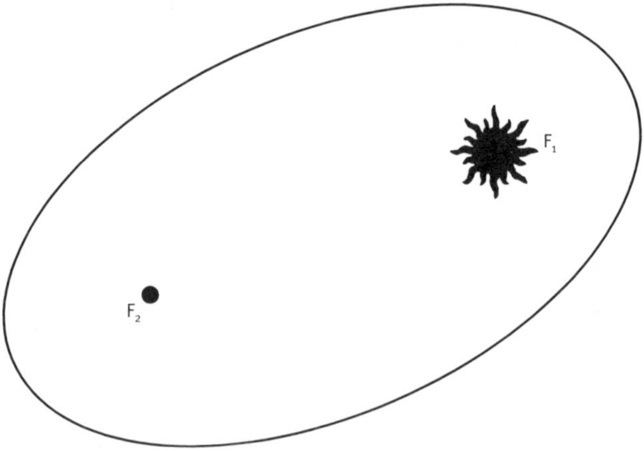

6.6 Das Erste Kepler'sche Gesetz der Planetenbewegung.

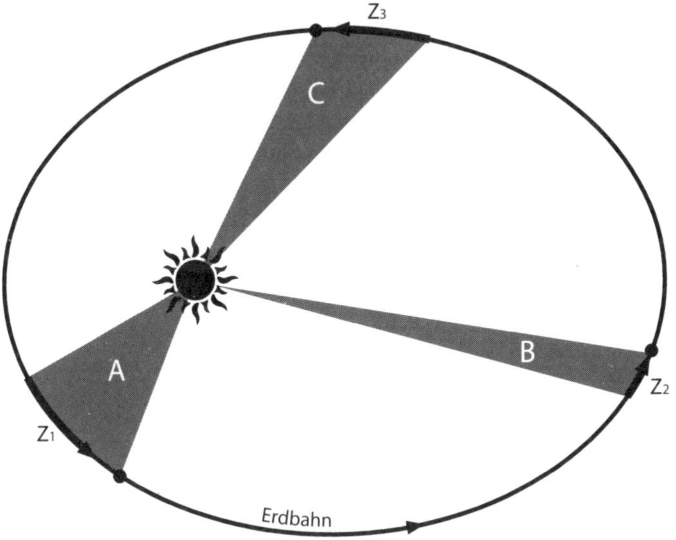

6.7 Das Zweite Kepler'sche Gesetz der Planetenbewegung.

der Bahnellipse steht. In seinem Zweiten Gesetz heißt es, dass die Verbindungslinie zwischen der Sonne und einem Planeten beim Umlauf des Planeten in gleichen Zeitabschnitten stets gleiche Flächen überstreicht (siehe Abb. 6.7). Das heißt, dass sich ein Planet auf seiner Bahn in Sonnennähe schneller bewegt, als wenn er weiter von ihr entfernt ist. Das Dritte Gesetz besagt, dass die Umlaufzeit eines Planeten in einer bestimmten Beziehung zu seiner Entfernung von der Sonne steht. Die sonnennahen Planeten benötigen weniger Zeit für einen vollen Umlauf als jene, die weiter entfernt sind, und Letztere bewegen sich langsamer ihre Bahn entlang. So benötigt zum Beispiel Merkur 88 Erdtage, um einmal die Sonne zu umrunden, wogegen Uranus 84 Erdjahre dafür braucht, weil seine Umlaufbahn sehr viel größer und seine Bahngeschwindigkeit sehr viel geringer ist.

Newton'sche Mechanik

Die Arbeiten von Isaac Newton (1642–1727) waren sehr viel radikaler als die aller seiner Vorgänger, weil seine Gesetze eine universale Gültigkeit besaßen, das heißt, sie konnten auf alle makroskopischen Erscheinungen überall im Universum angewandt werden. Sie galten – anders als die Bewegungsgesetze des Aristoteles – sowohl in der so genannten sublunaren wie auch in der superlunaren Region, also in den Bereichen unterhalb wie oberhalb des Monds. Und sie waren (und sind es noch) nicht nur auf Planeten anwendbar, wie die Kepler'schen Gesetze, sondern auf sämtliche physikalischen Erscheinungen größer als Atome und Moleküle. Dies ist insofern wichtig, weil es nun möglich war, physikalische Gesetze, die im Laboratorium entdeckt wurden, auch auf Vorgänge am Himmel anzuwenden. Newtons Gesetze ermöglichten die Entdeckung neuer physikalischer Gesetze, die für die irdische Wissenschaft in Zusammenhang mit der Astronomie von Nutzen waren. Das gesamte Universum diente nun als Physiklabor, um die irdische Forschung zu einer überall gültigen fundamentalen Physik zu vervollständigen. Ebenso konnte Laborphysik zur Entzifferung himmlischer Botschaften von Sonne, Mond, Planeten und Sternen benutzt werden. Newtons drei *Bewegungsgesetze* lauten:

Erstes Gesetz: Ein Körper beharrt in seinem Zustand der Ruhe oder der gleichförmigen geradlinigen Bewegung, wenn er nicht durch einwirkende Kräfte gezwungen wird, diesen Zustand zu ändern.

Zweites Gesetz: Die Änderung der Geschwindigkeit eines Körpers (wenn sich dieser geradlinig bewegt) oder die Änderung seiner Bewegungsrichtung (wenn er sich mit konstanter Geschwindigkeit bewegt) hängt von der einwirkenden Kraft und seiner Masse ab.

Drittes Gesetz: Übt ein Körper eine Kraft auf einen zweiten Körper aus, übt der zweite Körper eine gleich große, entgegengesetzte Kraft auf den ersten aus.

Newtons *Gravitationsgesetz* besagt, dass jedes Teilchen im Universum jedes andere Teilchen anzieht und dass diese Anziehungskraft proportional zu den Massen beider Körper ist und mit wachsendem Abstand zwischen den Körpern rasch (genauer: mit dem Quadrat des Abstands) abnimmt.

Das Gravitationsgesetz allein reicht nicht aus, um die Bewegung der Planeten zu erklären; es muss noch mit den Bewegungsgesetzen verknüpft werden. Laut dem ersten Gesetz bewegen sich Körper geradlinig vorwärts, wenn keine Kraft auf sie wirkt. Wir sind alle mit den Auswirkungen dieses Gesetzes vertraut, wenn wir in einem Auto um eine Kurve fahren. Das Auto (und unser Körper) möchte sich geradeaus weiterbewegen, doch die Kräfte, die die Straße auf die Räder und diese auf das Auto ausüben, zwingen das Auto, die Richtung zu ändern, wenn wir das Lenkrad drehen. Wie jeder andere Körper möchte sich auch ein Planet im Sonnensystem auf einer geraden Linie bewegen. Doch die Gravitationskraft, die zwischen dem Planeten und der Sonne wirkt, lässt den Planet auf die Sonne zu„fallen": er bewegt sich auf einer Umlaufbahn um die Sonne. In gleicher Weise „fallen" auch der Mond und alle künstlichen Satelliten auf die Erde zu, oder besser gesagt, um sie herum. Denn Körper auf einer Umlaufbahn „fallen" nicht wirklich auf die Oberfläche des umkreisten Körpers hinunter, da dieser (also die Sonne oder die Erde) kugelförmig ist und seine Oberfläche sich sozusagen ständig von dem umlaufenden Körper wegkrümmt.

Newtons Bewegungsgesetze und sein Gravitationsgesetz waren somit in der Lage, die Bewegungen der Planeten um die Sonne, der Monde um die Planeten sowie die Gezeiten zu erklären. Ihre Auswirkung auf die Astronomie war enorm, und sie spielen noch immer eine wichtige Rolle bei den Versuchen, den Aufbau und die Entwicklung bestimmter Bereiche des Universums zu verstehen.

Newtons Beiträge zur Himmelsmechanik, wie übrigens auch einige Arbeiten seiner Vorgänger, waren eng verknüpft mit der Entwicklung der Astronomie zu Navigationszwecken – jenem Zweig der Sternkunde, den man nautische Astronomie nennt.

Gyroskope

Kopernikus hatte die Beobachtungstatsache, dass in seinem heliozentrischen Weltbild beim Umlauf der Erde die Erdachse relativ zu den Hintergrundsternen stets in dieselbe Richtung weist, mit Hilfe der Physik des Aristoteles zu erklären versucht – der einzigen physikalischen Lehre, die es zur damaligen Zeit gab. Das Verhalten der Planeten konnte jedoch erst dann physikalisch erklärt werden, als man sämtliche Folgerungen, die sich aus der Newton'schen Mechanik ergaben, erkannt hatte.

Die Anwendung der Newton'schen Bewegungsgesetze auf rotierende Körper führte zu der Erkenntnis, dass bei einem massereichen Körper (wie zum Beispiel der Erde), der im freien Raum in Rotation um seine eigene Achse versetzt wird, die Achse immer in dieselbe Richtung zeigt. Hierzu betrachte man die Bewegung eines frei rotierenden Gyroskops. Im Prinzip besteht es aus einem sehr schweren, gut ausbalancierten Kreiselrad, das in einer kardanischen Aufhängung – einem Satz konzentrischer Ringe – so gelagert ist, dass sich seine Achse in jede beliebige Richtung frei bewegen kann. Wird das Gyroskop in Rotation versetzt und seine Achse auf einen bestimmten Stern ausgerichtet, so zeigt die Achse des ständig weiterrotierenden Gyroskops auch nach einem Tag immer noch auf denselben Stern, obwohl sich die Erde unter ihm dreht. Dieses Verhalten wird manchmal auch Kreiselträgheit genannt. Diese Grundprinzipien finden im Kreiselkompass ihre Anwendung – einem Gyroskop, dessen Drehachse an die Horizontale „gefesselt" ist. Befestigt man bei einem frei rotierenden Gyroskop ein kleines Gewicht an dem innersten Ring, auf dem die Achse gelagert ist, so beschreibt die Achse einen Doppelkegel im Raum. Dieses Verhalten heißt Präzession und beruht darauf, dass die Gravitationskraft der Erde versucht, das Gewicht näher an die Erdoberfläche zu ziehen.

Die Erdachse führt ebenfalls eine Präzessionsbewegung aus, wenn auch sehr langsam. Zurzeit weist die Erdachse fast genau auf Polaris, den Polarstern. Doch da sie kreiselt und dabei einen Doppelkegel im Raum beschreibt, beschreiben ihre Enden

Kreise an der Himmelssphäre. Für einen vollen Umlauf um diese Kreise benötigt die Erdachse etwa 26 000 Jahre. Diese Präzession beruht auf der Tatsache, dass die Erde nicht ganz kugelförmig ist, sondern einen Äquatorwulst besitzt. Die Gravitationskräfte von Sonne und Mond, die an diesem Wulst ziehen, führen dazu, dass die Erdachse präzediert.

Das Tellurium

Das Tellurium besteht aus einer kleinen Erdkugel, die sich um eine um 23,5 Grad gegen die Senkrechte geneigte Achse drehen kann. Sie ist an einem Arm befestigt, der sie auf einer Kreisbahn um eine andere Kugel – die Sonne – herumführt. Mit Hilfe dieses Geräts kann man Tag und Nacht erklären, und da die Achse der kleinen Erdkugel stets in dieselbe Richtung geneigt ist, auch die Entstehung der Jahreszeiten. Bei einigen Tellurien gibt es noch eine weitere Kugel, die den um die Erde kreisenden Mond darstellt. Mit ihnen lässt sich zeigen, wie die Mondphasen sowie Mond- und Sonnenfinsternisse entstehen. Abbildung 6.8 zeigt ein einfaches Modell des Erde-Sonne-Mond-Systems, das all die genannten Funktionen hat.

Bei etwas anspruchsvolleren Tellurien wird mit Hilfe eines Zahnradantriebs die Richtung der Erdachse konstant gehalten und die Rotation der Erdkugel mit ihrem Umlauf um die Sonne verknüpft, ebenso die Bewegung des Monds um die Erde. Zwei Paar Winkelgetriebe verbinden den Rahmen, an dem die Erdachse befestigt ist, mit dem Sockel und sorgen so dafür, dass die Achse stets in dieselbe Richtung weist.

Da die Länge eines Jahres ziemlich genau 365,25 Tage beträgt, muss die Übersetzung zwischen dem Antrieb der Erdachse und dem des Erdumlaufs um die Sonne 365,25:1 oder 1461:4 betragen. Im Prinzip könnte man das erreichen, indem man ein am Sockel angebrachtes großes Zahnrad mit 1461 Zähnen in eines mit vier Zähnen greifen lässt, das mit dem Erdachsenantrieb verbunden ist. Das ist jedoch unpraktisch, und daher verwendet

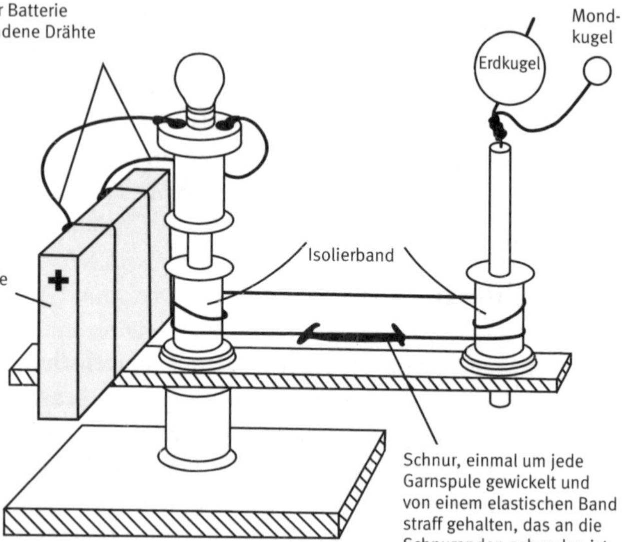

6.8 Modell des Erde-Sonne-Mond-Systems.
Bei diesem einfachen Modell wird die Erdachse durch ein Seil, das von einem elastischen Band straff gehalten wird, in einer Raumrichtung fixiert. Es läuft um eine Garnspule, die an der Mittelachse befestigt ist; diese geht senkrecht durch den Arm und ist in einer weiteren, auf dem Sockel montierten Garnspule verankert. Die Halterung der Erdachse ist an einer dritten Garnspule angebracht, um die das straffe Seil herumläuft. Die Bewegung der Erde um die Sonne wird simuliert, indem man den Arm einfach um die Mittelachse dreht. Auch die Rotation der Erde und der Umlauf des Monds um die Erde werden von Hand ausgeführt.

man im Allgemeinen einen Zahnradsatz. Sehr oft wird ein Kompromiss geschlossen, um den Antrieb zu vereinfachen.

Vor etwa 30 Jahren baute Percy Seymour ein Tellurium mit einem Meccano-Bausatz. In diesem Modell betrug die Übersetzung zwischen der Welle, an der die Erde befestigt war, und dem Arm, der die Erde um die Sonne führte, 1 : 360, was einer Jahreslänge von 360 Tagen entsprach. Erreicht wurde sie mit einem Zahnradsatz mit den folgenden Übersetzungen: 1/3 × 1/4 × 1/3 × 1/10.

Die Darstellung der Mondbewegung bereitet etliche Probleme, die durch einige wenige Kompromisse teilweise gelöst werden können. Zunächst ist da das Verhältnis zwischen der Bewegung des Monds um die Erde und der Rotation der Erde um ihre eigene Achse. Die Zeitdauer für einen Mondumlauf relativ zu den Sternen, die so genannte siderische Umlaufzeit, beträgt 27 Tage, sieben Stunden, 47 Minuten und 11,5 Sekunden. Die Zeitdauer zwischen zwei gleichen Phasen, also zum Beispiel von Vollmond zu Vollmond, ist jedoch die Zeit, die der Mond benötigt, um relativ zur Sonne wieder an die gleiche Position am Himmel zu gelangen. Diese so genannte synodische Umlaufzeit (auch Mondmonat genannt) dauert 29 Tage, 12 Stunden, 44 Minuten und 2,8 Sekunden. Für sein Modell verwendete Seymour einen mittleren Wert von 28 Tagen, also eine Übersetzung von 1:28 zwischen der rotierenden Erde und dem Arm, der den Mond um die Erde führte. Der benötigte Zahnradsatz hatte folgende Übersetzungen: $1/2 \times 1/2 \times 1/7$.

Die Ebene der Mondumlaufbahn ist gegen die Bahnebene der Erde geneigt. Aus diesem Umstand ergibt sich die Häufigkeit der Sonnen- und Mondfinsternisse. Die tatsächliche Neigung beträgt etwa fünf Grad, doch bei den meisten Tellurien ist der Neigungswinkel größer. Wegen der Größenbeschränkung solcher Modelle kann auch das Verhältnis der Abstände zwischen Erde und Mond und Erde und Sonne nicht korrekt dargestellt werden. Die Neigung der Mond- gegen die Erdbahn wird durch einen Metallbogen erreicht, der einen bestimmten Winkel hat und so sicherstellt, dass sich der Mond nicht in derselben Ebene bewegt wie die Erde.

Orrery-Planetarien

Ein mechanisches Planetarium, oft auch Orrery-Planetarium genannt, enthält normalerweise alle Planeten, die zur Zeit seines Baus bekannt waren. Die einfachsten bestehen aus einem senkrechten Stab mit einer Sonnenkugel darauf. Der Stab geht durch eine Reihe von übereinander liegenden Metallhülsen hindurch. An jeder Hülse ist ein Arm angebracht, der einen der Planeten trägt (siehe Abb. 6.9). Bei einfachen Modellen werden die Planeten von Hand relativ zueinander bewegt, und es gibt kein Räderwerk, das ihre Bewegungen miteinander verbindet. Etwas anspruchsvollere Modelle besitzen solche Zahnradsätze und werden von einer Handkurbel oder einem Uhrwerk angetrieben.

Der Darstellung des Sonnensystems in Form eines mechanischen Modells sind technische Grenzen gesetzt. Vor allem ist es unmöglich, die Größen der Planeten und ihre Abstände zur Sonne maßstabsgetreu wiederzugeben. In Anhang I sind die Maße der wichtigsten Planeten und ihre mittleren Entfernungen zur Sonne aufgeführt. Die Planeten haben sehr unterschiedliche Größen und Sonnenabstände, sodass es unmöglich ist, ein überschaubares maßstabsgerechtes Modell des Sonnensystems herzustellen.

Die meisten Orrery-Planetarien versuchen gar nicht, maßstabsgetreu zu sein, doch die großen Planeten (Jupiter und Saturn und in einigen Fällen Uranus und Neptun) werden in den meisten Modellen durch größere Kugeln dargestellt als Mer-

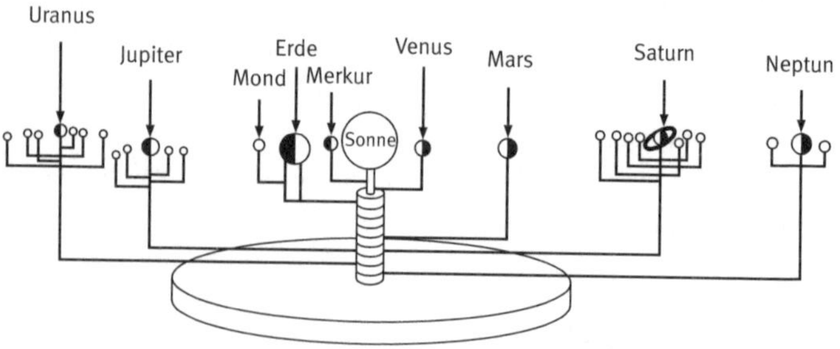

6.9 Schematische Darstellung eines Orrery-Planetariums mit acht Planeten und ihren Monden.
Die Planeten sitzen auf L-förmigen Armen, die an zylindrischen Hülsen befestigt sind. Diese können sich frei um den Stab drehen, der die Sonne trägt. Auf ähnliche Weise sind auch die Monde der Planeten montiert.

kur, Venus, Erde und Mars. Bei den Abständen zur Sonne wird auf jeden Fall die richtige Reihenfolge eingehalten und manchmal auch versucht, die relativen Entfernungen zu vermitteln. Doch auch hier gibt es, mit einigen wenigen Ausnahmen, keine maßstabsgerechte Darstellungen. Die echten Planeten umkreisen die Sonne in etwas unterschiedlichen Bahnebenen, doch dieser Aspekt bleibt bei den Modellen im Allgemeinen unberücksichtigt. Trotz Keplers Erkenntnis, dass die Planetenbahnen elliptisch sind, sind sie bei den meisten Orrery-Planetarien als Kreise dargestellt. Es gibt jedoch ein paar Ausnahmen, insbesondere im Hinblick auf die Bahnen von Kometen.

Varianten von Orrery-Planetarien

Mechanische Planetarien sind in den verschiedensten Varianten hergestellt worden: Es gibt sie in unterschiedlichen Größen; einige sind aus Holz, doch die meisten aus Metall; bei einigen sind die Bewegungen über Seilrollen gekoppelt, bei den meisten jedoch durch Zahnräder; einige stellen nur Sonne, Mond und Erde dar, während andere alle zu der Zeit bekannten Planeten und ihre Monde zeigen; bei einigen werden die Planeten und ihre Monde von Hand um die Sonne bewegt, ohne einen Antrieb; bei anderen sind die Planetenbewegungen über Zahnräder gekoppelt und werden über eine Kurbel im Sockel angetrieben, und einige wenige werden gänzlich von einem Uhrwerkgetriebe bewegt.

Die ersten genauen Metallplanetarien in England stammen von George Graham. Es sind jedoch nur noch zwei von ihnen erhalten. Grahams erstes Orrery-Planetarium befindet sich heute im Adler Planetarium in Chicago. Wahrscheinlich baute er es zwischen 1704 und 1709, als er als Altgeselle bei Thomas Tompion arbeitete. Es zeigt nur die Sonne, die Erde und den Mond und besitzt einen Federuhrwerkantrieb im Sockel. Es hat eine Laufzeit von etwa acht Tagen und wird von einem zehn Zentimeter langen Pendel reguliert. Das andere Graham-Planetarium befindet sich im History of Science Museum in Oxford.

Ein weiteres sehr schönes Beispiel für ein englisches Orrery-Planetarium war jenes Instrument, das John Rowley für Charles Boyle, den vierten Earl of Orrery (1676–1731), anfertigte. Tatsächlich rührt die Bezeichnung „Orrery" für ein mechanisches Planetarium vom Familiennamen dieses Earls her. King und Milburn (die Autoren von *Geared to the Stars*) zitieren Budgell (1732), einen Autor aus jener Zeit: „Das Instrument, das von ihm erfunden wurde und seinen Namen trägt, ist ein unwiderlegbarer Beweis seines mechanischen Genies. Es gibt so viele verschiedene Bewegungen in dieser Maschine, dass, wie seine Lordschaft sagten, es fast den Kopf des erfinderischen Mechanikers verdreht hätte, den er mit ihrer Herstellung beauftragt hatte." Dieses Orrery-Planetarium, das sich heute im Science Museum in London befindet, zeigt ebenfalls nur Sonne, Erde und Mond.

Etliche Uhrmacher in Europa stellten Planetariumsuhren her. Die bekanntesten sind jedoch die von Raingo, der einige hervorragende Modelle schuf, die alle gleich aufgebaut sind. Das Planetarium mit Erde, Mond und Sonne ist auf einem runden Podest montiert, das von vier verzierten Pfeilern getragen wird, die ihrerseits auf einem runden Sockel ruhen. Zwischen zwei der Säulen befindet sich eine Pendeluhr. Das Planetarium hat seinen eigenen Federantrieb, seine Bewegungen werden jedoch von der Uhr reguliert, die jede Woche aufgezogen werden muss. Es kann von der Uhr abgekoppelt und für Demonstrationszwecke mit einer Kurbel angetrieben werden.

James Ferguson

In ihrem Buch *Geared to the Stars* beschreiben King und Milburn James Ferguson (1710–76) als den „Stellmacher des Himmels": „Von bescheidener schottischer Herkunft und mit einer

Schulzeit von nur drei Monaten, stieg er auf zu einem bejubelten Redner und Verfasser populärer Vorträge, zu einem äußerst produktiven Autor wissenschaftlicher Bücher und zu einem bekannten Erfinder einer Reihe von Hilfsmitteln zur Veranschaulichung astronomischer Erscheinungen."

Ein Ferguson-Planetarium, betrieben durch Rollen und Seile, befindet sich heute im Science Museum in London. Ferguson erfand auch ein „Kurbel"-Planetarium, um zu zeigen, dass sich der Mond um seine eigene Achse dreht, obwohl er der Erde immer dieselbe Seite zuwendet. Eine weitere seiner Erfindungen war das Eklipsarium, das „Zeitpunkt, Dauer und Häufigkeit von Sonnenfinsternissen an allen Orten der Erde" anzeigte. Ferguson hielt das Eklipsarium für das beste Gerät, das er je erfunden hat. Obwohl er einige seiner einfacheren Erfindungen selbst baute, beauftragte er doch meistens geschickte Handwerker, um seine Ideen in funktionierende Modelle umzusetzen. In seinen Büchern und Veröffentlichungen gab er genaue Instruktionen zum Bau von angetriebenen Planetarien und anderen Geräten zu Demonstrationszwecken. Ein Uhrwerkplanetarium mit einem von Ferguson entworfenen Räderwerk befindet sich heute im Adler Planetarium and Astronomical Museum in Chicago.

Zu den von Ferguson geschriebenen Büchern gehört auch *An Introduction to Electricity* (*Eine Einführung in die Elektrizität*). Dieses Buch enthält eine Beschreibung und Zeichnungen für ein elektrisches Orrery-Planetarium (siehe Abb. 6.10). Ferguson unternahm mehrere Vortragsreisen durch ganz England, wobei er seine Vorträge mit mechanischen Modellen illustrierte, die von ihm selbst oder von Instrumentenbauern nach seinen Anweisungen hergestellt worden waren. Ein weiteres von ihm entworfenes Gerät war eine Gezeitenskalenscheibe, mit deren Hilfe er das Prinzip der Gezeiten erklärte. Das Modell zeigte den Unterschied zwischen Spring- und Nippflut und verdeutlichte, wie diese mit den relativen Positionen von Sonne und Mond bezüglich der Erde zusammenhängen.

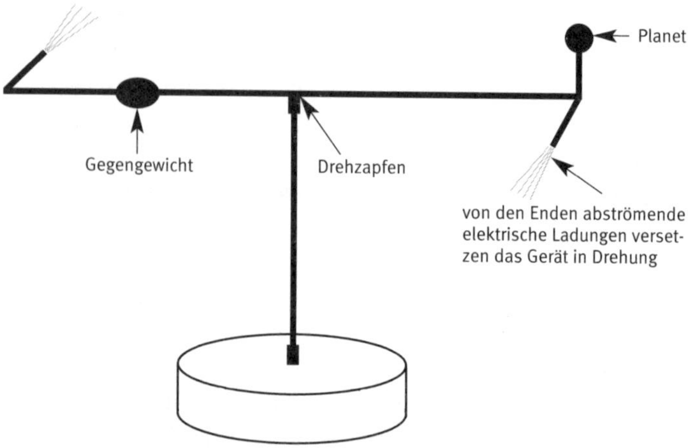

6.10 Das Prinzip des von James Arden entworfenen elektrischen Orrery-Planetariums. Ein Generator lädt den Sockel elektrostatisch auf. Bei dieser Art Planetarium wird ein metallischer Leiter sorgfältig in der Mitte auf einem spitzen Metallstab ausbalanciert. Seine Enden sind im rechten Winkel zu zwei kurzen spitzen Armen umgebogen. Lässt man einen gleichförmigen Strom elektrischer Ladungen durch den Stab fließen, dreht sich der ausbalancierte Leiter um den Stab, da elektrische Ladungen von den spitzen Armen abströmen und durch ihren Rückstoß den Leiter in Drehung versetzen, ähnlich einem Rasensprenger, der vom versprühten Wasser zum Rotieren gebracht wird. Die Idee stammt wohl von Edward King, der ein solches Planetarium um 1766 oder 1767 gebaut hatte. Die Skizze beruht auf einem elektrischen Orrery-Planetarium von James Arden aus dem Jahr 1764. Von solchen Geräten sind jedoch anscheinend keine Exemplare erhalten geblieben.

Spezielle Orrery-Planetarien

Das größte Planetarium des 18. Jahrhunderts wurde von Eise Eisinga (1744–1828) hergestellt. Es war im Wohnzimmer seines Hauses in Franeker in den Niederlanden aufgebaut, und seine Nachkommen haben es betriebsfähig gehalten. Der Hauptteil des Planetariums ist ein großes begehbares Modell, bei dem die Sonne, die Erde und die fünf mit bloßem Auge sichtbaren Planeten an der Zimmerdecke aufgehängt sind. Es ist in einem Raum mit zwei Decken aufgebaut. Der Mechanismus ist zwischen der echten und einer abgehängten Decke untergebracht, in der sich exzentrisch um den zentralen Metallstab, der die vergoldete Sonnenkugel trägt, sechs kreisrunde Schlitze befinden. Durch diese Schlitze gehen sechs Metallstäbe, an denen die kleineren Planetenkugeln hängen (einschließlich der Erde). Diese Planetenkugeln drehen sich nicht um ihre eigene Achse, sondern sind auf der sonnenzugewandten Seite vergoldet. Der Mond bewegt sich um die Erde, doch die Monde der anderen Planeten, vier bei Jupiter und fünf bei Saturn, sind einfach nur an Drähten aufgehängt. Die Umlaufperioden, mit der die Planetenkugeln die Sonne umkreisen, entsprechen denen im echten Sonnensystem, und die Durchmesser der Umlaufbahnen haben einen Maßstab, bei dem ein Millimeter einer Million Kilometer entspricht.

Eisinga war von Beruf Wollkämmer, und das spiegelt sich in dem Getriebe wider, mit dem er die Planeten auf ihren Bahnen entlanglaufen ließ. Die Räder sind aus Eichenholz, in deren Kanten schmiedeeiserne Stifte als Zähne eingeschlagen sind. Diese greifen in einen weiteren Zahnradsatz, dessen Achsen rechtwinklig zum ersten stehen. Beim zweiten Satz sind schmiedeeiserne Stifte in die Radscheiben eingeschlagen, recht dicht an deren Rändern. Viele der Grundbauteile wurden von Eisinga selbst, seinem Vater (ebenfalls Wollkämmer) und ihren Arbeitern hergestellt. Das für die Steuerung benötigte Achttage-Uhrwerk fertigte ein Uhrmacher. Die Stäbe der Planeten sind an einem Reifen aus Eichenholz befestigt, der von einem Satz Laufrollen getragen und in Position gehalten wird. Auf der Oberseite des Reifens sind ebenfalls schmiedeeiserne Stifte eingeschlagen, die in die Stifte eines Zahnrads greifen, das an einer senkrecht zur Reifenachse stehenden Stange befestigt ist. An der abgehängten Decke befinden sich fünf weitere Skalenscheiben, die man vom Fußboden aus ablesen kann, und nochmals drei an einer Wand direkt über den Türen. Sie liefern zusätzliche astronomische Informationen und sind alle mit dem Haupt-Planetarium verbunden.

Benjamin Cole (1795–1866) war ein Londoner Instrumentenbauer, der ein Modell zur Vorführung eines Venusdurchgangs anfertigte. Hin und wieder zieht Venus vor der Sonnenscheibe vorüber, wenn sie auf ihrer Bahn zwischen Erde und Sonne entlangläuft. Wenn man zu einem solchen Zeitpunkt mit einem Teleskop das Bild der Sonne auf einen Schirm projiziert, kann man Venus als dunklen Punkt die Sonnenscheibe überqueren sehen. Dieser Vorgang heißt Venusdurchgang. Derartige Durchgänge waren sehr wichtig für die Astronomie, weil man anhand des genauen Zeitpunkts des Durchgangs die Entfernung der Erde von der Sonne ermitteln konnte. Coles Modell ist ein vereinfachtes Planetarium, bei dem nur die Sonne, Venus und Erde auf einem sargförmigen Kasten montiert sind. Sonne und Erde sind feststehend, aber die Venus kann von Hand um die Sonne bewegt werden, um die relativen Positionen dieser Körper zum Zeitpunkt des Durchgangs demonstrieren zu können. Dieses Modell befindet sich heute im Science Museum in London.

Wir haben bereits die ptolemäische Theorie der Planetenbewegung kennen gelernt und auch die Dondi-Uhr, die auf dem ptolemäischen System beruht. Das gesamte System des Ptolemäus mechanisch in einem einzigen Modell darzustellen – statt in einer Uhr mit sieben Zifferblättern, wie Dondi es tat –, ist mit etlichen Schwierigkeiten verbunden. An diese schwierige Aufgabe wagte sich offenbar der vielseitige Uhrmacher und Instrumentenbauer Antide Janvier, geboren 1751 in Brive in der Provinz Lavans (Jura). Laut seinen eigenen Aufzeichnungen baute er 1769 (im Alter von 18 Jahren) eine von ihm so genannte „ptolemäische Planisphäre". Doch soweit bekannt, ist dieses Instrument nicht erhalten geblieben. In *Des Revolutions* beschrieb Janvier jedoch das Räderwerk und den Aufbau seines Modells, und aufgrund dieser Beschreibung würde man es heute ein ptolemäisches Orrery-Planetarium nennen. In seinem Konstruktionsentwurf verwandte er die Epizykel und Deferenten des ptolemäischen Systems, berücksichtigte aber nicht die Ausgleichs- oder die Exzenterpunkte des Systems. Das Gerät war für Demonstrationszwecke gedacht und strebte nicht die Genauigkeit an, die Dondi bei seiner Uhr zu erreichen suchte.

Nach der Einführung der Laterna magica im Jahr 1826 begann man durchsichtige Bildplatten („Dias") herzustellen, von denen einige bewegliche Teile besaßen. Eine solche Bildplatte war das Bildplatten-Planetarium. Es bestand aus sechs verschieden großen undurchsichtigen Glasringen – einen für jeden Planeten –, die jeweils ineinander passten. Auf jeden Ring war ein kleines durchsichtiges Bild eines Planeten geätzt. Jeder Kreisring war mit einem Ring aus kleinen Zähnen versehen, die in einen Satz kleiner Zahnräder griffen. Diese waren an einer Spindel befestigt, an deren einem Ende sich eine kleine Drehkurbel befand. Der innerste Ring, der des Merkur, umschloss eine undurchsichtige Scheibe mit einem kleinen durchsichtigen Kreisfleck in der Mitte, der die Sonne darstellte. Durch Drehen der Kurbel versetzte man die Ringe in Rotation, wobei sie alle zueinander die korrekte Relativgeschwindigkeit hatten. Legte man diese Bildplatte in eine Laterna magica, projizierte diese die Sonne und die Planeten auf einen Schirm. Und wenn man die Kurbel drehte, umkreisten die Planeten die Sonne. Mit einer solchen Bildplatte konnte man bei Vorträgen einer größeren Gruppe von Zuhörern die Vorgänge im Planetensystem erklären als mit einem mechanischen Planetarium. Nach der Erfindung der Overhead-Projektoren wurden erneut derartige Bildplatten hergestellt und für die Verwendung im Klassenzimmer vermarktet.

Planetarien trugen sehr viel zum Verständnis der Astronomie in der breiten Öffentlichkeit bei und hatten großen Anteil an der Verbreitung und Akzeptanz des kopernikanischen heliozentrischen Weltbilds.

Kapitel 7

Jovilabium der astronomischen Uhr von William Pearson. (Mit freundlicher Genehmigung von The Royal Astronomical Society, London.)

Galilei, das Pendel und das Fernrohr

Galilei

Galileo Galilei (1564–1642) war ein italienischer Mathematiker, Astronom und Physiker. Er entdeckte die Eigenschaften des Pendels, die letztendlich zur Herstellung von Präzisionsuhren (einschließlich astronomischer Uhren) führten, und er machte mit Hilfe des Fernrohrs bedeutende astronomische Entdeckungen, von denen einige Eingang in die mechanischen Modelle des Sonnensystems fanden.

Galilei wurde am 15. Februar 1564 in Pisa geboren, rund 20 Jahre nach dem Tod des Kopernikus. Sein Vater, Vincenzio Galilei, war Musiker und Mathematiker, der unter anderem auch die Mathematik schwingender Saiten erforschte, die harmonische Intervalle in der Musik erzeugten. Galileis Vorname beruht auf einer toskanischen Tradition, nach der der älteste Sohn eine Abwandlung des Familiennamens erhält. Zunächst wurde Galilei in Pisa privat unterrichtet und erhielt dann von 1575 bis 1581 eine Ausbildung an einer Jesuitenschule. Danach besuchte er die Universität zu Pisa, um Medizin zu studieren. Doch offenbar zeigte er wenig Interesse an diesem Fach, sondern zog die Mathematik vor. Während seines Studiums in Pisa entdeckte er die Zeit unterteilenden Eigenschaften von Pendeln. Mit Hilfe seines eigenen Pulses als Zeitmesser bestimmte er die Zeit, die eine Lampe im Dom zu Pisa benötigte, um einmal hin und her zu schwingen. Durch Wiederholen dieser Messung für mehrere Schwingungen stellte er fest, dass die Schwingungsdauer unabhängig von der Schwingungsweite, also der durchschwungenen Strecke, ist. Später führte Galilei weitere Beobachtungen durch und kam zu dem Schluss, dass sich Pendel sehr gut zum Regulieren von Uhren eignen.

Nach vier Jahren ging Galilei ohne einen Abschluss nach Florenz, wo er Mathematik studierte und lehrte. Im Jahr 1589 kehrte er als Professor der Mathematik nach Pisa zurück, ging jedoch 1592 nach Padua, um an der dortigen Universität eine Professur anzunehmen. Dort arbeitete er an einer Theorie der Gezeiten, doch eine Erklärung dieses Phänomens war erst nach Newtons Arbeiten über die Gravitation möglich. Nachdem er durch die Verwendung des Fernrohrs für astronomische Beobachtungen zu Berühmtheit gelangt war, wurde er 1610 Astronom am Hof in Florenz, eine Stellung, die bis zu seinem Tod 1642 innehatte.

Himmelsbeobachtung mit dem Fernrohr

Die Erfindung des Fernrohrs wird allgemein Hans Lippershey zugeschrieben, einem Linsenschleifer und Brillenmacher, der 1587 in Wesel in Holland geboren wurde und 1619 starb. Doch anscheinend war es einer von Lippersheys Lehrlingen, der als Erster bemerkte, dass man ein vergrößertes Bild eines entfernten Gegenstands erhielt, wenn man zwei Linsen unterschiedlichen Typs in einem bestimmten Abstand voneinander vor das Auge hielt. Er berichtete Lippershey von seiner Entdeckung, und dieser fasste dann diese Linsen in zwei Rohren und baute so das erste Fernrohr. Er verkaufte seine Idee der holländischen Regierung, die versuchte, die Erfindung wegen ihres militärischen und maritimen Potenzials geheim zu halten. Doch die Kunde von diesem Instrument sickerte dennoch durch, und Galilei erfuhr im Sommer 1609 in Venedig einige spärliche Einzelheiten über dieses holländische Fernrohr. Er begriff schnell, wie es funktionieren könnte und machte sich daran, sein eigenes Fernrohr zu bauen. Im August desselben Jahres führte er sein Teleskop, das eine achtfache Vergrößerung hatte, „zur unendlichen Verwunderung aller“ vor. Bis Ende 1609 hatte er ein stärkeres Fernrohr mit einer 20fachen Vergrößerung gebaut. Dieses neue Fernrohr richtete er dann auf den Nachthimmel.

Sterne und die Milchstraße

Eine der ersten Entdeckungen, die Galilei machte, betraf die Milchstraße. „Milchstraße“ ist der Name für unsere eigene Galaxie, und in einer klaren Nacht, weit entfernt von den Lichtern der Städte, ist sie als nebliges Lichtband zu sehen, das sich über den Himmel erstreckt. Aristoteles hatte gelehrt, dass die Milchstraße Teil der Sphäre unterhalb des Monds sein müsse, da sie kein vollkommen geformtes Objekt war. Er meinte, sie könne sogar Teil unserer eigenen Atmosphäre sein. Das Universum des Aristoteles war im 16. Jahrhundert das von der Kirche anerkannte Weltbild, und Aussagen, die die kirchliche Doktrin in Frage stellten, wurden als ketzerisch angesehen. Doch als Galilei sein Fernrohr auf die Milchstraße richtete, entdeckte er, dass sie aus unzähligen sternähnlichen Objekten bestand. Außerdem stellte er fest, dass sein Fernrohr die Planeten zu kleinen Kugeln vergrößern konnte, während Sterne stets nur Lichtpünktchen blieben. Das bedeutete, so folgerte er, dass die Sterne im Vergleich zu den Planeten sehr viel weiter entfernt sein mussten. Dies war eine klare Bestätigung des revolutionären kopernikanischen Weltbilds und eine willkommene Botschaft für Galilei und alle Anhänger des kopernikanischen Systems.

Tycho Brahe hatte folgendermaßen argumentiert: Wenn die Erde im Laufe eines Jahres um die Sonne kreiste (wie sie es laut Kopernikus tun musste), dann würde ein Stern, der sich senkrecht über der Bahnebene der Erde befindet, relativ zu den weiter entfernten Sternen im selben Zeitraum einen kleinen Kreis am Himmel beschreiben. Da man das nicht beobachtete, musste die Erde stillstehen. Wenn jedoch *alle* Sterne sehr weit entfernt waren, dann wäre der Kreis so klein, dass er mit Galileis Fernrohr nicht zu erkennen wäre. Galileis Beobachtung, dass die Sterne im Fernrohr als Lichtpunkte erschienen und keine Kreise am Himmel beschrieben, war ein Beweis, dass sie sich alle in sehr großer Entfernung befinden mussten.

Der Mond im Fernrohr

Als Galilei sein Fernrohr auf den Mond richtete, machte er eine weitere überraschende Entdeckung. Die Mondoberfläche war von Gebirgen, Tälern und Kratern bedeckt. Dies war noch ein Schlag gegen das aristotelische Weltbild. Danach gehörte der Mond und alles jenseits von ihm zur „superlunaren" Sphäre (der Region perfekter Gleichmäßigkeit), sodass die Mondoberfläche völlig glatt hätte sein müssen. Darüber hinaus stellte Galilei noch fest, dass von der Erde aus gesehen die Kraterränder Schatten unterschiedlicher Länge auf die Kraterböden warfen. In einem Universum, in dessen Mittelpunkt die Erde stand, war dies nicht zu erklären. Galilei erkannte, dass die Schatten daher rührten, dass die Sonne Licht auf den Mond warf und dieser nicht selbst leuchtete. Die Länge der Schatten hing davon ab, wie hoch die Sonne von dem jeweiligen Krater aus gesehen über dem Mondhorizont stand. Galilei entwickelte nun geometrische Methoden, um die Höhe der Kraterränder über dem Kraterboden zu berechnen. Astronomen, die sich mit der Topografie des Monds beschäftigen, verwenden diese Methoden noch heute, und tatsächlich stellte die NASA auf diese Weise die Mondoberfläche dar, als sie nach einem geeigneten Landeplatz für das Apollo-Raumfahrzeug suchte.

Später entdeckte Galilei ein Phänomen, das Libration des Monds genannt wird. Der Mond scheint der Erde stets dieselbe Seite zuzuwenden, und das stimmt auch fast. Doch bei näherer Untersuchung stellt man fest, dass der Mond leicht um eine Achse hin und her schwankt, die senkrecht zur Verbindungslinie zwischen Erdmittelpunkt und Mond liegt. Deshalb ist über einen gewissen Zeitraum hinweg mehr als die Hälfte der Mondoberfläche zu sehen. Galilei entdeckte als Erster diese Schwankung; er bemerkte, dass bestimmte Formationen nahe am Mondrand mal näher und mal weiter von Rand entfernt waren.

John Russells Selenographia

John Russell versuchte, die Libration des Monds mit einem von ihm gravierten und mit einer speziellen Montierung versehenen Mondglobus darzustellen. Russell, geboren 1745 in Guildford, war Maler von Beruf und Amateurastronom. Seine Spezialität waren Porträts berühmter Leute, darunter auch viele Wissenschaftler. Zu denen, die ihm Modell saßen, gehörten George III., Charles Wesley, der Astronom William Herschel und Neville Maskelyne, der von 1732 bis 1811 der fünfte Astronomer Royal in Greenwich war.

Aus unserer Sicht sind Russells wichtigste Werke seine Mondkarten und -globen, insbesondere jener Globus, den er Selenographia nannte. Russell war ein sachkundiger beobachtender Astronom, der mit Hilfe eines Fernrohrs genaue Zeichnungen vom Mond anfertigte, anhand derer er dann seine Karten und Globen herstellte. Eines seiner beiden Fernrohre hatte William Herschel gebaut.

Russell muss zwischen 20 und 30 Jahre alt gewesen sein, als er zum ersten Mal den Mond durch ein Fernrohr erblickte. Am 19. Februar 1789 schrieb er an Thomas Hornsby, einen Beobachter am Radcliffe Observatory der Universität Oxford: „Vor etwa 25 Jahren sah ich den Mond zum ersten Mal durch ein Fernrohr. Meiner Erinnerung nach muss er zwei Tage über das erste Viertel hinaus gewesen sein; ... ein paar Tage später machte ich eine kleine Zeichnung ...“

Auf diese Weise konnte er bessere Mondkarten anfertigen. Er besaß ein Fernrohr mit einem Mikrometer-Okular, mit dem er die Winkelabstände zwischen verschiedenen Gebilden auf dem Mond messen konnte. Nach 31 Jahren schuf er eine Pastellzeichnung vom Mond, die rund 1,35 Meter auf 1,52 Meter groß war und den Mond im 1. Viertel, das heißt als zunehmenden Halbmond zeigte. Diese Zeichnung fand bei seinen Zeitgenossen viel Anklang, und das war anscheinend der Moment, in dem er sich entschloss, einen Mondglobus herzustellen.

Er veröffentlichte ein Flugblatt mit dem Titel *Abonnement-Angebot für einen Mondglobus*, in dem er seine Absicht ankündigte. Darin hieß es: „Dieser Globus, das einzige Werk dieser Art, das je der Öffentlichkeit vorgelegt wurde, ist das Ergebnis jahrelanger unermüdlicher Arbeit und wird, so hoffe ich, eine Genauigkeit aufweisen, die jede bisher veröffentlichte Mondkarte weit übertrifft ... Jede Erhebung und Vertiefung, die in einem guten Fernrohr auf der Mondscheibe sichtbar ist, wird dargestellt und so mit einem Schatten versehen, dass man eine Vorstellung von ihrer jeweiligen Höhe erhält; jeder Bereich des Monds, der bei extremster Libration sichtbar ist, sowohl in Breite als auch in Länge, wird auf dem Globus abgebildet."

In der *Beschreibung der Selenographia* schreibt Russell: „Vor dem Mondglobus, befestigt am Boden der Messinghalbkugel, befindet sich ein Arm mit einem kleinen Erdglobus, um die Effekte der Mondparallaxe, das heißt der täglichen Libration und der Libration in Länge, jenen verständlich zu machen, die sich diese Dinge möglicherweise nicht reiflich überlegt haben."

Viele Jahre lang war Russells *Selenographia* der beste gravierte Mondglobus, der zudem noch die Bewegungen der Mondachse relativ zur Erde vorführen konnte.

Die Monde des Jupiter

Die vielleicht wichtigste Entdeckung, die Galilei mit seinem Fernrohr machte, waren die Monde des Jupiter. Diese Entdeckung hatte gravierende Auswirkungen auf die Entwicklung der Astronomie und Naturwissenschaften. Zwischen dem 7. und 15. Januar 1610 führte Galilei eine Reihe von Beobachtungen durch, die ihn davon überzeugten, dass Jupiter von vier Monden umkreist wird. In der Nacht des 7. Januar stellte er fest, dass der Planet sehr nahe an drei schwachen Sternchen lag, die eine gerade Linie bildeten, wobei sich zwei östlich und eines westlich des Planeten befand. Planeten bewegen sich meistens relativ zu den Hintergrundsternen von West nach Ost über den Himmel. Dies nennt man „rechtläufige Bewegung". Doch zeitweise kehren sie ihre Richtung um und laufen von Ost nach West. Dann sind sie „rückläufig". Galilei wusste nun, dass Jupiter zu dieser Zeit rückläufig war, und erwartete daher, dass sich der Planet nach Westen bewegen würde, während die Sterne ihre relativen Abstände zueinander beibehielten. Als er jedoch am 8. Januar wieder zu Jupiter blickte, stellte er fest, dass sich die drei Sterne westlich des Planeten befanden und nicht östlich, wie er es erwartet hatte. Am 9. Januar war der Himmel bedeckt, doch als er am 10. erneut Jupiter beobachtete, waren zu seiner Überraschung nur zwei der Sternchen zu sehen, und zwar östlich von Jupiter. Am 15. Januar waren es vier Sternchen. Diese Objekte konnten eindeutig keine Sterne sein. Galilei zog den Schluss, dass es Himmelskörper waren, die den Planet umkreisten.

Das Wichtigste an dieser Entdeckung war die Tatsache, dass zum ersten Mal Objekte beobachtet wurden, die nicht die Erde, sondern ein anderes Objekt umkreisten. Dies war eine erfreuliche Nachricht für alle Anhänger des kopernikanischen Systems. Galilei untersuchte die Bewegungen der Jupitermonde über mehrere Jahre hinweg sehr sorgfältig und konnte dann aus diesen Beobachtungen die relativen Entfernungen dieser Körper von ihrem Planeten sowie ihre Umlaufperioden ableiten. Es sind die vier größten der über 60 Jupitermonde, und zu Ehren ihres Entdeckers werden sie die Galileischen Monde genannt. Ihre einzelnen Namen lauten – in der Reihenfolge zunehmender Entfernung zu Jupiter – Io, Europa, Ganymed und Kallisto.

Thomas Kuhn bewertet in seinem Buch *The Copernican Revolution* die Bedeutung dieser Entdeckung folgendermaßen: „Die alte Astronomie wie auch die neue mussten zugeben, dass es Körper gibt, die Planeten umkreisen. Hinzu kam als vielleicht Wichtigstes, dass das Jupiter-System ein beobachtbares Modell des kopernikanischen Sonnensystems selbst darstellte. Hier gab es im planetaren Raum einen Himmelskörper, der von seinen eigenen „Planeten" umgeben war, so wie die Planeten die Sonne umkreisten. Die Argumente zugunsten des kopernikanischen Systems vervielfachten sich durch das Fernrohr beinahe ebenso rasch wie die Zahl der Himmelskörper selbst."

Galilei machte auch bei Saturn eine interessante Entdeckung. Manchmal beobachtete er zwei Bögen an dem Planeten, die zu anderen Zeiten anscheinend wieder verschwunden waren. Heute wissen wir, dass er die Ringe des Saturn gesehen hatte, die zeitweise offen und manchmal nur „von der Kante" zu sehen sind. Doch Galileis Fernrohr war nicht stark genug, um die Ringe deutlich abzubilden. Die Lösung dieses Rätsels war erst möglich, als besser konstruierte Fernrohre zur Verfügung standen.

Jovilabien

Ein Jovilabium (siehe Abb. 7.1) soll den Umlauf der Galilei'schen Monde um den Jupiter vorführen. Galilei beschreibt ein solches Gerät in seinen Schriften, und eines existiert auch noch, doch es ist nicht bekannt, ob er es selbst hergestellt hat oder ob es für ihn angefertigt wurde. Schon bald nach seiner Entdeckung der Jupitermonde erkannte Galilei, dass mit ihrer Hilfe Längengraddifferenzen zwischen verschiedenen Orten auf der Erde bestimmt werden können. Die Grundlagen dieser Methode werden später noch genauer besprochen. Um diese Methode der Längengradbestimmung fortzuentwickeln und zu nutzen, wurde 1667 das Pariser Observatorium erbaut.

Der dänische Astronom Ole Rømer (1644–1710) war einer der Astronomen, die in Paris an diesem Projekt arbeiteten. Zu diesem Zwecke erfand er ein Räder-Jovilabium. Es bestand aus vier konzentrischen Rohren, die sich leicht gegeneinander drehen konnten und auf einem Stab montiert waren. An ihren oberen Enden befanden sich abgewinkelte Arme, an denen jeweils eine kleine Kugel befestigt war, die einen der Galilei'schen Monde darstellen sollte. An den unteren Enden der Rohre waren Zahnräder befestigt, die in einen vierteiligen Zahnradsatz griffen. Dieser war an einer Achse angebracht, die mittels eines

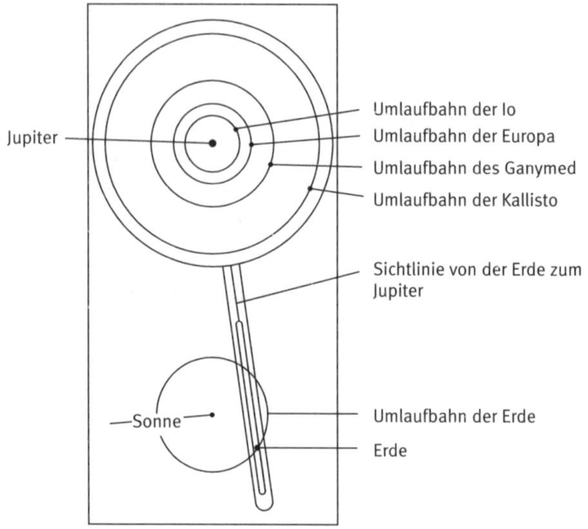

7.1 Das Grundprinzip des von Galilei erfundenen Jovilabiums.
Das Gerät besteht aus vier Scheiben, die konzentrisch auf einer fünften montiert sind. Die äußeren Ränder der vier Scheiben stellen die Umlaufbahnen der vier Galilei'schen Monde dar. Ihre Durchmesser sind proportional zu den mittleren Abständen dieser Monde von dem Planeten. An der fünften, größeren Scheibe ist ein Arm mit einem Schlitz befestigt. Eine sechste Scheibe, die an einer anderen Achse befestigt ist als die fünf anderen, stellt die Umlaufbahn der Erde dar. Ein Stab auf dieser sechsten Scheibe verkörpert die Erde; er geht durch den Schlitz im Arm an der fünften Scheibe, der die Sichtlinie von der Erde zu Jupiter markiert.
Zweck des Geräts war, die Verfinsterungszeiten der Galilei'schen Monde zu ermitteln. Planeten und ihre Monde leuchten nicht von selbst; sie sind nur sichtbar, weil sie Sonnenlicht reflektieren. So wie es eine Mondfinsternis gibt, wenn der Mond sich im Schatten der Erde befindet, so sind die Galilei'schen Monde verfinstert, wenn sie sich im Schatten des Jupiter aufhalten. Der Jupiterschatten weist stets direkt von der Sonne weg. Die Sichtlinie von der Erde zu Jupiter weist jedoch meistens in eine andere Richtung. Das bedeutet, dass manchmal der eine oder andere der Galilei'schen Monde in den Planetenschatten eintritt, aber nicht vom Planet selbst verdeckt wird. Der Drehpunkt der Erdumlaufscheibe stellt die Sonne dar. Das gesamte Gerät ist auf einem rechteckigen Sockel montiert. Das Jupitersystem fungiert als Uhr am Himmel, die zu bestimmten Zeiten im Jahr von der Erde aus zu sehen ist.

Hebels unterhalb des Instruments bewegt werden konnte. Oben auf dem Stab mit den Rohren war eine große Kugel befestigt, die Jupiter darstellte. Bei richtig eingestelltem Hebel bewegten sich die Mondkugeln mit den korrekten relativen Geschwindigkeiten um die Jupiterkugel und simulierten so den Umlauf der Galilei'schen Monde.

Im Verlauf seiner Beobachtungen der Jupitermonde entdeckte Rømer auch, dass die Lichtgeschwindigkeit endlich ist. Als er seine Beobachtungen begann, hatten Erde und Jupiter gerade den geringsten Abstand zueinander. Mit einem stärkeren Fernrohr und einer hinreichend genauen Uhr war Rømer in der Lage, die Zeiten zwischen den Verfinsterungen der Galilei'schen Monde exakter zu bestimmen als Galilei. Aufgrund dieser Beobachtungen konnte er weitere Verfinsterungen vorhersagen, doch als er seine Vorhersagen fünf Monate später überprüfte, stellte er fest, dass alle Verfinsterungen etwa 16 Minuten später eintraten. Dann erkannte er, dass die Entfernung zwischen Erde und Jupiter inzwischen um etwa 254,4 Millionen Kilometer größer war und die Lichtsignale von den Monden somit eine viel größere Strecke zurücklegen mussten, bevor sie die Erde erreichten. Dies war die erste direkte Bestätigung, dass Licht eine endliche Geschwindigkeit besaß, die über astronomische Entfernungen gemessen werden konnte. Die Lichtgeschwindigkeit ist eine außerordentlich wichtige Konstante in der modernen Physik. Sie ist von fundamentaler Bedeutung in James Clerk Maxwells Theorie des Elektromagnetismus und ein Eckpfeiler der Einstein'schen Relativitätstheorie.

Die Phasen der Venus

Mit seinem Fernrohr beobachtete Galilei, dass Venus ähnliche Phasen zeigt wie der Mond. Dies war ein weiterer ernster Schlag gegen das ptolemäische System. Laut Ptolemäus lagen die Mittelpunkte der Epizykel von Merkur und Venus stets auf der Verbindungslinie zwischen Erde und Sonne, und der Epizykel der Venusbahn war kleiner als der Abstand Erde–Sonne, sodass sich Venus immer zwischen Erde und Sonne befand. Da wir den Planeten in reflektiertem Sonnenlicht sehen, ist für uns nur der Teil von ihm sichtbar, der von der Sonne beleuchtet wird. Im ptolemäischen System bedeutete dies, dass sich Venus beim Umlaufen ihres Epizykels von einer dünnen Sichel in Erdnähe zur „Halbvenus" wandeln und dann bei Annäherung an die Sonne wieder abnehmen müsste. Galilei stellte aber fest, dass Venus nach ihrem Anwachsen von einer dünnen Sichel zur Halbvenus weiter zunahm, sodass schließlich deutlich mehr als die Hälfte ihrer Scheibe beleuchtet war. Er konnte zwar nie eine „Vollvenus" beobachten, aber doch eine fast volle, ähnlich dem Mond ein paar Tage vor Vollmond. Das überzeugte Galilei, dass Venus die Sonne umkreiste und ihre Phasen im Einklang mit dem kopernikanischen System standen. Allerdings waren diese Phasen auch mit dem Modell Tycho Brahes vereinbar, in dem Venus die Sonne umkreiste, die ihrerseits um die Erde kreiste.

Die Venusphasen können mit Hilfe eines Orrery-Planetariums veranschaulicht werden (siehe Abb. 7.2). Planetenmodellkugeln umkreisen eine Sonnenkugel, und dieses Sonnenmodell kann tatsächlich leuchten. Der Antriebsmechanismus des Planetariums wird bei verschiedenen Stellungen von Erde, Sonne

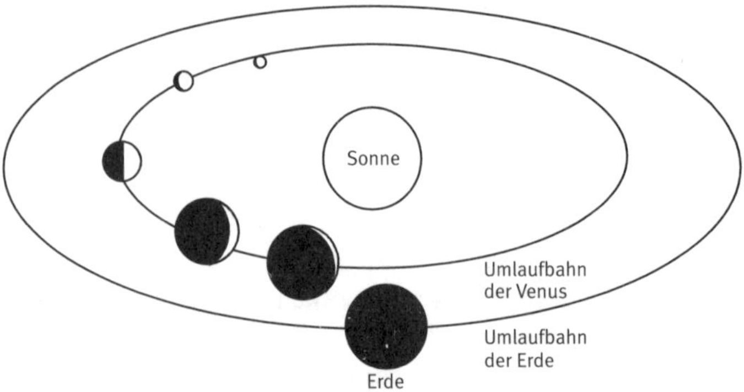

7.2 Skizze eines Planetariums, das die von der Erde aus sichtbaren Phasen der Venus veranschaulicht.

und Mond zueinander angehalten und die unterschiedlich groß erscheinende Venus kann aus Richtung Erde betrachtet werden.

Die Änderungen der scheinbaren Größe der Venus an unterschiedlichen Positionen auf ihrer Umlaufbahn sind auch mit einem vom Planetariumhersteller Spitz Inc. in den Vereinigten Staaten entworfenen und hergestellten Schatten-Planetarium zu sehen. Dabei handelt es sich um ein elektrisch angetriebenes Instrument, bei dem entweder die Erde oder die Sonne leuchten können. Das Gerät ist von einem etwa 46 Zentimeter hohen Zylinder umgeben, der einen Durchmesser von rund 1,5 Metern hat. Der Zylinder ist konzentrisch mit der Sonnenkugel. Wenn die Erdlampe eingeschaltet ist und die Planeten um die Sonne kreisen, wirft die Erde von jedem Planeten einen Schatten auf die spiegelnde Innenseite des undurchsichtigen Zylinders. Die Größe dieser Schatten ändert sich, wenn sich die Entfernung zwischen der leuchtenden Erdkugel und der jeweiligen Planetenkugel ändert.

Sonnenflecken

Galilei entdeckte auch Flecken auf der Sonne. Dies widersprach ebenfalls dem ptolemäischen System, nach dem die Sonne makellos sein musste, da sie zur superlunaren Sphäre zählte. Die Entdeckung von Flecken auf der Sonne zeigte, dass diese alles andere als vollkommen im aristotelischen Sinne war. Und dies bedeutete wiederum, dass das herrschende Dogma falsch war. Galileis Arbeit über Sonnenflecken erschien in seinen 1613 veröffentlichten *Briefen über Sonnenflecken*, die bald zu einem Streit darüber führten, wer als Erster Sonnenflecken beobachtet hatte. Sobald die Anwendungsmöglichkeiten von Fernrohren in der Astronomie erkannt waren, wurden sie in großer Zahl hergestellt, und dementsprechend stieg auch die Zahl der Beobachtungen. So untersuchte Christoph Schreiner (1573–1650) mit seinem Fernrohr die Sonne und entdeckte unabhängig von Galilei ebenfalls Sonnenflecken. Doch er hielt sie für Haufen von Sonnenmonden, die zufällig zum Zeitpunkt seiner Beobachtungen zwischen Erde und Sonne standen. Zu diesem Schluss kam er, weil die Flecken ihre Lage auf der Sonnenscheibe veränderten. Schreiner, ein deutscher Jesuit, schickte 1612 ein Exemplar seines Artikels über Sonnenflecken, der auf Beobachtungen aus dem Jahr 1611 beruhte, an Galilei. Zu diesem Zeitpunkt hatte Galilei noch nichts über Sonnenflecken veröffentlicht. Seine ersten Zeichnungen von Sonnenflecken stammten vom Juni 1612. Schreiner behauptete daher, als Erster Sonnenflecken beobachtet zu haben. Spätere Untersuchungen ergaben jedoch, dass der englische Astronom Thomas Herriot (1560–1621) erstmals Ende 1610 Sonnenflecken beobachtet hatte. Deshalb sollte ihm die Ehre gebühren, als Erster mit dem Fernrohr Sonnenflecken gesehen zu haben. Es gibt jedoch Hinweise, dass chinesische Astronomen bereits einige große, mit bloßem Auge sichtbare Sonnenflecken aufgezeichnet hatten, Jahrhunderte bevor man sie im Westen registrierte.

Sonnenflecken wurden auch von David und Johann Fabricius beobachtet, einem aus Friesland stammenden Astronomenteam aus Vater und Sohn. Sie begannen ihre Untersuchung im Frühjahr 1611. Im Juni desselben Jahres veröffentlichte Johann ein Papier, in dem er behauptete, dass sich die Flecken auf der Sonne befinden müssten. Und da sie ihre Lage auf der Sonnenoberfläche veränderten, bedeute dies, dass die Sonne selbst rotiere. Zur gleichen Schlussfolgerung kam auch Galilei in seinen *Briefen über Sonnenflecken*.

Galileis Arbeiten zur Mechanik

Ein weiterer Aspekt seines Werks, der für die Astronomie von Bedeutung war, betrifft Galileis Untersuchungen zur Bewegung. Auch auf diesem Gebiet stellte er Aristoteles in Frage und führte die von Archimedes begonnnen Arbeiten weiter fort.

Aristoteles hatte beobachtet, dass ein Stein schneller fiel als eine Feder und daraus verallgemeinernd den Schluss gezogen, dass schwere Körper schneller fallen als leichte. Galilei erkannte jedoch, dass es der Luftwiderstand war, der die Feder langsamer fallen ließ als den Stein. Er folgerte, dass ein zehn Pfund schweres Stück Blei und ein ein Pfund schweres gleichzeitig den Boden erreichen müssten, wenn man sie von einem hohen Turm fallen ließe. Es gibt keinen Hinweis, dass er dieses Experiment wirklich durchgeführt hat, doch der Legende nach tat er es vom Schiefen Turm von Pisa aus. Eine sehr moderne Version dieses Experiments führte der Apollo-15-Astronaut David Scott auf dem Mond durch. In einer Fernsehübertragung zur Erde ließ er gleichzeitig eine Feder und einen Hammer fallen, um zu beweisen, dass sie zusammen am Boden ankommen, weil es auf dem Mond keine Atmosphäre und somit auch keinen Luftwiderstand gibt. Und genau dies geschah, womit Galileis Lehrsatz, dass „alle Körper gleich schnell fallen", bestätigt war.

Aristoteles glaubte auch, dass eine Kraft einen Körper in Bewegung versetzen könne, doch dass diese Kraft die ganze Zeit über aufrechterhalten werden müsse, wenn der Körper in Bewegung bleiben soll. Galilei erkannte, dass sich ein Körper weiter bewegt, wenn ihn eine Kraft einmal in Bewegung versetzt hat, auch wenn die Kraft nicht mehr auf ihn einwirkt, und dass eine Gegenwirkung angewandt werden muss, um den Körper zur Ruhe zu bringen. In den meisten Fällen besteht diese Gegenwirkung in Reibung, entweder mit der Luft oder mit der Oberfläche, auf der sich der Körper bewegt. Aristoteles argumentierte mit seiner Bewegungstheorie gegen die Vorstellungen von Pythagoras und Aristarch, die behaupteten, die Erde drehe sich um ihre eigene Achse. Aristoteles meinte, dann würde ein Stein, den man aus einer Höhe fallen lässt, nicht exakt unterhalb des Punktes aufschlagen, von wo aus er fiel, sondern ein wenig westlich davon, weil der Stein eine endliche Zeit zum Fallen brauche und die Erde sich in dieser Zeit ein wenig um ihre Achse weitergedreht habe. Doch Galilei konnte begründen, warum der Stein dennoch auf den Punkt direkt unter dem Loslasspunkts fällt: Weil der Experimentator sich mit der Erde mitbewegt und seine Hand diese Bewegung vor dem Loslassen auf den Stein übertragen hat. Dieser Impuls bleibt erhalten, nachdem der Stein losgelassen wird.

Obwohl Galilei die Eigenschaften des Pendels entdeckt hatte, gelang es ihm nicht, damit eine Uhr zu konstruieren, die eine exakte Zeitmessung ermöglichte. Daher war es zu schwierig für ihn zu messen, wie schnell die Geschwindigkeit eines Körpers zunimmt, der unter dem Einfluss der Schwerkraft zu Boden fällt. Doch was er messen konnte, war die Geschwindigkeit, mit der sich Körper unter dem Einfluss einer „abgeschwächten" Schwerkraft bewegten. Dies erreichte er dadurch, dass er kleine Kugeln eine schräge Ebene hinabrollen ließ. Die Zeit, die sie benötigten, um eine bestimmte Strecke zurückzulegen, konnte er mit Hilfe seines eigenen Pulses oder einer Wasseruhr messen.

Galileo und die kopernikanische Revolution

Kopernikus' Vorstellungen waren in theoretischen, mathematischen Begriffen formuliert und für den Nichtfachmann nur schwer zu verstehen. Das war der Grund, warum die Kontroversen nicht sofort bei der Veröffentlichung seines eigenen Werks einsetzten, obwohl seine Behauptungen höchst strittig waren. Erst Galileis Teleskopbeobachtungen und die damit verbundenen Argumente, die Kopernikus' Theorien bestätigten, machten das kopernikanische Weltbild zu einer mächtigen Kraft, die sogar zu sozialen Veränderungen führte. Galilei befreite unser Wissen über Astronomie und Kosmos von kirchlichen Einflüssen. Das Fernrohr verschaffte sehr viel mehr Menschen die Möglichkeit, den Nachthimmel selbst zu beobachten und sich ein eigenes Urteil über die Argumente zugunsten der kopernikanischen Theorie zu bilden. Es war nicht mehr nötig, die mathematischen Beweise und fachlichen Details in Kopernikus' großem Werk *De Revolutionibus Orbium Caelestium* zu lesen und zu verstehen. Man konnte Galileis Beobachtungen mit Hilfe jedes beliebigen Fernrohrs mit eigenen Augen wiederholen.

Die Astronomie war eine Wissenschaft geworden, in der Beobachtungen, verknüpft mit Laborexperimenten, eine ebenso wichtige Rolle spielten wie die Mathematik. Galilei war seit 1597 ein Anhänger des Kopernikus gewesen, wie er in einem Brief an Kepler zugab, doch erst seine Entdeckungen mit dem Fernrohr gaben ihm den Mut, ein Weltbild offen zu unterstützen, in dessen Mittelpunkt die Sonne stand. Diese Unterstützung war es, die ihn in Konflikt mit der Kirche brachte. In seinen Schriften *Der Sternenbote* (1610) und *Briefe über Sonnenflecken* (1613) trat er zwar für die kopernikanischen Ideen ein, doch er ließ diese Zustimmung nicht allzu dogmatisch erscheinen. Ihm war völlig klar, dass alle seine auf Fernrohrbeobachtungen beruhenden Argumente und seine Experimente zur Mechanik bewiesen, dass sich die Erde bewegte. Die meisten seiner Beobachtungen waren zwar sowohl mit dem von Tycho Brahe vorgeschlagenen System als auch mit der kopernikanischen Theorie vereinbar. Doch Galilei hatte aus philosophischen Gründen das Gefühl, dass Brahes Vorstellungen einfach nur einen Kompromiss darstellten, um Problemen mit einer sich bewegenden Erde aus dem Weg zu gehen.

Daher suchte Galilei nach anderen Beweisen, dass sich die Erde tatsächlich um ihre eigene Achse dreht. Aus diesem Grund wandte er sich dem wohlbekannten Phänomen der Gezeiten zu. Er behauptete, das tägliche Auftreten der Gezeiten sei ein überzeugender Beweis, dass sich die Erde nicht nur um ihre eigene Achse drehe, sondern auch um die Sonne kreise. Im Jahre 1615 ging Galilei nach Rom, um seine Überzeugung zu verteidigen. Die Grundidee zu seinem Beweis war ihm etwa 20 Jahre zuvor bei einem Besuch in Venedig gekommen. An Bord eines Bootes von Lizzafusina, das Trinkwasser nach Venedig beförderte, stellte er fest, wie die große Ladung Wasser bei Änderungen der Geschwindigkeit und Richtung hin und her schwappte. Dies brachte ihn auf die Idee, dass das Gleiche mit den großen Wassermassen auf einer Erde passiert, die nicht nur rotiert, sondern auch um die Sonne läuft. Der Vorschlag, die Gezeiten entstünden durch den Einfluss des Monds auf die Wassermassen der

Erde, fand nicht seine Unterstützung. Eine solche Vorstellung lehnte er als astrologischen und okkulten Unsinn ab. Doch wie sich schließlich herausstellte, war seine Gezeitentheorie falsch, und es war doch das gemeinsame Zerren der Gravitationskräfte von Mond und Sonne an den Ozeanen, das die Gezeiten hervorrief. Galilei versuchte, seine Kritiker mit seiner eigenen Theorie davon zu überzeugen, dass sich die Erde bewegt. Doch die kirchliche Doktrin, die sich auf Bibelzitate stützte, ließ keine bewegte Erde zu. Dieser Teil seiner Arbeit war es, der ihm die Anklage wegen Ketzerei einbrachte.

Galilei und die Kirche

Die Geschichte des Zusammenstoßes Galileis mit der herrschenden Kirche ist oft erzählt worden, doch einen der aktuellsten Berichte über diesen Teil seines Lebens findet man wohl in Dava Sobels *Galileis Tochter*. Der Großteil der Auseinandersetzung ging um die Bewegung der Erde. Eine Person, die sehr beunruhigt war über die Vorstellung einer bewegten Erde, wie im kopernikanischen System gefordert, war die Großherzogin Cristina von Lothringen, die streng katholische Gattin des Großherzogs Ferdinando I. Ihr Sohn, Prinz Cosimo, war einmal von Galilei unterrichtet worden. Großherzogin Cristina befragte Benedetto Castelli, einen ehemaligen Schüler Galileis, der den Lehrstuhl für Mathematik an der Universität Pisa innehatte (eine Stellung, die einst Galilei bekleidete), nach Galileis Unterstützung für Kopernikus. Sie zitierte zwei Stellen aus der Bibel, die ihrer Meinung nach dem Glauben an eine feststehende Erde Gewicht verliehen.

Die erste stammte aus Josua 10, 12–14:

Damals sprach Josua zum Herrn, als der Herr die Amoriter den Israeliten preisgab, und er sagte in Gegenwart der Israeliten: „Sonne, zu Gibeon halt an, und Mond, im Tal von Ajjalon!" Da hielt die Sonne an, und der Mond stand still, bis er sich gerächt hatte am Volke seiner Feinde. Steht

> *das nicht so geschrieben im „Buche des Rechtschaffenen"? So stand die Sonne mitten am Himmel still und eilte nicht unterzugehen, etwa einen vollen Tag lang. Einen Tag wie diesen gab es weder vorher noch nachher, dass der Herr einer Menschenstimme gehorcht hätte; denn der Herr kämpfte für Israel."*

> Die zweite stammt aus dem Psalm 104, Vers 5:
> *„..., der auch die Erde fest auf ihre Pfeiler stellte, sodass sie nie und nimmer wankt."*

Castelli schrieb an Galilei und berichtete ihm von seiner Unterhaltung mit der Großherzogin. Im Jahr 1615 lag Galilei krank zu Bett mit einem der vielen Leiden, die ihm zu schaffen machten, und er schrieb der Großherzogin Cristina einen Brief. Doch der wurde erst 1636 in Straßburg veröffentlicht. Der Grund für die Verzögerung war, dass die Kirche 1616 die kopernikanische Theorie formal als ketzerisch deklarierte. Galilei wurde diese Entscheidung mitgeteilt, und man warnte ihn, dass man gegen ihn vorgehen würde, sollte er weiterhin diese Theorie unterstützen. So war er gezwungen zu schweigen. Nachdem ein neuer Papst, Urban VIII., an der Macht war, überzeugten Freunde Galilei, dass dieser weniger feindselig sei und ihm erlauben würde, frei zu reden. Und so veröffentlichte Galilei 1632 den *Dialog über die beiden großen Weltsysteme*, in dem die relativen Vorteile des ptolemäischen und des kopernikanischen Systems diskutiert werden. Leider hatte Galilei die Figur, die das ptolemäische Weltbild vertrat, *Simplicius* genannt, und Galileis Feinde überzeugten den Papst, dass diese Figur eine Karikatur des Papstes selbst darstellen sollte. Zudem hatte Galilei das Buch auf Italienisch verfasst statt in Latein, das als Sprache der Gelehrten galt, und dies wurde als Angriff auf traditionelle Vorstellungen gewertet. Am 22. Juni 1633 wurde Galilei der Inquisition vorgeführt und der Ketzerei angeklagt. Man zwang ihn, der kopernikanischen Lehre abzuschwören.

Zusammenfassung

Der Fortschritt der Wissenschaft bewies schließlich, dass Galilei Recht hatte, und 1835 wurde sein Buch aus dem römisch-katholischen *Index verbotener Bücher* gestrichen. Galileis Schriften trugen viel dazu bei, die Erde aus dem Zentrum des Universums zu rücken. Kopernikus hatte sein Werk in der Sprache der Mathematik vorgelegt, und sein letztes Buch war nicht für die Allgemeinheit gedacht. Galilei dagegen sah in seinem *Dialog* eine Möglichkeit, die Naturwissenschaft unters Volk zu tragen. Das Gleiche galt für seine effektive Nutzung des Fernrohrs, um Entdeckungen über das Universum zu machen. Jeder, der bereit war, die Grundzüge der Optik zu lernen, konnte ein Fernrohr bauen und Galileis Entdeckungen bestätigen, ganz ohne irgendwelche Mathematik, und durch eigene Entdeckung zur Vermehrung des menschlichen Wissens beitragen. Berufs- und Amateurastronomen folgen hier noch immer den Spuren Galileis. Seine Erfindung des Jovilabiums zeigte, wie man seine neuen Entdeckungen mit Hilfe mechanischer Modelle darstellen konnte, und die kopernikanischen Planetarien beschleunigten die Akzeptanz des kopernikanischen Modells vom Sonnensystem. Die mechanischen Geräte, die zuvor in der Astronomie verwendet wurden – Himmelsgloben, Armillarsphären, Astrolabien und astronomische Uhren –, hatten wenig Ähnlichkeit mit der tatsächlichen Anordnung von Sonne, Erde, Mond und Planeten im Raum. Orrery-Planetarien gaben den Aufbau des Sonnensystems richtig wieder, wenn auch der Maßstab alles andere als korrekt war. Nach Galilei gab es überzeugende dreidimensionale Modelle des Sonnensystems, und die Menschen konnten durch diese Geräte mehr über die neuen astronomischen Vorstellungen lernen als sie es aus Büchern allein je gekonnt hätten. So hat Galilei mit dazu beigetragen, das Interesse der Öffentlichkeit an der Astronomie zu wecken.

Kapitel 8

Ein Schiffschronometer (Sammlung des William Day-Planetariums, University of Plymouth).

Turm-, Stand- und Wanduhren

Die Uhr, nach der wir leben

Viele hundert Jahre lang war die Grundlage unserer Zeitmessung die Drehung der Erde um ihre Achse. Im Altertum beruhte die Bestimmung der Uhrzeit auf tatsächlichen Beobachtungen der Sonne und der Sterne mit Hilfe von Schattenuhren, Sonnenuhren, Astrolabien und Sternuhren. Alle Uhren sind im Wesentlichen mechanische Modelle der Erde, die einen speziellen Aspekt der Anordnung von Erde, Sonne und Sternen, das heißt deren relativen Bewegungen zueinander, nachzuahmen versuchen, um den fortlaufenden Zyklus von Tag und Nacht zu erzeugen. Die Uhrmacherkunst besteht seit jeher in dem andauernden Streben, eine mechanische Vorrichtung herzustellen, die mit immer höherer Genauigkeit mit der rotierenden Erde im Takt bleiben kann. Nach jahrhundertelanger Entwicklung gibt es heute Uhren, die genauer sind als die regelmäßige Drehung der Erde selbst. Dies sind keine mechanischen Instrumente mehr, sondern elektronische Vorrichtungen, die die Schwingungen von Atomen verfolgen. In Verbindung mit genauen Untersuchungen der Zeitpunkte von Finsternissen, die im Altertum stattfanden, haben Atomuhren gezeigt, dass sich die Erddrehung verlangsamt. Selbst die Abbremsrate der Erddrehung ist nicht konstant, sondern es kommt zu gelegentlichen plötzlichen, unerwarteten Verschiebungen oder Sprüngen. Dieses Kapitel beschäftigt sich mit der Entwicklung mechanischer Turm-, Stand- und Wanduhren, betrachtet aber auch neuere Entwicklungen in der Zeitmessung.

Die ersten Uhren

Mechanische Zeitmessvorrichtungen verwenden eine periodische Bewegung. Bei den ersten Uhren bestand diese in der Schwingung eines in der Mitte drehbar gelagerten waagrechten Balkens (Waag), der von den Zähnen eines Hemm- oder Kronrads hin und her gestoßen wurde. Mit jeder Schwingung rückte das Hemmrad einen Zahn weiter, und somit ermöglichte die sich wiederholende Bewegung des Waags, dass sich das Rad ruckweise mit einer annähernd konstanten mittleren Geschwindigkeit drehen konnte. Die Antriebsenergie stammte von einem Gewicht, das an einer um eine Trommel gewickelten Schnur hing und ein konstantes Drehmoment auf den Mechanismus ausübte. Die unkontrolliert auftretenden Reibungskräfte in diesem einfach konstruierten System machten die Zeitmessung so ungenau, dass sie unseren modernen Standards nicht entspricht. Die Einregulierung der Zeitmessung über die Schwingungsrate geschah im Prinzip durch die Größe des aufgehängten Gewichts und den Widerstand, den der Waag den Änderungen seiner Bewegung entgegensetzte (diesen Widerstand nennt man auch Trägheitsmoment des Waags). Eine gewisse Feineinstellung war durch die Verschiebung von kleinen Gewichten am Waag möglich, wodurch dessen Trägheitsmoment verändert wurde (siehe Abb. 4.8 in Kapitel 4).

Uhren dieser Art wurden wahrscheinlich ab 1300 hergestellt. Die ältesten noch erhaltenen sind die Uhr von Salisbury aus dem Jahr 1386, die in der dortigen Kathedrale besichtigt werden kann, die Uhr von Rouen aus 1389 sowie die Uhr von Wells aus 1392, die sich heute im Science Museum in London befindet.

Alte Uhren dieser Art besaßen nicht notwendigerweise Zifferblätter mit Zeigern, um die Uhrzeit anzuzeigen, sondern waren so angeordnet, dass der Zeitmessmechanismus (angetrieben von dem hängenden Gewicht und reguliert vom Waag) einen anderen Teilmechanismus in Bewegung setzte, der eine oder mehrere Glocken in entsprechenden Zeitintervallen anschlug.

Der Glockenmechanismus wurde ebenfalls von einem Gewicht angetrieben, das an einer um eine Trommel gewickelten Schnur hing. Das Schlagen der Glocke verkündete jedem, der sich in Hörweite befand, die Zeit und war somit der Anzeige über ein Zifferblatt weit überlegen, weil bei letzterem die Person zum Ablesen in der Nähe der Uhr sein musste und überdies eine systematische und allgemein erkennbare Art und Weise der Zeitanzeige nötig war. Das englische Wort „clock" für Turm-, Wand- oder Standuhr ist verwandt mit unserer „Glocke", und beide stammen von dem lateinischen Wort für Glocke, *cloca*.

Nicht alle Uhren waren so groß wie die oben beschriebenen, die zwei Meter breit, einen Meter tief und einen Meter hoch sein konnten. Diejenigen, die für einen großen Haushalt und nicht für eine Gemeinde gedacht waren, werden heute als Haushaltsuhren bezeichnet. Sie waren bis zu 60 Zentimeter hoch, mit einem Sockel von vielleicht 30 auf 30 Zentimeter. Die ersten Hinweise auf sie finden sich in einem Manuskript aus dem Jahr 1364, das die Dondi-Uhr beschreibt. Die ältesten noch erhaltenen Modelle stammen aus einer etwas späteren Zeit; sie werden von Gewichten angetrieben und haben unter sich genügend freien Raum für die absinkenden Gewichte. Diese Uhren zeigten die Zeit auf einem Zifferblatt an, zum Ablesen in dem Zimmer, in dem sie standen, und hatten zusätzlich ein Schlagwerk, dessen Töne in anderen Teilen des Hauses zu hören waren. (Im Englischen sollte man eine Uhr ohne ein Schlagwerk eigentlich nicht als „clock", sondern als „timepiece" bezeichnen.)

Es war nicht möglich, diese großen, schweren, aus Eisen bestehenden Haushaltsuhren zu bewegen, ohne die Gewichte zu stören und dadurch die Uhr anzuhalten. Sie waren zudem teuer und selten, sodass ein Haushalt kaum mehr als eine besaß (und das war schon ein Luxus). Eine schlagende Uhr war somit am besten geeignet, die Zeit in allen Räumen des Hauses zu verkünden.

Mit der Verwendung der Spiralfeder als alternativer Antriebskraft war es dann möglich, eine Uhr zu transportieren, ohne dass sie stehen blieb. Offensichtlich ist eine Uhr umso einfacher zu tragen, je kleiner und leichter sie ist. Der unmittelbare Vorteil einer Federuhr war daher eine Verkleinerung auf eine Trommel oder eine Kasten von etwa 20 Zentimeter Durchmesser und zehn Zentimeter Höhe. Einen schriftlichen Hinweis auf Federuhren findet man in einem Manuskript, das zwischen 1455 und 1483 datiert wird; das älteste erhalten gebliebene Exemplar stammt jedoch von 1525. Federuhren waren nicht so zuverlässig wie Uhren mit Gewichten, da das von einer Feder gelieferte Drehmoment nicht konstant war: Die Antriebskraft der Uhr nahm ab, wenn sich die Feder entrollte. Folglich war die Zeitmessung ungenauer als bei einer Uhr mit Gewichten. Doch ihre reduzierte Größe und die Tatsache, dass man sie transportieren konnte, ohne dass sie stehen blieben, sicherten den Federuhren ihren Erfolg.

Genauigkeit der Zeitmessung und das Pendel

Als Galilei die Eigenschaften eines Pendels untersuchte, stellte er fest, dass es zum Durchschwingen unterschiedlich langer Strecken die gleiche Zeit benötigte, vorausgesetzt, seine Auslenkung vom Ruhepunkt war nicht zu groß. Tatsächlich durfte die Auslenkung nach beiden Seiten nicht mehr als fünf Grad ausmachen. War der Schwingungsbogen größer, ergab sich eine andere Schwingungsdauer. Um die Länge des Schwingungsbogens zu begrenzen, baute er oben in der Uhr einige Zahnräder ein. Doch diese Konstruktion stellte sich als unbrauchbar heraus. Dann versuchte er es mit einer anderen Methode, die sich als sehr viel handlicher erwies. Wurde das Pendel gezwungen, sich auf einer Radkurve (Zykloid) zu bewegen statt auf einem Kreisbogen, konnte es größere Schwingungen vollführen und dennoch bei unterschiedlichen Schwingungsbögen die gleiche Schwingungsdauer beibehalten. Das Pendel wurde von zwei entsprechend geformten Metallbögen auf beiden Seiten der Drähte eingegrenzt, an denen das Pendel hing. Mit solchen

Hilfsmitteln gelang es Galilei, eine Uhr zu entwerfen, die einigermaßen genau ging. Gebaut wurde die Uhr dann 1657 von dem Uhrmacher Salomon Coster Haghe aus Den Haag. Der englische Uhrmacher Ahasuerus Fromenteel, der seine Werkstatt in der Mosses Alley in Southwark, London, hatte, entwickelte die Pendeluhr weiter. Anscheinend war es Fromenteel, der als Erster die Pendelstanduhr einführte, die auch als Großvateruhr bekannt wurde.

Obwohl Galilei die Eignung des Pendels zum Zwecke der Zeitmessung entdeckte, war er an der Verwendung des Pendels zum Regulieren von Uhren nicht weiter beteiligt. Der holländische Astronom und Physiker Christiaan Huygens entwickelte die ersten relativ genauen Zeitmesser nach dem Pendelprinzip, und er war es, der in der Folgezeit die Uhrmacherkunst am meisten beeinflusste. Neben seiner Arbeit über Uhren lieferte Huygens noch weitere wichtige Beiträge auf dem Gebiet der Naturwissenschaft. Im Jahr 1677 entdeckte er einen Mond, der Saturn umkreist und heute den Namen Titan trägt. Mit verbesserten Fernrohren konnte er sogar beweisen, dass Saturn von einem Ringsystem umgeben ist. Galilei mit seinem schwächeren Fernrohr hatte die Ringe als zwei Henkel auf beiden Seiten des Saturn interpretiert. Hyugens' größter Beitrag zur Physik war seine Theorie über das Licht. Er behauptete, Licht sei eine Serie periodischer Störungen, die von einer Leuchtquelle ausgingen. Im Prinzip war er damit der Begründer der Wellentheorie des Lichts.

Die Zeitgleichung

Die Erde dreht sich relativ zu den Sternen um ihre eigene Achse, wobei die Rotationsgeschwindigkeit über Jahre hinweg konstant ist. Die Zeitmessung mit Hilfe einer Sternuhr ist daher innerhalb der Messgenauigkeit des Geräts einigermaßen exakt. Für eine Sonnenuhr gilt dies jedoch nicht, wie im Folgenden erklärt wird. Die Zeit zwischen einem Meridiandurchgang der Sonne zum nächsten – ein wahrer Sonnentag – dauert rund vier Minuten länger als der Sterntag, weil sich die Sonne jeden Tag relativ zu den Hintergrundsternen rund ein Grad ostwärts bewegt und sich die Erde jeden Mittag noch um diesen Winkel weiter drehen muss, bis die Sonne wieder im Meridian steht. Die Bewegung der Sonne relativ zu den Hintergrundsternen ist jedoch nicht konstant. Dafür gibt es zwei Gründe. Erstens bewegt sich die Sonne, wie wir bereits gesehen haben, entlang der Ekliptik und nicht des Äquators (weil die scheinbare Bewegung der Sonne die Bewegung der Erde um die Sonne widerspiegelt). Bei Sommer- und Wintersonnenwende läuft die Sonne daher parallel zum Himmelsäquator, während ihre Bahn zum Zeitpunkt der Herbst- und Frühlingsäquinoktien um 23½ Grad gegen den Äquator geneigt ist. Daher wandert die Sonne im Sommer und Winter schneller von West nach Ost relativ zu den Hintergrundsternen als im Frühling und im Herbst. Der zweite Grund ist, dass die Bewegung der Sonne entlang der Ekliptik nicht mit konstanter Geschwindigkeit erfolgt, sondern sich übers Jahr hin ändert (da sich die Bahngeschwindigkeit der Erde um die Sonne ändert). Nach den Kepler'schen Gesetzen der Planetenbewegung umkreist die Erde die Sonne nämlich auf einer elliptischen Bahn, wobei die Sonne in dem einen Brennpunkt dieser Ellipse steht und die Verbindungslinie zwischen Erde und Sonne in gleichen Zeiten gleiche Flächen überstreicht. Zu einer bestimmten Zeit im Jahr (im Januar!) ist die Erde der Sonne also näher als sonst und läuft dann auch schneller. Diese beiden Faktoren bedeuten, dass die Länge eines wahren Sonnentags im Laufe eines Jahres schwankt. Und da dies die Zeit ist, die eine Sonnenuhr misst, geht diese mal vor und mal nach.

Es ist zwar nicht unmöglich, aber sehr viel schwieriger, eine Uhr herzustellen, die nach wahrer Sonnenzeit geht. Daher geben fast alle Uhren die mittlere Sonnenzeit an. Es ist auch für Astronomen und Navigatoren einfacher, ihre Berechnungen in mittlerer Sonnenzeit durchzuführen und die notwendigen

Korrekturen nachträglich anzubringen. Das war der Grund für die Einführung der „mittleren Sonne“. Dieser fiktive Himmelskörper bewegt sich über das ganze Jahr hinweg mit konstanter Geschwindigkeit entlang des Himmelsäquators. Ein mittlerer Sonnentag ist die Zeit zwischen zwei aufeinander folgenden Meridiandurchgängen der mittleren Sonne. Die meisten Uhren geben mittlere Sonnenzeit an, wobei der mittlere Sonnentag in 24 Stunden, die Stunde in 60 Minuten und die Minute in 60 Sekunden unterteilt ist. Das bedeutet, dass die wirkliche Sonne an den meisten Tagen des Jahrs den Meridian nicht genau um 12 Uhr mittags überquert. Die Differenz zwischen mittlerer und wahrer Sonnenzeit heißt die Zeitgleichung. Sie ist in Abbildung 8.1 als Kurve dargestellt. Diese Kurve (die auf vielen großen Sonnenuhren eingezeichnet ist) gibt die Anzahl der Minuten an, die zur Sonnenuhrzeit hinzugezählt oder von ihr abgezogen werden müssen, um die „normale“ Uhrzeit zu erhalten.

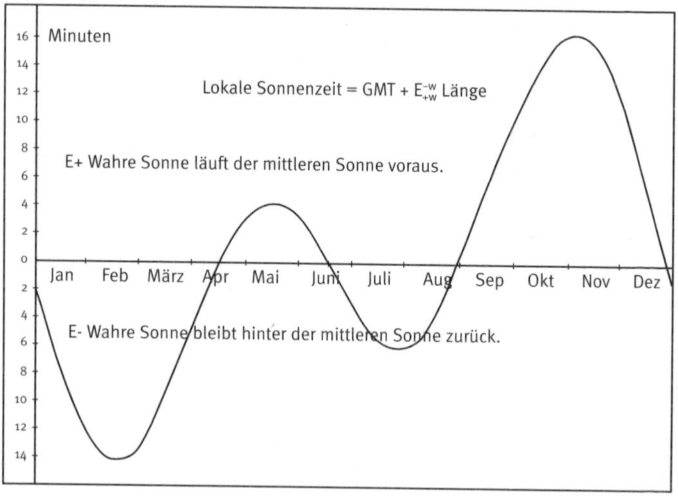

8.1 Diese Kurve gibt die Differenz zwischen der an Sonnenuhren und auf normalen Uhren abgelesenen Zeit an.

Gleichungsuhren

Einige Uhren gaben für jeden Tag im Jahr die Zeitgleichung an, indem sie zeigten, wie viele Minuten zu den gleichen Stunden der Uhrzeit hinzuaddiert oder subtrahiert werden mussten, um Sonnenuhrzeit zu erhalten. Der Mechanismus hierfür bestand aus einer speziellen Nocke, die einen federgespannten Hebel steuerte, der einen Zeiger über ein spezielles Zifferblatt bewegte. Die Nocke war so geformt, dass für jeden Tag der Abstand des entsprechenden Punkts auf ihrem Umfang zum Zentrum der Nocke mit der Zeitgleichung in Beziehung stand. Relativ zu einem gedachten kreisrunden Umfang (der den Jahreslauf der mittleren Sonne darstellen würde) hatten die Tage mit positiver Zeitgleichung Punkte näher am Zentrum der Nocke und die mit negativer Zeitgleichung Punkte weiter vom Zentrum entfernt. Diese Nocke drehte sich einmal pro Jahr um ihre Achse. Die Achse, an der die Nocke befestigt war, war mit einem Zahnrad verbunden, das von einem Schneckenrad angetrieben wurde, das wiederum von einem mit der Achse des Stundenzeigers verbundenen Zahnradsatz angetrieben wurde.

Pendel mit Temperaturausgleich

Die Schwingungsperiode eines Pendels hängt von seiner Länge ab. Je länger es ist, desto länger braucht es für eine Schwingung. Da sich die meisten Metalle bei Erwärmung ausdehnen, wird ein Pendel länger, wenn seine Umgebungstemperatur steigt, und damit schwingt es langsamer. John Harrison erfand das Rostpendel (siehe Abb. 8.2), um die effektive Länge des Pendels konstant zu halten. Auch George Graham erfand ein Kompensationspendel, bei dem ein Glaszylinder mit Quecksilber verwendet wurde. Dieser Zylinder war am Fuß des Pendels angebracht. Wenn die beiden Metallstäbe des Pendels, an denen der Fuß befestigt war, sich ausdehnten, dehnte sich das Quecksilber in der entgegengesetzten Richtung aus, und die effektive Ge-

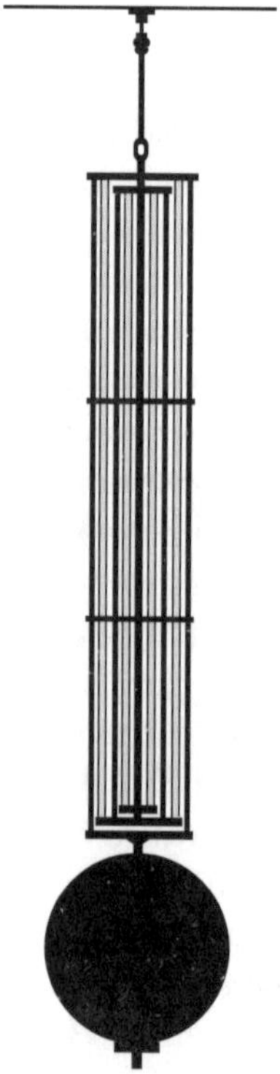

8.2 Das von John Harrison erfundene Rost-Kompensationspendel.
Beim Rostpendel wird eine Reihe verschieden langer Stäbe verwendet, die aus unterschiedlichen Metallen bestehen. Sie sind abwechselnd angebracht und an ihren Enden miteinander verbunden. Die von der Temperatur abhängigen Ausdehnungsraten der Metalle sind so gewählt, dass sich die effektive Gesamtlänge zeitlich nicht ändert und die Schwingungsdauer des Pendels konstant bleibt.

samtlänge des Pendels blieb somit gleich. Eine der besten Lösungen für das Längenproblem war die von Charles-Edouard Guillaume erfundene Metalllegierung namens Invar. Dieses Metall dehnt sich bei Temperaturerhöhung nur äußerst wenig aus, sodass die Länge von Pendeln in einem großen Temperaturbereich einigermaßen konstant bleibt.

Uhren mit frei schwingendem Pendel

Ein weiteres Problem bei Pendeluhren besteht darin, dass das Pendel den Rest der Uhr steuern muss. Dabei geht ihm durch Reibung im gesamten Mechanismus Energie verloren, was seine

Schwingungsrate beeinflusst. Dieses Problem kann man mit Hilfe eines frei schwingenden Pendels lösen, das sich in einem Glasbehälter bei konstanter Temperatur und konstantem Druck befindet und als so genannter *Master* (Meister, Hauptpendel) dient. Zwei Elektromagnete (Strom durchflossene Spulen aus gewickeltem Draht, die ein Magnetfeld besitzen, das Eisen genauso anzieht wie ein gewöhnlicher Magnet) bilden eine Korrekturkopplung zwischen dem Master-Pendel und einem zweiten Pendel, dem *Slave* (Sklave, Nebenpendel), das zum Regulieren der Uhr verwendet wird. Die Elektromagnet-Kopplung zwischen den beiden Pendeln hat zwei Funktionen: die Steuerung des Nebenpendels, damit dieses mit dem Hauptpendel Schritt hält, und das „Anschubsen" des Hauptpendels, damit dieses weitere 30 Sekunden schwingt.

Der Astronomer Royal Sir Frank Dyson beschrieb den Prozess in sehr bildhafter Form: „... obwohl der *Slave* den Großteil der Arbeit tut, hat er das Vergnügen, seinem *Master* ab und zu einen Stoß versetzen zu dürfen."

Eine Uhr mit einem frei schwingendem Pendel wurde von dem Engländer W. H. Shortt erfunden und am Weihnachtstag 1921 im Edinburgh Observatory in Gang gesetzt. Ähnliche Uhren wurden später im Royal Observatory in Greenwich und am Naval Observatory in Washington, D. C. installiert. Diese Uhren stellen den Höhepunkt der Entwicklung elektromechanischer Uhren dar. Weitere Entwicklungen sollten sich aus einem völlig anderen Ansatz zur Präzisionszeitmessung ergeben.

Quarz- und Atomuhren

Im Jahr 1929 stellte W. A. Marrison in den Bell Telephone Laboratories in den USA die erste Quarzkristalluhr her. Diese Uhr nutzt den piezoelektrischen Effekt, der 1880 von Pierre Curie und seinem Bruder Jaques entdeckt wurde. Die beiden hatten festgestellt, dass bestimmte Kristalle an ihren Oberflächen elektrische Ladungen erzeugen, wenn sie Druck ausgesetzt werden.

Der umgekehrte Effekt wurde ebenfalls bewiesen: Legt man an den Kristallflächen eine elektrische Spannung an, verformt sich der Kristall. Legt man an zwei Flächen eine Wechselspannung an, vibriert der Kristall. Marrison ersetzte das Pendel einer Uhr durch einen vibrierenden Kristall. Wurde ein Kristall in einer Vakuumkammer bei konstanter Temperatur gehalten, konnte er durch einen elektrischen Stromkreis zum Vibrieren gebracht werden, wobei der Kristall auch wieder Energie an den Stromkreis zurückgab und so die Schwingungen konstant hielt. Mit diesen Schwingungen konnte dann ein Elektromotor betrieben werden, der die Zeiger der Uhr bewegte. Leider zeigt Quarz einen Alterungseffekt, der zu Änderungen der Vibrationsperiode führt. Daher war es üblich, eine Gruppe von Uhren zu verwenden und die von der Gruppe angegeben Zeit zu mitteln.

Die nächste Stufe in der Entwicklung von Präzisionszeitmessern war die Erfindung der Caesiumatomuhr. Diese Uhr nutzt die Schwingungen des Caesiumatoms, das mit 9 192 631 770 Hertz schwingt. Mit Hilfe dieser Schwingungen wird in einem speziellen Gerät ein Quarz-Oszillator auf der richtigen Frequenz gehalten. Diese Uhr ist die bisher genaueste. Sie dient als Standard zur Zeitmessung, und mit ihr sind die Unregelmäßigkeiten in der Rotationsgeschwindigkeit der Erde ermittelt worden.

Wächter der Zeit

Seit fast 300 Jahren hat der jeweilige leitende Astronom am Royal Observatory in Greenwich den Titel Astronomer Royal (Königlicher Astronom) inne. Seither war diese Astronomendynastie an der Präzisionszeitmessung beteiligt. In den ersten 200 Jahren waren die meisten der Instrumente zur genauen Vermessung der Sternpositionen an Wänden montiert, die nach Osten und Westen blickten, sodass die Wandebene im Meridian lag.

Heute hat die Welt ein standardisiertes Zeitsystem, doch das ist eine relativ neue Entwicklung. Bis in die 1850er-Jahre war die Zeit selbst innerhalb einzelner Länder nicht standardisiert. So war zum Beispiel 9:00 Uhr vormittags in New York nicht dasselbe wie 9:00 Uhr vormittags weiter westlich in den Vereinigten Staaten, doch es gab keine offizielle Grenzlinie, an der die Uhrzeit wechselte. In manchen Ländern beruhte die örtliche Zeit auf einer günstig gelegenen Sonnenuhr. In vielen Fällen war dies die Sonnenuhr an der Gemeindekirche.

Mit der Einführung der Postkutsche änderte sich all dies. Humphrey Smith, früher am Royal Greenwich Observatory, bemerkte bei der 300-Jahrfeier der Gründung dieser berühmten Einrichtung: „Doch in jeder örtlichen Gemeinde wurden die Stunden der Arbeit und des Schlafes sowie die Zeiten für die Mahlzeiten hinreichend von der Sonne geregelt oder von der Kirchturmuhr, die dann und wann durch eine einfache Sonnenuhr überprüft wurde. Der erste bedeutsame Schritt zur Beendigung dieser Isolation war die Einführung der Postkutsche, die Reisegelegenheiten bot, die bis dahin das Privileg einer Minderheit waren."

Smith erzählte auch die Geschichte der Zeitmessung durch den Wachposten der Kutsche London–Bristol in den 1830ern. Dieser Wachmann war verantwortlich für die Sicherheit der mit der Kutsche transportierten Post. Daher führte er ein Entermesser, ein Paar Pistolen und eine Donnerbüchse mit sich, um Straßenräuber abzuwehren. Er war auch für die Einhaltung des Fahrplans zuständig und hatte deshalb einen Zeitmesser in einem Lederbeutel dabei. Die Zeitdifferenz zwischen London und Bristol wurde damals auf 20 Minuten geschätzt – heute weiß man, dass sie eher bei zehn Minuten liegt –, und folglich wurde der Zeitmesser so eingestellt, dass er bei der Fahrt hinüber nach Bristol 20 Minuten nachging und bei der Rückfahrt nach London wieder 20 Minuten vor.

Die Aktivitäten der Post machten die Einführung eines einheitlichen Zeitsystems erforderlich, wie es Henry Booth 1847 deutlich formulierte: „Die Leiter dieser großen Einrichtung mit ihren Verzweigungen in allen Teilen des Königreichs sind sich der Vorteile eines einheitlichen Zeitsystems vollauf bewusst, von dem allein ihre ausgedehnten und vielfältigen Operationen geleitet werden und dem alle anderen Vereinbarungen untergeordnet sein sollten; dementsprechend werden alle ihre Aktivitäten nach „Londoner Zeit" geregelt."

Bahnhofszeit

Die Entwicklung des Eisenbahnsystems in England trug erheblich zur Verbreitung eines einheitlichen Zeitsystems bei, das das ganze Land umfasste. Die erste öffentliche Dampfeisenbahn der Welt fuhr auf der Strecke Stockton–Darlington, die am 27. September 1825 eröffnet wurde. Bald folgten andere nach. Zunächst wurden sie nur für den Gütertransport verwendet, doch dem folgte eine rasche Entwicklung des Personenverkehrs. Die Weltausstellung 1851 führte zu einem beträchtlichen Anstieg des Personenverkehrs. In jenem Jahr kamen 6,2 Millionen Besucher zu der Ausstellung, die meisten davon mit der Bahn.

Über die Verbindung zwischen der allgemeinen Verbreitung der Greenwich-Zeit und der Eisenbahn schrieb Aldous Huxley viele Jahre später: „Durch die Erfindung der Lokomotive waren Watt und Stevenson zum Teil auch Erfinder der Zeit."

Mit der Entwicklung der Eisenbahnen einher ging die Ausweitung des Telegrafensystems. Auf der Great Western Railway, zwischen West Drayton und Paddington, wurde der elektrische Telegraf zum ersten Mal in der Öffentlichkeit verwendet. Die fortgesetzte Erweiterung des Telegrafen- und des Eisenbahnsystems führte schließlich dazu, dass die Greenwich-Zeit in ganz England übernommen wurde. Am 11. Februar 1852 berichtete die *Times*, dass zwischen dem Royal Observatory in Greenwich und der Eisenbahnendstation London Bridge eine elektrische Verbindung eingerichtet würde.

Der Artikel in der *Times* nannte dafür drei Hauptgründe: „Um Greenwich-Zeit an die ... Uhr zu übermitteln, die in Kürze für die New Houses of Parliament und die Royal Exchange (Londoner Börse) gebaut werden soll; um Greenwich-Zeit in all jene Teile des Königreichs zu übertragen, die mit dem galvanischen Telegrafen erreichbar sind; um die Zeitpunkte von Meridiandurchgängen von Sternen in Greenwich mit denselben in Paris zu vergleichen."

In seinem Jahresbericht von 1853 schrieb der Astronomer Royal George Biddell Airy: „Ich kann nicht umhin, Befriedigung zu empfinden bei dem Gedanken, dass das Royal Observatory somit still und leise zur Pünktlichkeit des Handels in einem großen Teil dieses Landes beiträgt."

Die Situation, die Airy 1853 beschrieb, wurde jedoch erst erreicht, nachdem im ganzen Land zahlreiche Debatten geführt worden waren. So erschien zum Beispiel am 2. Oktober 1851 dieser Brief in der *Times*: „Elektrischer Telegraf und Ortszeit. Sehr geehrte Herren, gleichzeitig mit der Einführung der Eisenbahn und der Erfindung des elektrischen Telegrafs wurde die Zeitdifferenz, die aufgrund unterschiedlicher Längengrade von Orten auftritt, als unannehmbar angesehen; und aus praktischen Gründen wurde daher eine einheitliche Zeit – die von Greenwich – im ganzen Königreich übernommen, mit Ausnahme einiger Orte im Westen Englands. Infolge des Unterwassertelegrafs wird England nun in unmittelbarer Verbindung mit Frankreich und dem größten Teil Europas stehen. Daher stellt sich die Frage, welcher Meridian weltweit als Standard angenommen werden soll? E. S. H."

Einige Tage später wurde dieser Brief von „Chronos" aus Greenwich beantwortet, hinter dem viele den Astronomer Royal Airy selbst vermuteten. Chronos schloss mit den Worten: „Die Annehmlichkeit einer zentralen Regelung muss natürlich nicht durch die Beibehaltung der wahren Ortszeit verloren gehen. Erhält ein Zeitmesser zehn Minuten westlich von London die elektrische Mitteilung, dass es in Greenwich zwölf Uhr Mittag ist, stellt er seine Uhr auf zehn Minuten vor zwölf, was genauso einfach ist, wie sie auf zwölf zu stellen. Die Einzigen, die wirklich von der so genannten Vereinheitlichung profitieren, sind die Angestellten, die die Eisenbahnfahrpläne aufstellen. Sie sparen sich die rund 20 Minuten, die es dauert, um die Zeitabweichung für Züge zu berechnen, die nach Osten oder Westen fahren. Das scheint kaum ein ausreichender Grund, all die Zeitmesser und Köpfe in Europa zu verwirren; und wir müssen bereit sein, bescheiden zu erbitten, was wir nicht zu fordern wagen, nämlich dass sie ihre verzweifelten Versuche aufgeben, „sowohl Raum als auch Zeit zu vernichten“ (die noch nicht einmal den löblichen Effekt haben, „zwei Liebende glücklich zu machen“), und der alten, rechtmäßigen Königlichen Zeit erlauben, ihren Platz in unseren Uhren und Herzen wieder einzunehmen.“

Dies kommentierte der verstorbene Derek Howse in seinem Buch *Greenwich Time*: dies „... zeigt nur, dass die *Times* seit langem in der Lage ist, viele Meinungen hinzunehmen, selbst wenn der Streit ein Thema betrifft, das in ihrem eigenen Namen enthalten ist.“

Gesetzliche Zeit in Großbritannien

Bis 1855 waren mehr als 90 Prozent der öffentlichen Uhren in Großbritannien nach der mittleren Greenwich-Zeit gestellt, doch im Gesetzbuch war nichts enthalten, das die Zeit für gesetzliche Zwecke definierte.

Dieser Punkt wurde in einem Brief angesprochen, den der „Clerk to the Justices“ an die *Times* sandte und der am 14. Mai 1880 veröffentlicht wurde: „Während der letzten Wahlen müssen sich viele Abgeordnete sowie die für die Durchführung der Wahlen zuständigen Beamte große Sorgen darüber gemacht haben, wie sie über die korrekte Zeit zum Öffnen und Schließen der Wahllokale entscheiden sollten. Fast in ganz England gilt heute Greenwich-Zeit, doch Greenwich-Zeit ist anscheinend nicht die gesetzliche Zeit. So wurden zum Beispiel unsere Wahllokale um 8:13 Uhr geöffnet und um 16:13 geschlossen. Dieser Punkt, welches die gesetzliche Zeit ist, taucht häufig in unseren Strafgerichtshöfen auf, ist aber bislang noch nicht richtig entschieden und diskutiert worden. Kann nicht ein neuer Abgeordneter diesen Punkt aufgreifen und versuchen, ein Gesetz auf den Weg zu bringen, das Greenwich-Zeit zur gesetzlichen Zeit macht?“

Dieses Versehen im Justizsystem wurde bald behoben. Die erste Lesung des Gesetzes zur Definition der Zeit fand am 1. Juni jenes Jahres statt; danach wurde es an einen Ausschuss überwiesen, der am 5. Juli dem hohen Haus Bericht erstattete. Dann durchlief es die restlichen Stationen beider Häuser und erhielt am 5. August 1880 die königliche Genehmigung.

Das Gesetz setzte sehr klar fest: „Wann immer eine Zeitangabe in einem Parlamentsbeschluss, einer Urkunde oder einem anderen juristischen Dokument gemacht wird, soll, wenn es nicht ausdrücklich anders festgesetzt ist, die angegebene Zeit in Großbritannien mittlere Greenwich-Zeit und in Irland mittlere Dublin-Zeit sein.“

Das Atlantikkabel

Im Jahre 1851 wurde das erste Unterwasserkabel zur Übermittlung telegrafischer Botschaften erfolgreich durch den Ärmelkanal verlegt. 1852 wurden Wales und Schottland mit Irland verbunden, und 1853 wurde die telegrafische Verbindung mit dem Kontinent auf Dänemark und Belgien ausgeweitet. Im Jahre 1860 wurde England mit dem indischen Subkontinent verbunden. Eine der aufregendsten Möglichkeiten zu dieser Zeit war jedoch eine Verbindung zwischen Europa und Nordamerika.

Am 5. August 1858 wurde zwar die erste telegrafische Nachricht über den Atlantik gesandt, doch am 3. September brach die Verbindung zusammen und konnte nicht wieder hergestellt werden. Ein weiterer, sehr viel erfolgreicherer Versuch fand 1866 unter Beteiligung des Schiffes *Great Eastern* statt. Wesentlich zum Erfolg trug der Umstand bei, dass dieses Schiff während der Verlegung des Kabels zweimal täglich über Telegraf das Greenwich-Zeitsignal von London empfing. Im Oktober 1866 benutzte B. A. Gould vom US Coastal Survey in Zusammenarbeit mit Airy am Royal Observatory dieses neue Kabel, um die

Längengraddifferenz zwischen dem Observatorium von Greenwich und dem der Harvard University in Cambridge, Massachusetts, neu zu bestimmen.

Zeitstandardisierung bei US-Eisenbahnen

Die Standardisierung der Zeit bei Eisenbahnen in Nordamerika war wegen der enormen Größe des Landes eine sehr viel schwierigere Aufgabe. Das Problem wurde von C. F. Dowd gelöst, dem Direktor des Temple Grove Ladies' Seminary in Saragota Springs in New York. Dowd schlug vor, dass es für US-Eisenbahnzwecke vier Standardmeridiane geben solle, die jeweils 15 Längengrade auseinander liegen, wobei der östlichste der Meridian von Washington sein sollte. Diese Meridiane sollten als Mittelpunkte von vier Zeitzonen dienen. In jeder Zone würde jeweils eine einheitliche Zeit gelten, die sich beim Übergang von einer Zone in die nächste um eine Stunde ändert. Damit war Dowds System zumindest im Prinzip das Gleiche, das heute weltweit in Gebrauch ist. Die Grenzen jeder Zeitzone folgten nicht exakt den Längenmeridianen, sondern wurden so angepasst, dass sie örtliche Staats- oder Bezirksgrenzen wie auch das Streckennetz einzelner Eisenbahnlinien berücksichtigten. Dowd schlug zunächst vor, dass der Bezugsmeridian dieses Zeitzonensystems jener Meridian sein sollte, der vom Meridiankreisteleskop am US Naval Observatory in Washington definiert wurde.

Doch in dem Gesetz vom 28. September 1850, das den *US Nautical Almanac* ins Leben rief, bestimmte der Kongress: „Von nun an soll der Meridian des Observatoriums in Washington als amerikanischer Meridian für alle astronomischen Zwecke verwendet werden und der Meridian von Greenwich für alle nautischen Zwecke."

Später beschloss Dowd, zu Meridianen überzuwechseln, die auf Greenwich beruhten, und schlug Folgendes vor: „Erklärung der Standards. Die Zeit des 75. Meridians (westlich von Greenwich) wird als Standardzeit für alle Strecken östlich von Ohio und den Allegheny Mountains angenommen und die Zeit des 90. Meridians für westliche Strecken, die im Mississippi-Tal verlaufen. Diese Zeiten sollen *Eastern Time* und *Western Time* genannt werden; sie unterscheiden sich gerade um eine Stunde. Noch weiter westlich fällt der nächste Stundenstandard in den Rocky Mountain District und nützt somit nichts. Doch der dritte Stundenstandard, das heißt die Zeit des 120. Meridians, ist sehr zentral und günstig für Strecken an der Pazifikküste. Die fünfte Stunde nach Osten wird wieder als Standardzeit von England angenommen und dient als Nullmeridian auf allen Seekarten. Saragota Springs, N.Y. C. F. Dowd, 15. Mai 1872."

So wie es in Großbritannien eine große Diskussion über den Wechsel zur mittleren Greenwich-Zeit gab, so wurden auch Dowds Vorschläge heftig diskutiert. Es dauerte elf Jahre, bis sie von den Eisenbahnen Kanadas und der Vereinigten Staaten angenommen wurden.

Am Sonntag, den 18. November 1883, um zwölf Uhr Mittag oder vorher sollten alle öffentlichen Uhren wie folgt umgestellt werden: „[auf den] neuen Zeitstandard, der zunächst von den Eisenbahnen um der Einheitlichkeit der Fahrpläne willen verabredet wurde, doch der seither allgemein von der Öffentlichkeit durch Beschlüsse verschiedener offizieller und juristischer Personen angenommen wurde als offensichtliche Annehmlichkeit bei allen gesellschaftlichen und geschäftlichen Angelegenheiten."

Die Vorteile des neuen Systems wurden von *Harper's Weekly* dargelegt: „Als am Samstag, den 17. November, die Sonne an der Ostgrenze von Maine den Meridian erreichte, begann der Lärm der zwölf Uhr schlagenden Uhren und setzte sich vier Stunden lang über den gesamten Kontinent hinweg fort, wie durcheinander bimmelnde Kuhglocken in einer Wildnis.

Doch am Montag, den 19. November – vorausgesetzt, alle waren am 18. zu dem neuen System übergewechselt – schlug keine Uhr die Stunde, bis die Sonne den 75. Meridian erreicht hatte. Dann schlugen alle Uhren auf dem Kontinent gemeinsam: Jene im *Eastern*-Bereich schlugen zwölf, die im *Central*-Bereich elf, die in den Bergen zehn und die am Pazifik neun.

Die Minutenzeiger sämtlicher Uhren, auch die der Taschenuhren aller Reisenden, waren im Einklang miteinander. Die Zeitkugeln überall (Kugeln auf Masten, durch deren Fallen die genaue Zeit angegeben wurde, Anm. d. Übers.) waren jetzt klar verständlich und der selige Zustand der Unwissenheit stand nicht länger hoch im Kurs."

Der Nullmeridian

Die Notwendigkeit eines Nullmeridians, der für die ganze Welt Gültigkeit hat, wurde bereits 1847 von einem Siebzehnjährigen erkannt. In jenem Jahr stellte dieser junge Mann in *Rectory Umbrella*, einer Zeitung, die er für seine Brüder und Schwestern herausgab, folgende Frage: „Wo beginnt der Tag?"

In seinem Artikel schrieb er: „Die Hälfte der Welt, oder fast die Hälfte, befindet sich immer im Sonnenlicht. Während sich die Erde dreht, wandert auch diese Lichthalbkugel um sie herum und überstreicht nacheinander jeden Teil von ihr.

Angenommen, es ist Dienstagmorgen in London. Eine Stunde später ist es Dienstagmorgen im Westen Englands. Gäbe es auf der ganzen Erde nur Land, könnten wir Dienstagmorgen immer weiter um sie herum verfolgen, bis wir nach 24 Stunden wieder in London wären. Doch wir wissen, dass es in London 24 Stunden nach Dienstagmorgen Mittwochmorgen ist. Wo also ändert der Tag bei seiner Reise um die Erde seinen Namen? Wo verliert er seine Identität?"

Dies war kein gewöhnlicher junger Mann. Unter seinem Namen Charles Lutwidge Dodgson wurde er ein mittelmäßiger Mathematiklehrer am Oxford College of Christ Church. Doch als Lewis Carroll, dem brillanten Autor von *Alice im Wunderland,* wurde er weltberühmt.

Nachdem wir heute ein weltumspannendes System aus Längengraden und Zeit besitzen, können wir die von Charles

Dodgson gestellte Frage beantworten: Der Tag wechselt seine Identität an der internationalen Datumslinie.

Anfang der 1880er-Jahre gab es keinen allgemein gültigen Nullmeridian für die ganze Welt. Die Seekarten der meisten größeren Länder verwendeten den Meridian von Greenwich. Ausnahmen waren Frankreich und Algerien (die sich nach dem Meridian von Paris richteten), Portugal (das den durch Lissabon verlaufenden Meridian verwendete) und Spanien (das sich am Meridian von Càdiz orientierte). Bei Landkarten wurde jedoch von den meisten Ländern außer Großbritannien, seinen Kolonien, den Vereinigten Staaten von Amerika und Japan nicht der Greenwich-Meridian benutzt. Viele internationale Konferenzen und Diskussionen fanden statt, um diese Situation zu korrigieren, doch man kam zu keiner brauchbaren Einigung, bis im Oktober 1884 die Internationale Meridian-Konferenz in Washington, D. C. abgehalten wurde.

Diese Konferenz einigte sich auf eine Reihe von Resolutionen, von denen die drei ersten die wichtigsten waren, weil sie zur Annahme des Greenwich-Meridians als Nullmeridian der Welt führten. Die drei ersten Resolutionen setzten fest:

I. Dass es nach Meinung dieser Versammlung wünschenswert ist, anstelle der Vielzahl der heute existierenden Anfangsmeridiane einen alleinigen Nullmeridian für alle Nationen zu definieren.

II. Dass die Konferenz den hier vertretenen Regierungen vorschlägt, den durch den Mittelpunkt des Meridiankreisinstruments am Observatorium von Greenwich verlaufenden Meridian als Nullmeridian der geografischen Länge anzunehmen.

III. Dass von diesem Meridian aus die geografische Länge in zwei Richtungen bis 180 Grad gezählt werden soll, wobei die östliche Länge positiv und die westliche Länge negativ sein soll.

Diese Beschlüsse machten Greenwich nicht nur zum Ausgangspunkt des geografischen Längensystems, sondern auch zum Zentrum des Zeitzonensystems, das den Erdball umspannt. Außerdem wurde Greenwich dadurch zu einem geläufigen Alltagsbegriff.

Die wichtigste Konsequenz dieser Konferenz wird von Derek Howse, dem früheren Leiter der Abteilung Navigation und Astronomie am National Maritime Museum in Greenwich, treffend zusammengefasst: „Die bedeutendste Auswirkung, die die Washingtoner Konferenz für den Mann auf der Straße hatte, war die Land für Land durchgeführte Annahme eines Zeitzonensystems, das auf dem neuen Greenwicher Nullmeridian der Welt beruhte – und dies, obwohl das Zeitzonensystem von der Konferenz zwar diskutiert, aber nicht speziell empfohlen worden war."

Heute, mit täglich Hunderten von Flügen von einem Land zum anderen und unzähligen interkontinentalen Telefongesprächen, ist es absolut notwendig, ein Zeitzonensystem zu verwenden, sobald Zeitpläne aufgestellt werden, die mehr als ein Land betreffen. Heute fällt es schwer, sich eine Welt ohne Nullmeridian vorzustellen.

Greenwich-Zeitsignale über Rundfunk

Die Erfindung der Radiotelegrafie und die nachfolgende Entwicklung des Radios als Instrument zur Übertragung von Tönen und Signalen über sehr weite Entfernungen gab der Greenwich-Zeit eine zusätzliche Bedeutung. Von etwa 1904 an konnte Schiffen auf hoher See Greenwich-Zeit übermittelt werden. Die vertrauten Piepszeitzeichen wurden 1924 von der British Broadcasting Company in den inländischen Rundfunkdienst eingeführt. In jenem Jahr schlug der Astronomer Royal, Frank Dyson, dem Generaldirektor von BBC vor, in den letzten sechs Sekunden jeder Stunde ein aus sechs Piepsen bestehendes Zeitzeichen zu senden. Dieser neue Service wurde am 5. Februar 1924 von Dyson selbst in einer Rundfunksendung an die Nation eingeweiht.

Kapitel 9

Ein chinesischer geomantischer Kompass aus dem Besitz von Percy Seymour.

Navigationshilfen

Navigation bei den Phöniziern

Die Richtungsbestimmung auf hoher See mit Hilfe der Sterne ist fast so alt wie die Herstellung von Kalendern und die Zeitmessung mittels Himmelsbeobachtungen. Homers episches Gedicht *Die Odyssee*, das die Fahrten und Abenteuer des sagenhaften Helden Odysseus beschreibt, gibt einige Hinweise darauf, dass antike phönizische Seefahrer schon bevor Homer dieses Werk schrieb die Sterne zu Navigationszwecken nutzten. Gelehrte der griechischen Klassik datieren das Gedicht auf eine Zeit zwischen dem zwölften und siebten Jahrhundert vor Christus.

Im V. Gesang beschreibt die *Odyssee*, wie Kalypso Odysseus Segelanweisungen gibt, nachdem sie dem Helden geholfen hat, ein Floß zu bauen. In der deutschen Übersetzung von Johann Heinrich Voß heißt es:

> *Auf die Pleiaden gerichtet und auf Bootes, der langsam untergeht, und den Bären, den andre den Wagen benennen, welcher im Kreise sich dreht, den Blick nach Orion gewendet, und allein von allen sich nimmer im Ozean badet.*

Hier bezieht sich Kalypso auf den Großen Bären, und sie befiehlt Odysseus, dieses Sternbild bei seiner Fahrt übers Meer immer zur Linken zu behalten. Ansonsten gibt es kaum Informationen bezüglich der Navigation, bis etwa 610 v. Chr. Herodot berichtete, dass Necho, König von Ägypten, einigen phönizischen Schiffen befahl, das Rote Meer hinunterzusegeln und nach der Umrundung des afrikanischen Kontinents nach einer drei Jahre dauernden Reise durch die Säulen des Herkules hindurch in das Mittelmeer einzufahren. Nach Nechos Zeit scheint jedoch die Seefahrt entlang der Westküste Afrikas in Vergessenheit geraten zu sein, bis die Portugiesen sie im 15. Jahrhundert unter der Führung von Prinz Heinrich der Seefahrer wieder aufnahmen.

Bestimmung der geografischen Breite

Die geografische Breite ist die Entfernung vom Erdäquator, gemessen in Grad. Portugiesische Seefahrer unternahmen im 15. Jahrhundert große Entdeckungsfahrten und mussten daher die Probleme bei der Bestimmung des Breitengrads lösen.

Auf der Nordhalbkugel war das nicht allzu schwierig. Ein Seemann konnte den Breitengrad seines Schiffs auf See relativ gut aus der Höhe (in Grad) des Polarsterns über dem Horizont abschätzen. Dieser Stern steht am Nordpol fast senkrecht über einem, hat hier also eine Höhe von 90 Grad. Dies ist auch die geografische Breite des Nordpols, das heißt sein Abstand vom Äquator. Je weiter ein Schiff vom Nordpol entfernt ist, desto tiefer steht der Polarstern am Himmel. Ein Seemann an Deck eines Schiffs kann nun messen, wie viel Grad der Polarstern über dem Horizont steht und daraus den aktuellen Breitengrad seines Schiffs ableiten (siehe Abb. 9.1). Das ist eine schnelle, aber nicht allzu genaue Methode. Denn der Polarstern steht nicht exakt am Himmelspol, dem Punkt, um den sich der gesamte Himmel zu drehen scheint.

Die Portugiesen waren hervorragende Seefahrer, die das Problem mit dem Polarstern sehr wohl kannten, und sie waren die Ersten, die es in Angriff nahmen, indem sie Polarsterntabellen ausarbeiteten. Diese gaben die „Fehler“ an, die von der gemessenen Höhe des Polarsterns abgezogen oder zu ihr hinzugerechnet werden mussten, um die korrekte geografische Breite des Schiffs zu erhalten. Außerdem mussten Instrumente entwickelt werden, mit denen die Höhe des Polarsterns von einem Schiffsdeck aus genauer gemessen werden konnte.

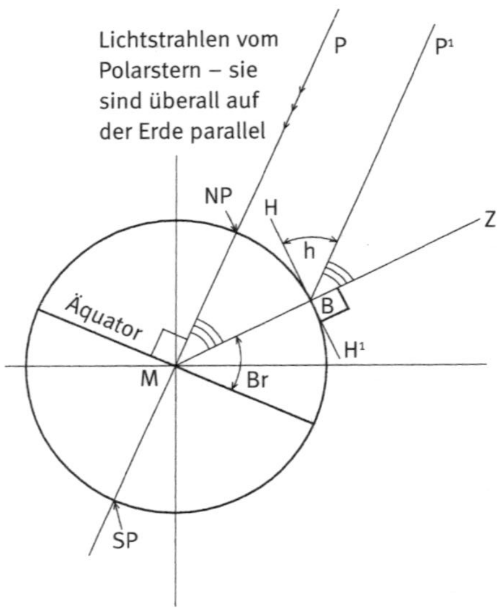

NP = Nordpol
SP = Südpol
M = Erdmittelpunkt
B = Standort des Beobachters
Z = Zenit des Beobachters
H–H¹ = Horizontebene des Beobachters

Da die Lichtstrahlen vom Polarstern parallel sind, gilt:

Winkel P¹BZ = Winkel PMB
h = Höhe des Polarsterns bei B
Br = Breite von B

Da der Polarstern 90 Grad vom Äquator und Z 90 Grad vom Horizont des Beobachters entfernt ist, gilt:

h = Br

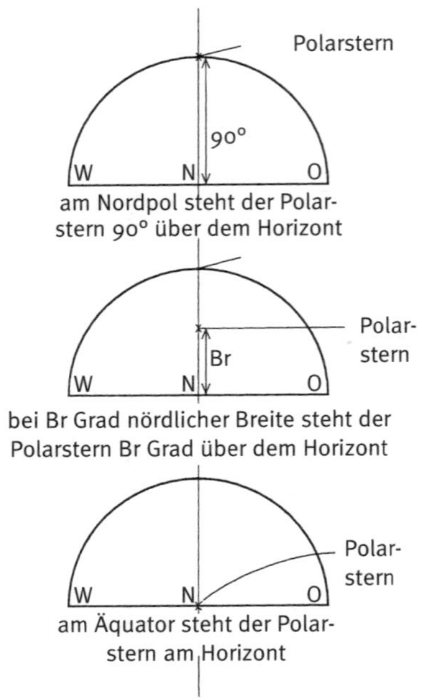

9.1 Bestimmung der geografischen Breite mit Hilfe der Höhe des Polarsterns.

Instrumente zur Bestimmung der Höhe eines Sterns über dem Horizont

Die ersten Geräte zur Bestimmung der geografischen Breite haben nicht wirklich in Grad gemessen. Ein sehr frühes Instrument, das Kamal, wurde von arabischen Navigatoren erfunden. Ein Navigator kannte die geografische Breite seines Zielhafens. Er nahm das Kamal mit auf See und führte in regelmäßigen Abständen eine Reihe von Beobachtungen durch. Eine Version des Kamal bestand aus einem quadratischen oder rechteckigen Holzbrett, an dem eine lange, dünne Schnur befestigt war. Die Schnur hatte an verschiedenen Stellen Knoten, und diese Knoten entsprachen den geografischen Breiten von Häfen entlang seiner Route. Jedes Mal wenn der Navigator das Kamal benutzte, hielt er einen bestimmten Knoten zwischen den Zähnen und zog die Schnur straff. Sobald der Polarstern über der oberen Brettkante zu sehen war, während die untere mit dem Horizont übereinstimmte, entsprach die geografische Breite der des Knotens (siehe Abb. 9.2). Diese Vorrichtung wurde als Erstes von arabischen Seeleuten benutzt, die das Rote Meer und den Indischen Ozean befuhren; europäische Seefahrer lernten das

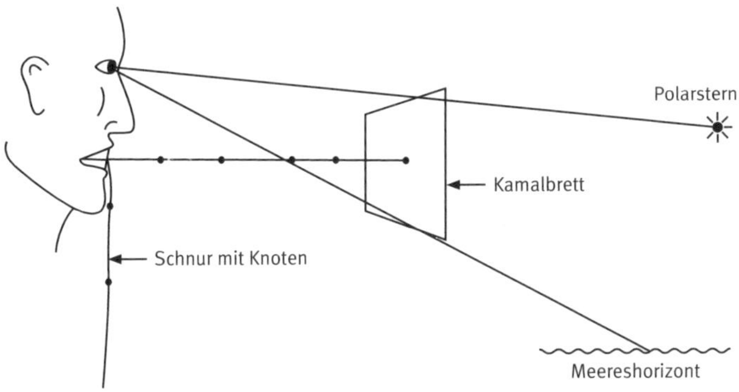

9.2 Das Kamal und seine Anwendung zur Bestimmung der geografischen Breite eines bestimmten Hafens.

Kamal durch Vasco da Gama kennen, nachdem dieser 1497 die Südspitze Afrikas umrundet hatte.

Der Kreuzstab ist ein weiteres Gerät zur Bestimmung der Höhe des Polarsterns und funktioniert ganz ähnlich wie das Kamal. Der Kreuzstab wurde offenbar im 14. Jahrhundert von Levi ben Gerson erfunden, einem Juden aus der Provence. Gerson beschrieb einen Stab mit quadratischem Querschnitt, der mit einer Gradskala versehen war. Senkrecht zu diesem Stab war ein Querholz verschiebbar angebracht. Das eine Ende des Stabs wurde ans Auge gehalten und das Querholz so verschoben, dass seine beiden Enden genau zwischen den Polarstern und den Horizont passten. An der Gradeinteilung des Hauptstabs konnte dann die Höhe des Polarstern abgelesen werden (siehe Abb. 9.3)

Doch südlich des Äquators ist der Polarstern nicht sichtbar, und es gibt keinen entsprechenden Stern in der Nähe des süd-

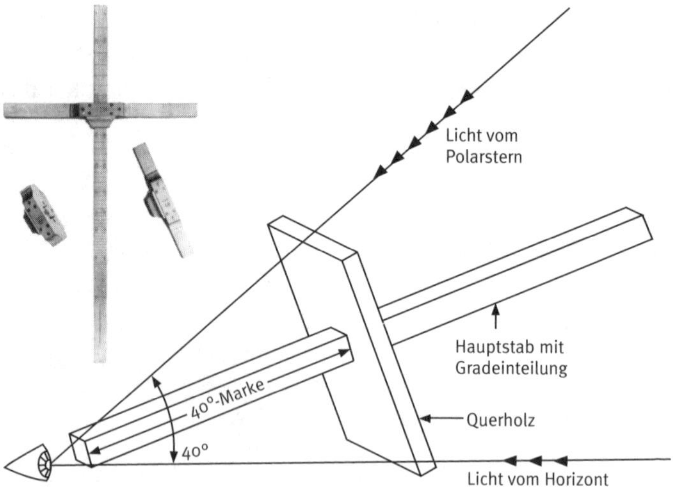

9.3 Der Kreuzstab.
Das Querholz wird so verschoben, dass es zwischen Polarstern und Horizont passt. Auf dem Hauptstab sind an den entsprechenden Stellen Gradmarkierungen angebracht.

lichen Himmelspols. Die Portugiesen mussten also nach einer Möglichkeit suchen, mit Hilfe der Sonne zu navigieren, wenn sie die südlichen Meere befuhren. Sie wussten bereits, dass am Äquator an zwei Tagen im Jahr die Sonne mittags genau im Zenit steht, und zwar am 21. März und 23. September (den Frühlings- und Herbstäquinoktien). Sie wussten auch, dass an anderen Orten der Erde der höchste Punkt, den die Sonne dort erreicht (ihre Mittagshöhe), in einem bestimmten Winkelabstand vom Zenit liegt (entsprechend dem Abstand dieses Orts vom Äquator). Der Meridian eines Orts ist ein gedachter Halbkreis, der vom Südpunkt des Horizonts durch den Zenit zum Nordpunkt verläuft. Den Winkel, den die Sonne mit dem Zenit bildet, wenn sie diesen Meridian überquert, nennt man die Zenitdistanz der Sonne. Dieser Winkel ist an den Tagen der Äquinoktien gleich der geografischen Breite des Beobachters (siehe Abb. 9.4). An allen anderen Tagen hat die Sonne einen bestimmten Abstand zum Himmelsäquator (dem himmlischen Gegenstück des Erdäquators), und dieser Abstand ändert sich im Verlauf des Jahres. Um die geografische Breite bestimmen zu können, musste dieser Abstand von der gemessenen Zenitdistanz der Sonne abgezogen oder zu ihr hinzugezählt werden (je nach den jeweiligen Positionen der Sonne und des Seefahrers in Bezug auf den Himmels- und Erdäquator). Zur Erleichterung dieser Navigationsmethode erstellten portugiesische Astronomen Tabellen, in denen diese Information für jeden Tag des Jahres angegeben war.

Die meisten Vorrichtungen, die zur Messung der Höhe des Polarsterns verwendet wurden, sind nicht zur Höhenmessung der Sonne geeignet, da man die Sonne nicht mit dem Auge anvisieren kann. Eine Ausnahme war das Seeastrolabium, das Martin Cortes in *Arte de Navegar* beschrieb (siehe Abb. 9.5). Ein weiteres Gerät, das speziell für die Verwendung mit der Sonne erfunden wurde und das nach einem ähnlichen Prinzip funktioniert wie das Astrolabium, war der Davis-Quadrant oder *back staff* (siehe Abb. 9.6), der gegen Ende des 16. Jahrhunderts von John Davis erfunden wurde.

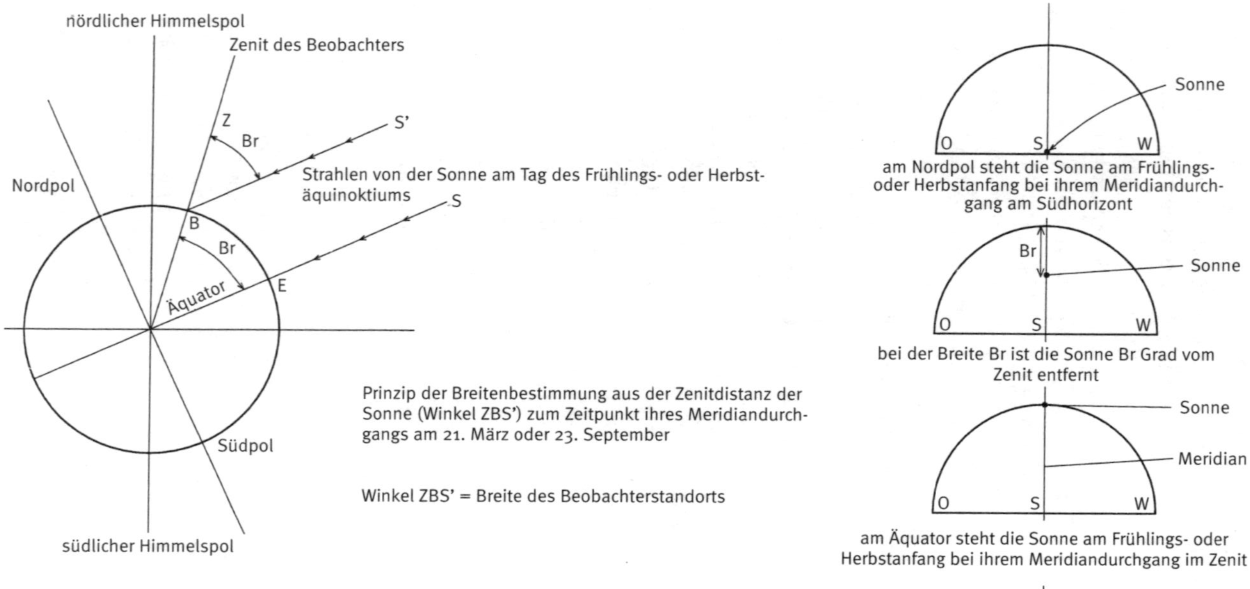

9.4 Bestimmung der geografischen Breite mit Hilfe der Sonne.

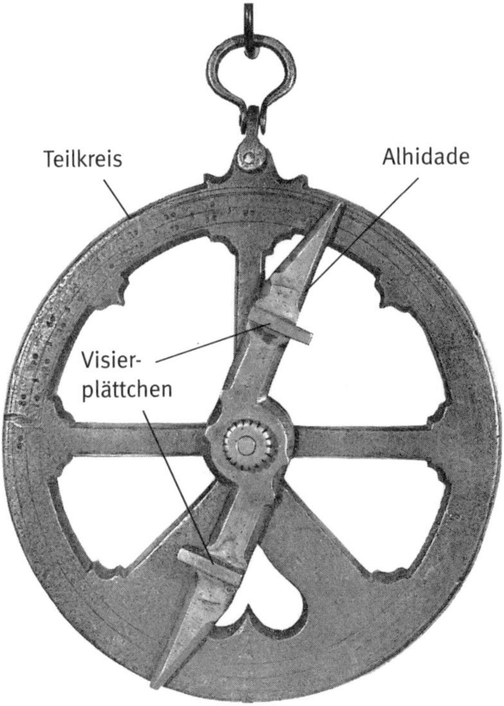

9.5 Ein See-Astrolabium.
Dieses Gerät besteht aus einem schweren Metallring mit einem Metallkreuz in der Mitte. Oben ist ein sehr viel kleinerer Haltering angebracht. Durch diesen kleinen Ring wird der Daumen gesteckt, sodass das Astrolabium durch sein Eigengewicht senkrecht hängt. Da der große Ring offen ist, bietet er wenig Windwiderstand. Um seinen Mittelpunkt dreht sich eine Alhidade, an der diametral quer über den Ring zwei Visiereinrichtungen befestigt sind. Die Quadranten des Rings sind mit einer Gradeinteilung versehen. In beiden Visierplättchen befindet sich ein Loch. Der Navigator visiert durch diese beiden Löcher den Polarstern an und liest dessen Höhe auf der Gradskala ab. Für die Messung der Mittagshöhe der Sonne wird das Gerät so in Taillenhöhe gehalten, dass sich die Sonne in der Hauptebene des Astrolabiums befindet. Die Alhidade wird so eingestellt, dass ein Sonnenstrahl, der durch das Loch im oberen Visierplättchen fällt, dicht bei dem entsprechenden Loch im unteren Visierplättchen auftrifft. Die Höhe der Sonne kann dann von der Gradskala am Außenrand des Instruments abgelesen werden.

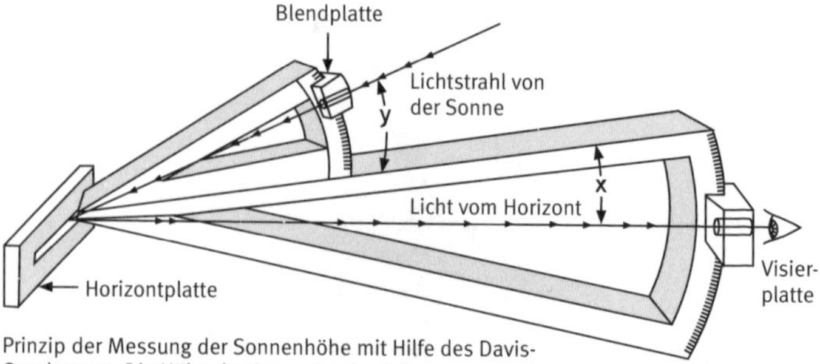

Prinzip der Messung der Sonnenhöhe mit Hilfe des Davis-Quadranten. Die Höhe der Sonne ist durch h = x + y gegeben.

9.6 Der Davis-Quadrant.
Ein Davis-Quadrant besteht aus zwei hölzernen Kreisbögen mit unterschiedlichen Radien, die durch ein langes Holzstück miteinander verbunden sind. Drei weitere Holzstreben stabilisieren das Instrument. Am Ende des langen Holzstücks ist senkrecht zur Instrumentenebene eine feststehende Horizontplatte angebracht, in der sich ein Schlitz befindet, durch den man den Horizont sehen kann. Der Beobachter blickt durch ein Loch in der Visierplatte, die entlang der Krümmung des größeren Kreisbogens verschiebbar ist. Er bringt dieses Loch in eine Linie mit dem Schlitz in der Horizontplatte und dem Meereshorizont. Eine Blendplatte, die längs der Krümmung des kleineren Kreisbogens frei verschiebbar ist, wird von der hinter dem Beobachter befindlichen Sonne angeleuchtet und wirft einen Schatten, der auf den Schlitz der Horizontplatte fällt. Die Höhe der Sonne ist der Winkel zwischen der Linie, die von der Visierplatte und der Horizontplatte zum Horizont verläuft, und der Linie, die einen von der Blend- zur Horizontplatte laufenden Sonnenstrahl darstellt. Dieser Winkel ist gleich der Summe der von den Gradskalen der beiden Kreisbögen abgelesenen Winkel.

Bei diesigem Wetter ist es nicht einfach, genaue Messungen der Sonne durchzuführen. An solchen Tagen könnte ein Navigator ein Stundenglas verwenden. An den Äquinoktien sind auf der ganzen Welt Tag und Nacht gleich lang, doch an anderen Tagen ändert sich die Anzahl der Stunden, in denen es hell ist, mit der geografischen Breite.

Portugiesische Astronomen erstellten daher Sonnentabellen für unterschiedliche Breitengrade und Zeiten im Jahr. Hieraus konnten Seefahrer ihre geografische Breite an einem bestimmten Punkt einigermaßen genau abschätzen, vorausgesetzt sie konnten die Tageslänge messen. Diese Methode wurde ergänzend zu den anderen oben beschriebenen verwendet.

Richtungsbestimmung

Da der Polarstern sehr nahe am nördlichen Himmelspol liegt, konnte er zur Richtungsbestimmung auf der Nordhalbkugel verwendet werden. In Nächten mit bedecktem Himmel war dies jedoch nicht möglich, und sobald man den Äquator überquert hatte, gab es keinen entsprechenden Stern am Südhimmel, an dem man sich in ähnlicher Weise orientieren konnte. Aus diesem Grund wurde der magnetische Kompass ein so wichtiges Instrument für die Schiffsnavigatoren.

Den Griechen war bekannt, dass ein Mineral, das wir heute Magneteisenstein nennen (englisch *lodestone*, der Stein, der führt), bestimmte andere Stoffe anzog, doch anscheinend erkannten sie nicht, dass Stäbe aus Magneteisenstein zur Richtungsbestimmung verwendet werden konnten. Diese Entdeckung wurde offenbar zuerst von den Chinesen gemacht, doch die waren nicht die Ersten, die sie zu Navigationszwecken benutzten. Allerdings verwendeten die Chinesen den natürlichen Magnetismus für die so genannte Geomantik, eine Praxis, deren Wurzeln im alten China liegen und die auch heute noch weit verbreitet ist. Im Wesentlichen handelt es sich dabei um ein System der Wahrsagung, das auf den „Einflüssen" unserer Erde beruht. Geomantik wird auch „Feng Shui" (Wind und Wasser) genannt. Sie geht davon aus, dass alles in unserer Umgebung unsere Ziele im Leben unterstützen oder behindern kann. Indem wir die feinen Energieströme verstehen, die den Körper und alles andere im Universum durchfließen, können wir unsere Lebens- und Arbeitsumgebung so anpassen, dass die hilfreichen Energien verstärkt und die schädlichen gemildert werden. Joseph Needham (eine westliche Autorität für chinesische Wissenschaft) hat die Geomantik als den wahren Ursprung des wissenschaftlichen Geomagnetismus bezeichnet, ganz ähnlich wie die Astrologie als Mutter der Astronomie und die Alchemie als Vorläufer der Chemie gelten. Für Geomanter war die Form des Landes und die Richtung der Ströme, des Winds und des Wassers sehr wichtig. Der geomantische Kompass wurde entwickelt, um sie bei ihrer Kunst zu unterstützen.

Der Seekompass war eine Weiterentwicklung dieses Instruments zur Nutzung für andere Zwecke. Die Geomantik erforderte die Kenntnis der Himmelsrichtungen an verschiedenen Orten der Erde. Bis zum 12. Jahrhundert war der Kompass dann auch in Europa bekannt geworden. Alexander Necham, ein englischer Mönch, weist in einem Werk aus dieser Zeit auf den Kompass hin. Historische Zeugnisse deuten darauf hin, dass die Verwendung des magnetischen Kompasses für die Navigation im 13. Jahrhundert in Europa und Asien bereits weit verbreitet war.

Die Methode des Koppelkurses

Diese Methode, die auch „gegisstes Besteck" heißt, besteht darin, die Positionen eines Schiffs während der gesamten Fahrt durch sorgfältige Aufzeichnungen der Fahrtrichtungen, der Geschwindigkeiten und der Zeitpunkte von Richtungs- und Geschwindigkeitsänderungen zu verfolgen. Die jeweilige Fahrtrichtung konnte mit einem Schiffskompass bestimmt werden, während man die Geschwindigkeit eines Schiffs in den Anfangstagen der Navigation mit Hilfe von Log und Leine plus einem sanduhrähnlichen Gerät ermittelte.

Log und Leine

Vom 16. Jahrhundert an bis in relativ jüngere Zeit benutzte man das Log, um festzustellen, welche Strecke ein Schiff in einem bestimmten Zeitraum zurückgelegt hatte. Ein Log bestand gewöhnlich aus einem dreieckigen Holzstück, das mit drei Fäden an einer langen, auf eine Spule gewickelten Leine befestigt war. Das Holzstück wurde über Bord geworfen und eine Sanduhr in Gang gesetzt. Man hoffte, dass sich das Holz quer zur Bewegung des Schiffes stellen und an der Stelle bleiben würde, an der man es ins Wasser geworfen hatte, wenn sich die Leine ohne Schwierigkeiten abwickeln konnte. War aller Sand durch die Uhr hindurch gelaufen, wurde das Abwickeln gestoppt und Log und Leine wurden wieder eingeholt. Die Länge der abgewickelten Leine geteilt durch die Zeit der Sanduhr ergaben die Geschwindigkeit des Schiffs. Später verbesserte man dieses einfache Log, indem man in regelmäßigen Abständen Knoten in die Leine machte; der Seemann zählte dann einfach nur die Anzahl der Knoten, die in einer bestimmten Zeit durch seine Hände gelaufen waren.

Geografische Länge

Geografische Länge und Zeit sind eng miteinander verknüpft. Unser Planet vollführt in einem Tag eine volle Drehung um 360 Grad. Das heißt, dass er sich in einer Stunde relativ zur Sonne um 15 Grad dreht. Wenn es in Greenwich 12:00 Uhr Mittag ist, ist es 15 Längengrade weiter östlich 13:00 Uhr und 15 Längengrade weiter westlich 11:00 Uhr. Ist die Längengraddifferenz zwischen zwei Orten bekannt, kann die Zeitdifferenz daraus berechnet werden. Kennt man dagegen die Differenz der Längengrade zweier Orte nicht, kann sie berechnet werden, wenn die Zeitdifferenz bekannt ist. Mit den modernen Kommunikationsmethoden ist das überhaupt kein Problem. Jede Stunde Unterschied entspricht einem Unterschied von 15 Grad in der geografischen Länge, ostwärts oder westwärts. Liegt ein Ort östlich von uns, ist er uns in der Zeit voraus, liegt er in westlicher Richtung, ist seine Zeit hinter unserer zurück.

Zur Zeit der großen Entdeckungsfahrten gab es jedoch keine solch einfache Kommunikation. Ein spezielles Problem war, dass ein Schiff keine Verbindung mehr zu denen an Land hatte, sobald es außer Sicht war. Eine Lösung bestand darin, die

Zeit „zu transportieren", wenn man den Hafen verließ, indem man eine Uhr mitnahm. Auf See konnte man dann mit Hilfe der Sonne oder der Sterne die lokale Ortszeit bestimmen und mit der von der mitgeführten Uhr angezeigten Zeit vergleichen. Damit konnte man ermitteln, wie weit (in Längengraden) man vom Ausgangshafen entfernt war. Die Schwierigkeit bestand darin, dass vor 300 Jahren die Uhren für diese Zwecke nicht genau genug waren, insbesondere unter den an Bord von Schiffen herrschenden Bedingungen.

Das Pariser Observatorium

Im Jahr 1667 gründete König Ludwig XIV. das Pariser Observatorium, um die Kenntnis der Gestalt der Erde zu verbessern und die Herstellung genauerer Land- und Seekarten zu ermöglichen, hauptsächlich für den Gebrauch auf See. Um diese ehrgeizige Aufgabe durchführen zu können, mussten die Astronomen eine Methode zur Bestimmung der geografischen Länge entwickeln. Im Prinzip ist das nicht schwierig, wenn man die Zeit mit Hilfe von zwei unabhängigen astronomischen Methoden bestimmen kann. Es war zwar möglich, die Zeit anhand der Positionen der Sterne zu ermitteln, doch man benötigte noch eine weitere Methode der Zeitbestimmung, ehe man die Längengrade verschiedener Orte feststellen konnte.

Galilei hatte genau eine solche Methode vorgeschlagen. Bald nachdem er sich ein eigenes Fernrohr gebaut hatte, richtete er es auf den Planet Jupiter und entdeckte, dass dieser Himmelskörper von vier Monden umkreist wird, heute die Galilei'schen Monde genannt (siehe auch Kap. 7). Galilei erkannte, dass diese Monde eine weitere Uhr am Himmel darstellten und damit zur Bestimmung der geografischen Länge benutzt werden konnten. Wenn es ein Observatorium gäbe, das nach seiner eigenen Ortszeit die Positionen der Jupitermonde relativ zum Planeten aufzeichnete, könnte man die Positionen dieser Monde für zukünftige Zeiten vorausberechnen und in einem Satz Tabellen aufzeichnen. Ein Beobachter an einem anderen Standort könnte seine eigene Ortszeit mit Hilfe der Sterne ermitteln und dann mit einem Fernrohr die Positionen der Galilei'schen Monde beobachten; aus dem Vergleich mit den Observatorium-Tabellen könnte er dann die zugehörige Zeit am Observatorium ermitteln. Die Differenz zwischen den beiden Zeiten – der Observatoriumszeit und seiner Ortszeit – ließe sich in eine Längengraddifferenz umwandeln, wobei eine Zeitdifferenz von einer Stunde jeweils 15 Längengraden entspräche.

Jean Dominique Cassini, der erste Direktor des Pariser Observatoriums, beschloss, diese Methode in die Praxis umzusetzen. Sobald die geografische Länge und Breite des Observatoriums feststanden, begann Cassini eine Vermessung ganz Frankreichs. Transportable Observatorien, von denen aus die Jupitermonde beobachtet werden konnten, wurden entlang der Küste und der Grenzen zu anderen Ländern aufgestellt. Mit Hilfe der Pariser Tabellen konnte somit die Zeit in Paris mit den Ortszeiten der transportablen Observatorien verglichen werden. Bis zum Jahr 1681 war dann die gesamte Landkarte von Frankreich neu gezeichnet, und es stellte sich heraus, dass Frankreich kleiner war, als es auf früheren Karten erschien (die natürlich weniger genau waren). Es heißt, Ludwig XIV. habe die Astronomen beschuldigt, sein Königreich verkleinert zu haben.

Galileis Methode, so wie sie von Cassini erarbeitet worden war, konnte nicht zur Längenbestimmung auf See benutzt werden, da sie ein Fernrohr auf einer geeigneten Montierung erforderte, um die Jupitermonde beobachten zu können, und das war an Bord eines Schiffs nicht möglich.

Das Greenwich-Observatorium

Da das Galilei-Paris-System auf See nicht praktikabel war, musste man andere Methoden erkunden. Ein junger Franzose namens de St. Pierre schlug König Charles II. von England vor, die Bewegung des Monds vor dem Sternhintergrund als Uhr zur

Bestimmung der Länge zu nutzen. Diese Methode erforderte eine sehr viel genauere Kenntnis der Sternörter und sehr viel genauere Verfahren zur Berechnung der Mondbewegung unter den Sternen. Das Komitee, das zur Überprüfung des Vorschlags von de St. Pierre eingesetzt wurde, empfahl dem König, ein Observatorium zu errichten, das diese Kenntnisse beschaffen sollte. Aufgrund dieser Empfehlung beschloss der König dann tatsächlich, ein Observatorium in Greenwich Park zu gründen. Der zur Gründung des Observatoriums am 22. Juni 1675 herausgegebene königliche Befehl war sehr sorgfältig formuliert.

Er lautete: „Zum Zweck der Ermittlung der geografischen Länge von Orten zur Vervollkommnung der Navigation und Astronomie, haben Wir beschlossen, in Unserem Park in Greenwich ein kleines Observatorium zu erbauen, auf der höchsten Stelle, an oder nahe dem Platze, wo das Schloss stand, mit Wohnräumen für Unseren astronomischen Beobachter und seinen Assistenten."

Ein früherer Befehl, erlassen am 4. März 1675, betraf die Ernennung des ersten Astronomer Royal, Reverend John Flamsteed. Er lautete: „Wir haben unseren treuen und vielgeliebten John Flamsteed, Master of Arts, unseren astronomischen Beobachter, berufen, sich unverzüglich mit größter Sorgfalt und Fleiß der Berichtigung der Tabellen der Bewegungen des Himmels und der Orte der Fixsterne zu widmen, um die so sehr erwünschte geografische Länge von Orten zur Vervollkommnung der Navigationskunst zu ermitteln."

In beiden königlichen Befehlen wurde deutlich, dass der Hauptzweck der Observatoriumsgründung und der Berufung eines Königlichen Astronomen darin bestand, diejenigen Bereiche der Astronomie voranzutreiben, die der Navigation dienten. Dies wurde zum Leitmotiv für alle nachfolgenden Inhaber dieses bedeutenden Postens.

Das Verfahren, die Position des Monds relativ zu den Sternen zu verwenden, wurde als Methode der Monddistanzen bekannt. Sie stellte größere Anforderungen an die Astronomie als alle ihre der Allgemeinheit dienenden Anwendungen zuvor. John Flamsteed begann das Royal Observatory mit Fernrohren, die an exakt gravierten Teilkreisen befestigt waren, sowie mit Präzisionschronometern auszustatten, sodass er Sternörter so genau wie möglich vermessen konnte. Diese Beobachtungen ermöglichten schließlich die Erstellung des ersten britischen Sternkatalogs. Flamsteed war von 1675 bis 1719 Astronomer Royal, und in dieser Zeit gelang es ihm, die Grundlagen der hochpräzisen Positionsastronomie zu legen, für die Greenwich so berühmt wurde. Während seiner Amtszeit fanden auch anderswo in anderen Wissenschaftsbereichen wichtige Entwicklungen statt. Mit Hilfe Ole Rømers Beobachtungen an den Jupitermonden wurde zum ersten Mal bewiesen, dass Licht eine endliche Ausbreitungsgeschwindigkeit hat und sich nicht unendlich schnell fortpflanzte, wie einige Wissenschaftler glaubten. Es war auch die Zeit, in der Sir Isaac Newton zwei seiner großen Bücher veröffentlichte, 1687 die *Principia* und 1704 *Opticks*. Edmund Halley, der der zweite Astronomer Royal werden sollte, publizierte 1705 sein Buch *Synopsis of Cometary Astronomy*, und in den Niederlanden veröffentlichte Christian Huygens eine ebenso wichtige Abhandlung über das Licht. Die von Flamsteed durchgeführten verbesserten Beobachtungen waren für Newton von großem Nutzen, da er mit ihrer Hilfe seine Theorien der Himmelsmechanik mit weit größerer Genauigkeit überprüfen konnte als es mit den bisherigen Daten möglich war. Auf der anderen Seite lieferten Newtons verbesserte mathematischen Techniken ein System zur Berechnung der Positionen und Bewegungen des Monds. Es stellte sich jedoch bald heraus, dass es noch einer Menge weiterer Arbeit bedurfte, ehe die Methode der Monddistanzen auf See praktisch genutzt werden konnte.

Die Bestimmung der Mondbewegung war in jener Zeit eines der schwierigsten Probleme der Astronomie. In einer ersten Näherung kann man sich vorstellen, der Mond bewege sich hauptsächlich im Schwerefeld der Erde. Doch die Astronomen konnten die Gravitationswirkung der Sonne auf den Mond nicht ganz ignorieren, wenn sie die zukünftigen Positionen des Monds genau vorhersagen wollten. Die Mathematik war zu dieser Zeit nicht weit genug fortgeschritten, um bei dieser schwierigen Aufgabe behilflich zu sein. Selbst für ein Genie wie Isaac Newton erwies sich das Problem als zu kompliziert. Die komplexe Mathematik der Mondbewegung wurde schließlich von dem Schweizer Mathematiker Leonhard Euler in Angriff genommen, dessen Karriere in Newtons Todesjahr begann.

In E. T. Bells Buch *Men of Mathematics*, das 1937 erstmals erschien, heißt es: „Euler löste es nicht, doch sein Näherungsverfahren (heute ersetzt durch bessere Methoden) war brauchbar genug, dass ein englischer Rechner in der Lage war, die Mondtabellen für die britische Admiralität zu berechnen."

Der erste *Nautical Almanac* wurde vom fünften Astronomer Royal, Neville Maskelyne, erstellt. Für die ersten Almanache verwendete er Tabellen der Mondbewegung, die der Astronom Tobias Mayer in Deutschland mit Hilfe des Euler'schen Verfahrens aufgestellt hatte. Spätere Almanache beruhten dann auf englischen Tabellen.

Diese Almanache erwiesen sich für die Seeleute als ungemein wertvoll. Ausgerüstet mit dem *Nautical Almanac* konnte ein Navigator die Höhe eines Sterns und des Monds über dem Horizont sowie den Winkelabstand zwischen diesen beiden Himmelskörpern messen und sodann diese Information mit den Daten aus dem Almanach verbinden; nach einer mathematischen Berechnung, die drei Stunden in Anspruch nahm, kannte er dann seine geografische Breite und Länge mit einer Genauigkeit von etwas weniger als einem Grad, entsprechend 50 bis 60 Kilometer. Eine höhere Genauigkeit wurde nur mit dem von John Harrison erfundenen Schiffschronometer erzielt.

Harrison-Chronometer

Die Bedeutung von John Harrison für die Geschichte des Längengradproblems wird von Richard van de Riet Woolley, dem elften Astronomer Royal, im Vorwort zu Humphrey Quills Buch *John Harrison* treffend dargelegt. Van de Riet Woolley sagt: „John

Harrison ist eine wichtige Figur in der Geschichte der Navigation und einer der besten englischen Erfinder und Mechaniker, der bewirkte, dass dieses Land auf dem Gebiet der Handwerkskunst des 18. Jahrhunderts eine weltweit führende Position einnahm. Es ist wohl nicht zu viel gesagt, dass die Entwicklung der Navigation in England zur Schaffung einer britischen Flotte, die die Weltmeere beherrschte, und damit zur Errichtung des britischen Empire selbst führte, das im 19. Jahrhundert einen so großen Einfluss auf die gesamte Welt ausübte."

Harrison nahm sich vor, eine Uhr zu bauen, mit der auf See während der gesamten Fahrt, die mehrere Monate dauern konnte, die Uhrzeit eines Bezugsmeridians genau angezeigt werden konnte. Um dies zu erreichen, musste Harrison mehrere Probleme lösen. Zur Vorbereitung auf diese Aufgabe begannen er und sein Bruder James, Uhren zu bauen, die an Land eine große Ganggenauigkeit besaßen. John Harrison beseitigte die Gangungenauigkeiten, die auf der Änderung der Pendellänge aufgrund von Temperaturschwankungen und der damit verbundenen Ausdehnung und Kontraktion des Pendels beruhten, indem er das Rostpendel erfand (siehe Kapitel 8).

Harrison war auch klar, dass eine Pendeluhr auf See nicht richtig funktionieren würde, nicht nur wegen des Schlingerns und Stampfens des Schiffs, sondern auch weil sich die Schwerkraft mit der geografischen Breite ändert, was zu Änderungen der Schwingungsperiode des Pendels führt. Zur Behebung dieser Probleme hatte sein erster Schiffschronometer zwei hantelförmige Pendel, die entgegengesetzt zueinander schwangen, um so die Auswirkungen der Schiffsbewegungen auszugleichen; außerdem wurde die Schwingbewegung der Pendel durch vier Spiralfedern erzeugt und nicht durch die Schwerkraft. Doch diese Erfindung brachte wiederum eigene Probleme mit sich, die Harrison ebenfalls lösen musste.

Erstens waren die hantelförmigen Pendel sehr schwer, wodurch sehr viel Reibung zwischen ihren zentralen Drehachsen und ihren Lagern erzeugt wurde. Dieses Problem beseitigte Harrison, indem er ein neuartiges Rollenlager einführte. Zudem war die Spannung in den Spiralfedern temperaturabhängig und nahm mit sinkender Temperatur zu. Zur Korrektur verwendete Harrison eine abgewandelte Form des Rostpendel-Prinzips. Ordnet man die Stäbe abwechselnd in umgekehrter Reihenfolge an, werden Temperaturänderungen verstärkt statt reduziert. Das bedeutete, dass der Rost (der hier gar nicht als Pendel benutzt wurde) als eine Art temperaturgesteuerter Motor wirkte, der den Abstand zwischen den Federenden und damit über ein Hebelsystem ihre Spannungen veränderte.

Harrison stellte eine Serie von vier Schiffschronometern her, mit jeweils weiteren Verbesserungen, die eine immer größere Ganggenauigkeit besaßen. Der vierte Chronometer wurde schließlich auf See getestet.

Am Test des Harrison-Chronometers war auch das Royal Observatory in Greenwich beteiligt, um festzustellen, ob er die Voraussetzungen für den Preis in Höhe von 20 000 Pfund erfüllte, den die britische Regierung für denjenigen ausgesetzt hatte, der das Längengradproblem mit ausreichender Genauigkeit lösen konnte. Die Geschichte vom ersten Test des vierten Harrison-Chronometers (manchmal auch H4 oder nur Nr. 4 genannt) wird von Rupert Gould in seinem Buch *Marine Chronometer* erzählt. Zu dieser Zeit war John Harrison 67 Jahre alt, und der Test wurde von seinem Sohn William Harrison durchgeführt.

Gould schrieb: „Die ‚Deptford' segelte am 18. November 1761 in einem Konvoi von Spithead aus los und setzte nach Zwischenstopps in Portland und Plymouth Kurs auf Madeira. Am neunten Tag außer Sichtweite von Land betrug der Längengrad des Schiffes laut gegisstem Besteck 13 Grad und 50 Minuten westlich von Greenwich, doch Nr. 4 zufolge befand es sich bei 15 Grad 19 Minuten West. Digges neigte dazu, das gegisste Besteck zu bevorzugen, doch William Harrison bestand sehr nachdrücklich darauf, dass der Chronometer richtig ging und dass sie, wenn Madeira auf der Karte korrekt eingezeichnet war, die Insel am nächsten Tag sichten würden. Folglich hielt er seinen Kurs – obwohl Digges fünf zu eins mit ihm wetten wollte, dass er sich irrte – und wurde um sechs Uhr früh am nächsten

Morgen mit der Sichtung von Porto Santo, der nordöstlichen Insel der Madeira-Gruppe, belohnt. Darüber war die Schiffsbesatzung sehr erleichtert, denn sie hatte befürchtet, Madeira gänzlich zu verfehlen, was, wie ein Zeitgenosse meinte, „sehr unangenehme Folgen gehabt hätte, da es ihnen an Bier mangelte'."

Das Royal Observatory war an der letzten Erprobung von Nr. 4 beteiligt, die 1764 auf einer Reise nach Barbados stattfand.

W. H. McCrea schreibt in *The Royal Greenwich Observatory*: „Beim letzten Test auf einer Seereise nach Barbados im Jahr 1764 hatte offiziell der Observatoriumsassistent Charles Green die Aufsicht, doch Maskelyne (der keine Ahnung hatte, dass er bald Astronomer Royal werden sollte) begleitete ihn in seiner Eigenschaft als Kaplan der HMS Princess Louisa, auf der beide die Reise machten. In der Tat war Maskelyne beauftragt, auf der Fahrt Mayers Tabellen durch Beobachtungen der Monddistanzen zu überprüfen, da diese Tabellen ursprünglich von Bradley ebenfalls für den Wettbewerb eingereicht worden waren. Die Harrison Nr. 4 absolvierte die Reise auf der HMS Tartar und erzielte einen glänzenden Erfolg."

Sehr viel später, im Jahr 1833, installierte der sechste Astronomer Royal John Pond eine Zeitkugel auf dem Dach des Royal Observatory, die sich noch immer dort befindet. Um fünf vor eins steigt diese Kugel auf die halbe Höhe ihres Haltemasts, zwei Minuten vor eins steigt sie ganz nach oben, und genau um ein Uhr fällt sie hinunter. Dies war das erste visuelle Zeitsignal in England, und die Schiffe, die die Themse hinauf- und hinunterfuhren, konnten ihre Chronometer nach dem Fallen der Kugel stellen.

Hersteller von Navigationsinstrumenten

Instrumentenbauer in ganz Europa spielten eine wichtige Rolle bei der Verbesserung der Navigation. In dieser Epoche (1500–1800) wurden zwar Winkelmessgeräte für die Landvermessung gebaut, doch war bei diesen Instrumenten nicht dieselbe Genauigkeit erforderlich wie bei Navigationsinstrumenten. Ein Fehler vom Bruchteil eines Grads hätte bei der Vermessung eines Stück Lands (selbst eines mehrere Ar großen) nicht die gleichen Folgen wie auf See. Ein Fehler von einem Zehntelgrad bei der Messung der geografischen Breite auf See würde zu einer Unsicherheit von etwa elf Kilometern bei der Bestimmung des Breitengrads des Schiffs führen. Die größere Genauigkeit, die ein Navigator auf hoher See benötigte, stellte daher höhere Anforderungen an die Instrumentenbauer. In Westeuropa trieben erfindungsreiche Männer die Genauigkeit von Navigationsinstrumenten an die Grenzen der damaligen Technologie.

Die Erfindung des so genannten Quadranten (siehe Abb. 9.7), eines Navigationswinkelmessgeräts, wird gewöhnlich John Hadley (1682–1744) zugeschrieben, der in London wirkte. Deshalb spricht man auch vom Hadley-Quadrant. Doch etwa zur gleichen Zeit wurde ein solches Instrument völlig unabhängig auch von Thomas Godfrey in Philadelphia erfunden. Einige dieser ersten Quadranten waren fast 60 Zentimeter groß, da die Gradeinteilung von Hand in die Teilkreise graviert werden musste und eine größere Genauigkeit erreicht wurde, wenn der Kreisbogen entsprechend groß war. Ihre Größe konnte reduziert werden, als Jesse Ramsden (1735–1800) im Jahr 1771 seine Graduiermaschine erfand. Sie enthielt ein sehr genaues Schraubengewinde, das durch seine Drehung ein Gravurwerkzeug steuerte, mit dem die Gradeinteilung auf der Skala angebracht wurde. Danach konnten Quadranten hergestellt werden, die nur noch ein Drittel so groß waren wie früher.

Die Instrumentenbauer spielten eine zweifache Rolle in der Astronomie und ihrer Anwendung bei der Navigation. Sie bauten nicht nur Instrumente für Schiffe (jedes Schiff brauchte irgendwelche Navigationsinstrumente), sondern sie verbesserten auch die Instrumente, die in den neu gegründeten Observatorien Europas verwendet wurden. In seinem Buch *The Fontana History of Astronomy and Cosmology* wies J. D. North darauf hin, dass die Arbeit, die die Instrumentenbauer für Observatorien leisteten, nicht ausreichte, das Gewerbe zu finanzieren, doch dass sie anderweitig gute Geschäfte machten.

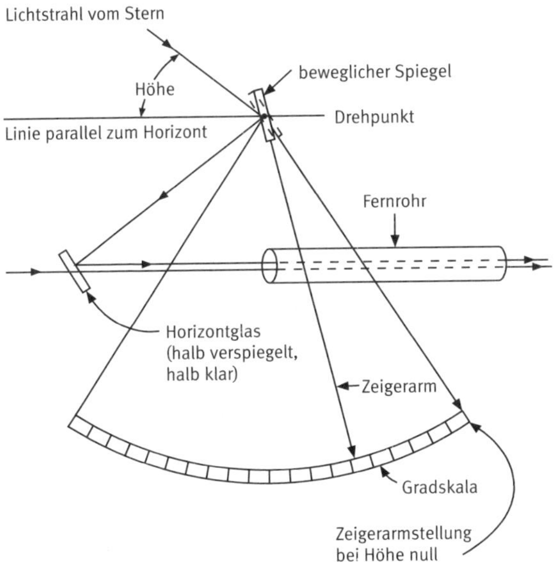

9.7 Funktion des Quadranten, später Sextant genannt.
Das Grundgerüst des Quadranten war ein dreieckiger Holzrahmen mit zwei gleich langen Schenkeln, die über die Basis hinausragten und an denen ein Kreisbogen mit Gradskala befestigt war. An der Dreiecksspitze war ein Zeigerarm drehbar montiert, an dem rechtwinklig zur Quadrantenebene ein Spiegel angebracht war. Der Mittelpunkt dieses Spiegels lag knapp über der Dreiecksspitze, und seine zweite Ebene lag in der Achsebene des Zeigerarms. An dem einen Dreiecksschenkel befand sich ein Visierfernrohr und an dem anderen, im rechten Winkel zur Quadrantenebene, ein Glasstück. Die Hälfte dieses Glases war versilbert, sodass es als Spiegel wirkte, während die andere Hälfte klar war. Das Gerät wurde an einem Griff auf der Rückseite des Instruments gehalten. Der Beobachter blickte durch das Fernrohr und durch die klare Glashälfte am anderen Schenkel auf den Horizont und bewegte dann den Zeiger, bis er den ausgewählten Stern am Horizont sitzen sah. Die Höhe des Sterns konnte dann an der Skala des Kreisbogens abgelesen werden. Durch Anbringen von zwei geschwärzten Glasscheiben am hinteren Dreiecksschenkel konnte das Gerät auch zur Vermessung der Sonne benutzt werden. Dazu wurde eine Glasscheibe zwischen den beweglichen und den Halbspiegel eingefügt, um die Helligkeit der Sonne zu mindern, während die andere jenseits des Halbspiegels platziert werden konnte, um die Helligkeit des Meereshorizonts zu reduzieren, wenn die Sonne zu dicht über ihm stand.

Er schrieb: „Es wäre töricht zu meinen, dieses Gewerbe sei ökonomisch ebenso wichtig gewesen wie ... das Londoner Uhrengewerbe jener Zeit; man sollte auch nicht die rasche Ausdehnung des Handels mit Sextanten für die astronomische Navigation vergessen. Ramsden ... hatte bis 1789 mit einer Belegschaft von sechzig Mechanikern eintausend Sextanten hergestellt."

Das optische Prinzip des Sextanten

Dieses Gerät nutzte die Tatsache, dass ein von einem Spiegel reflektierter Lichtstrahl um einen doppelt so großen Winkel umgelenkt wird als der, um den man den Spiegel dreht. Das heißt, der Winkel an der Dreiecksspitze musste nur 45 Grad betragen, damit das Instrument Winkel bis zu 90 Grad messen konnte. Um größere Winkel messen zu können, hatten spätere Versionen einen Kreisbogen von 60 Grad. Diese Geräte nannte man dann Sextanten. Mit ihrer Hilfe maß man den Winkel zwischen einem Stern und dem Mond, der für das Monddistanzen-Verfahren benötigt wurde. Die Messgenauigkeit des Sextanten wurde verbessert, indem man entweder eine Noniusskala oder eine Mikrometerschraube am Zeigerarm verwendete.

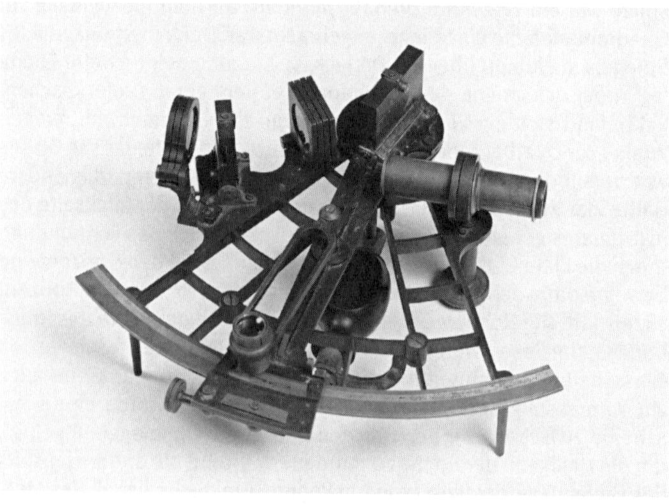

9.8 Sextant.

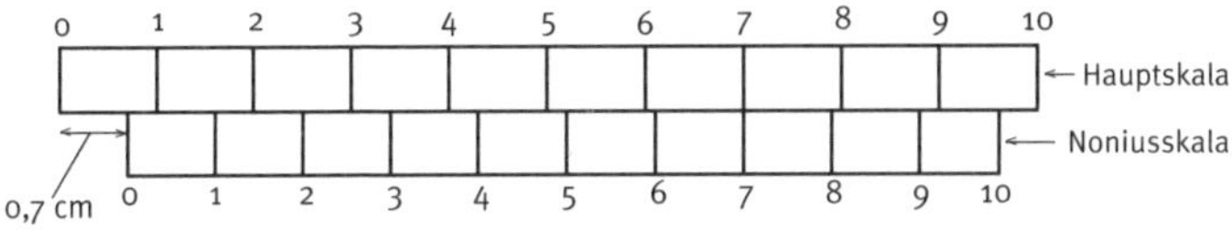

9.9 Die Noniusskala.
Das Prinzip der Noniusskala wird bei vielen Sextanten angewandt. Zehn Teilungsintervalle auf der Noniusskala entsprechen neun Teilungsintervallen auf der Hauptskala, sodass jedes Noniusintervall gleich 9/10 eines Hauptintervalis ist. Das menschliche Auge kann leicht erkennen, wann ein Teilstrich auf der Hauptskala mit einem Noniusteilstrich übereinstimmt. In diesem Fall ist es Strich 7. Zieht man 7 Noniusintervalle von 7 Hauptintervallen wie folgt ab: 7 x 1 cm - 7 x0,9 cm = 7 x (1 cm - 0,9 cm) = 0,7 cm, so ist dies der Abstand zwischen den beiden Nullpunkten. Die Noniusskala ist am Zeigerarm des Sextanten angebracht und bewegt sich angrenzend an der Hauptskala. Damit sind Messungen auf ein Zehntelgrad genau möglich.

Navigationsschulen

Um seine Position auf See zu bestimmen, musste der Navigator die geografische Breite und Länge seines Schiffs ermitteln. Eine brauchbare Schätzung der Breite war mit Hilfe eines Sextanten möglich, mit dem man entweder die Höhe des Polarsterns oder die Mittagshöhe der Sonne messen konnte. Für eine genauere Bestimmung der Breite musste man jedoch die Polarsterntabellen verwenden, die im *Nautical Almanac* veröffentlicht waren. Die Längenbestimmung war sehr viel schwieriger. Hierfür benötigte der Navigator die von seinem Chronometer angegebene Greenwich-Zeit, aktuelle Sternbeobachtungen sowie die *Almanach*-Daten für Datum und Zeit dieser Beobachtungen. Am besten nahm man in sehr kurzen Zeitabständen Beobachtungen an drei Sternen vor und verband in einer reichlich komplizierten Berechnung die Winkelmessungen dieser Sterne mit der Zeit und den Daten zu jedem dieser Sterne. Dazu musste der Navigator die nötigen Sternbeobachtungen durchführen können, die Grundlagen der Positionsastronomie kennen, wissen, wie man nautische und mathematische Tabellen verwendet und in der Lage sein, Berechnungen auszuführen, für die sphärische Trigonometrie, Algebra und Arithmetik gebraucht wurden. In vielen Ländern musste der Navigator einen Befähigungsschein haben, der auf formalen Prüfungen beruhte, um nachzuweisen, dass er all diese Fachkenntnisse besaß. Wo konnte er die zum Bestehen dieser Prüfungen nötigen Kenntnisse erwerben?

Alston Kennerley zufolge (in *Aids to the Teaching of Nautical Astronomy and its History from 1600*) „wurde nautische Astronomie an Land erlernt, bei Wissenschaftlern, die die damit verknüpften zahlreichen Aspekte erforschten, bei Lehrern für Seefahrt und an Navigationsschulen." Der Navigator machte seine Beobachtungen von der Meeresoberfläche aus und zeichnete seine Reise auf einer Karte auf, die im Wesentlichen ein erweiterter Ausschnitt einer Erdkugel war. Dabei arbeitete er in einem geozentrischen System und nahm an, dass alle Himmelsobjekte auf der Oberfläche einer riesigen Himmelskugel lagen. Somit benutzte er bei seiner Arbeit die alte Zwei-Sphären-Hypothese des Kosmos. Die Berechnungen des *Nautical Almanac* wurden jedoch im post-kopernikanischen System mit Hilfe Newton'scher Mechanik ausgeführt. Der Navigationsschüler musste also verstehen, wie diese beiden System zusammenhingen. Himmels- und Armillarsphären sowie Sterngloben wurden benutzt, um die mit der Zwei-Sphären-Hypothese verbundenen Vorstellungen zu lehren, während die kopernikanische Sicht mit Hilfe von Orrery-Planetarien vermittelt wurde. In den neuen Seefahrtsschulen, die im 19. Jahrhundert in einigen Hafenstädten Englands gegründet wurden, machte man zur Festigung der Grundvorstellungen, die nötig waren, um die vom Navigator verwendeten Systeme zu verbinden, ausgiebig Gebrauch von verschiedenen mechanischen Modellen des Universums. In George Orwells *1984* findet sich folgende Passage:

> *„Was sind schon die Sterne?“ sagte O’Brien ungerührt. „Ein bisschen Feuer, das ein paar Kilometer weit weg ist ... Für bestimmte Situation gilt das natürlich nicht. Wenn wir zur See fahren, oder wenn wir eine Sonnenfinsternis vorhersagen, kommt uns die Annahme manchmal gelegen, dass sich die Erde um die Sonne dreht und dass die Sterne Abermillionen von Kilometern weit entfernt sind. Na und? Glauben Sie etwa, es würde unsere Kräfte übersteigen, ein duales astronomisches System zu schaffen?“*

Ein duales System der Astronomie ist dem Navigator sehr vertraut, und es waren die Navigationsschulen, die durch die Verwendung unterschiedlicher Himmelsmodelle bewirkten, dass er kein Problem damit hat.

Kapitel 10

Eine astronomische Uhr aus dem Besitz von Dennis Bacon.

Taschen- und Armbanduhren

Transportable Zeitmessung

Astrolabium, Taschensonnenuhr und Sternuhr waren Zeitmessgeräte, die zwar klein genug zum Herumtragen waren, aber ihre Nachteile hatten. Sie benötigten einen klaren Himmel, und ihre Zeitangabe war recht beschränkt. Außerdem basierte mit der Einführung der Turm- und Standuhren im 14. Jahrhundert die bürgerliche Zeitmessung mehr und mehr auf der mittleren Sonnenzeit, wogegen Astrolabien und Taschensonnenuhren die wahre Sonnenzeit anzeigten. Die Geschichte der Taschenuhr ist die Geschichte, wie Menschen versuchten, ein tragbares mechanisches Gerät herzustellen, das genau genug war, mit der Drehung der Erde um ihre eigene Achse im Takt zu bleiben. Anfangs verwendeten die Uhrmacher zur Regulierung ihrer Taschenuhren im Wesentlichen einfach nur verkleinerte Versionen der Regulatoren, die bereits in den großen Turm- oder Standuhren benutzt wurden.

Von der Standuhr zur Taschenuhr

Standuhren wurden ursprünglich durch hängende Gewichte „angetrieben", während die Schwingungsfrequenz mit Hilfe eines Pendels gesteuert wurde (siehe Kapitel 8). Deshalb konnte man Standuhren nicht herumtragen, ohne einen neuen Standort auf einem ebenen Tisch oder einem Regal zu finden, wo das Pendel richtig funktionieren konnte. Das Pendel musste die richtige Länge haben, damit der Zeiger – oder später die Zeiger – die Zeit genau angaben. Erst als für den Antrieb des Uhrenmechanismus spezielle Federn entwickelt wurden, war es möglich, eine Taschenuhr zu bauen, wenn auch eine Hemmung nötig war, damit die Schwingungen der Unruh den oder die Zeiger mit der richtigen Geschwindigkeit bewegten. Die Taschen- oder Sackuhr war einfach eine kleine, transportable Standuhr.

Im Laufe der Zeit wurde die Größe weiter reduziert und die Taschenuhr – hier definiert als Feder getriebener Zeitmesser, klein genug, um unauffällig am Körper getragen zu werden – war geboren, wobei der Waagbalken durch einen hantelförmigen, zentral gelagerten Schwenkarm oder eine kreisförmige, mit Speichen versehene Unruh ersetzt wurde. Die Zeitspanne zwischen den ersten Turmuhren und den ersten Taschenuhren beträgt etwa zweihundert Jahre, von zirka 1300 bis 1500, wenn auch letztere Jahreszahl auf historischen Dokumenten beruht und die drei in einem 1488 datierten Brief aus Mailand erwähnten Taschenuhren möglicherweise kleine Standuhren waren. Einige Dokumente deuten darauf hin, dass Peter Henlein in Nürnberg um 1500 bis 1510 Taschenuhren baute. Anderen zufolge stammten sie aus Italien, Flandern oder Burgund. Die Frage, wo und wann zum ersten Mal Taschenuhren hergestellt wurden, kann wohl niemals richtig beantwortet werden.

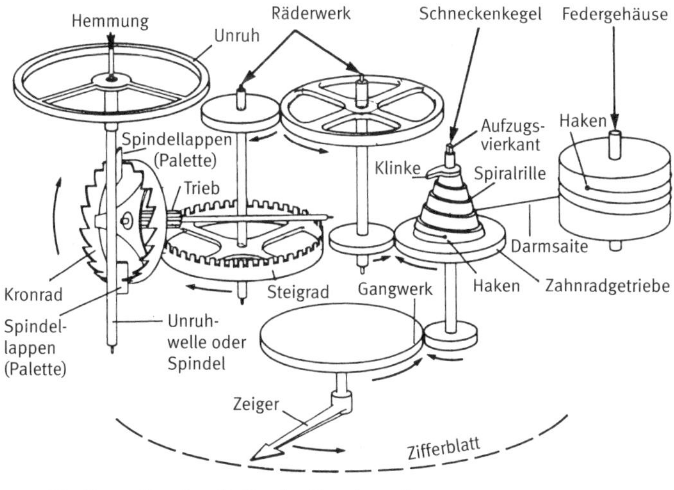

10.1 Die Grundbestandteile der Taschenuhr.

Die älteste noch erhaltene Taschenuhr, heute im Wuppertaler Uhrenmuseum zu besichtigen, stammt aus dem Jahr 1548 und trägt die Initialen c. w., was vermutlich für Casper Werner aus Nürnberg steht. Sie hat ein vergoldetes, trommelförmiges Metallgehäuse und ein vergoldetes Metallzifferblatt, geschützt von einem durchbrochenen Deckel. Ein einzelner Zeiger gibt die Zeit auf einem gravierten Ring sowohl in römischen (I–XII) als auch in arabischen Ziffern (13–24) an. Zudem ermöglichen es erhabene Stifte auf dem Zifferblatt, die Zeit im Dunkeln zu ertasten. Das Uhrwerk ist aus Eisen mit einer Hantel-Unruh, die oben von einem kleinen Lager (Kloben) gehalten wird. Sie enthält eine grobe Vorrichtung, eine so genannte Federbremse (siehe Abb. 10.2), die zum Ausgleich der veränderlichen Antriebskraft (Drehmoment) der Feder dient.

Eine weitere frühe Uhr, heute im Louvre in Paris, wird auf 1551 datiert. Sie trägt die Inschrift „Jacques de la Garde" und wurde in Blois hergestellt. Das Gehäuse ist kugelförmig, obwohl das Messing-Uhrwerk im Wesentlichen zylindrisch ist. Auf dem kleinen Zifferblatt wird die Zeit von einem einzelnen Zeiger an-

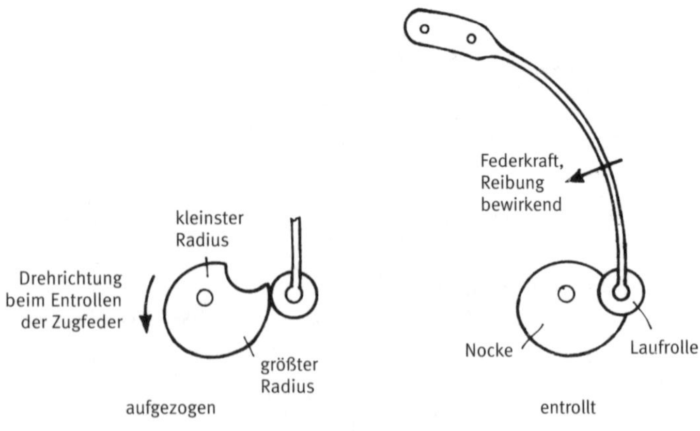

10.2 Die Federbremse.
Diese Vorrichtung übte eine gewisse Reibung auf die Schwingungsrate der Hemmung aus, die nachließ, wenn sich die Zugfeder der Uhr entrollte.

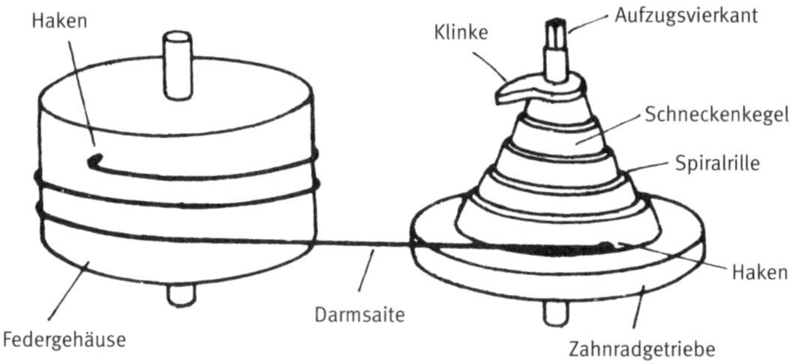

10.3 Der Schneckenkegel.

gegeben. Bei dieser Taschenuhr wird das veränderliche Federdrehmoment durch einen so genannten Schneckenkegel (siehe Abb. 10.3) ausgeglichen, der der Federbremse überlegen war und diese bis um 1650 völlig ersetzt hatte. Eine ähnliche kleine kugelförmige Uhr wird im National Maritime Museum in London aufbewahrt.

Diese beiden Beispiele veranschaulichen die Merkmale von Taschenuhren aus dem 17. Jahrhundert – ein Messing-Uhrwerk mit einem Schneckenkegel für eine bessere Ganggenauigkeit, eingebaut in ein trommelförmiges Gehäuse. Bis 1600 hatte sich das Uhrmacherhandwerk in fast ganz Westeuropa ausgebreitet, und es sind genügend Taschenuhren erhalten geblieben, um das Entwicklungsmuster verfolgen zu können. Die ersten Taschenuhren hatten einen Ring (Bügel) am Gehäuse, der im rechten Winkel zur Uhrenebene angebracht war; bei späteren Uhren lag der Bügel gewöhnlich in derselben Ebene. Die frühen Exemplare waren als Schaustücke gedacht, die um den Hals des Eigentümers gehängt wurden, da sie etwas Seltenes und Kostbares darstellten, und waren daher eher Halsuhren statt Taschenuhren. Sie sind auf zeitgenössischen Gemälden zu sehen, wie auf dem von Hans Eworth in der Royal Collection im Windsor Castle. Es stammt aus dem Jahr 1563 und zeigt Lord Darnley, der eine kreisförmige, goldfarbene Uhr an einer Schnur um den Hals trägt. Weitere für die Geschichte der Uhren kennzeichnende Illustrationen sind *il Magnificio Bartolommeo* von Jacopo Pontormo (1549), *Portrait of a Young Man* von Ludger Tom Ring (1550) und ein Gemälde ohne Titel von Tommaso Manzuoli, das wahrscheinlich um 1560 entstand.

Grundmechanismus der Taschenuhr

Eine Taschenuhr enthält in einem Federgehäuse eine Zugfeder, die offen sein kann, aber gewöhnlich eher spiralförmig aufgerollt ist. Diese ist an einer Welle befestigt, so dass sich das Gehäuse dreht, wenn sich die Feder entrollt. Die Drehung der Welle wird an die Hemmung übertragen. Dies geschieht über eine Reguliervorrichtung und ein System von Zahnrädern (Zahnradgetriebe), deren Zahnzahl so gewählt ist, dass die Verhältnisse der Rotationsgeschwindigkeiten (Übersetzungen) der verschiedenen Teile stimmen. Die Feder muss sich langsam entrollen, um eine lange Laufzeit zu gewährleisten, und die Zeiger müssen sich mit der richtigen Geschwindigkeit drehen, um die Zeit anzuzeigen. Die Geschwindigkeit wird in erster Linie durch die Hemmung mit ihrer hin und her schwingenden Unruh gesteuert. Diese erlaubt dem Hemmrad, sich Zahn für Zahn weiterzudrehen, und mit jedem freigegebenen Zahn dreht sich jedes Rad im Getriebe ebenfalls ein kleines Stück weiter. Der Zeiger ist durch das Gangwerk mit einem der Räder verbunden und so eingerichtet, dass er sich in zwölf Stunden einmal dreht und dabei die Zeit auf dem Zifferblatt anzeigt. Die Reguliervorrichtung ist nötig, um das Federdrehmoment konstant zu halten. Wie schon erwähnt, wurde das bei den ersten Uhren durch eine Federbremse erreicht und ab der zweiten Hälfte des 17. Jahrhunderts durch den leistungsfähigeren Schneckenkegel.

Manchmal wird behauptet, der Schneckenkegel sei von Leonardo da Vinci erfunden worden, weil sein Werk eine Skizze davon enthält (cod. Madrid I, Blatt 32, rechte Seite). Dies ist jedoch unwahrscheinlich, da er von 1452 bis 1519 lebte und eine Federuhr mit einem Schneckenkegel bereits in einer Abbildung in einem Buch von 1450 zu sehen ist. Bei der Verwendung eines Schneckenkegels wird die Feder in einem Federgehäuse untergebracht; das eine Ende der Feder ist am Gehäuse befestigt und das andere (innere) Ende an einer festen Welle, um die sich das Federgehäuse dreht. Eine lange Darmsaite ist an diesem Gehäuse befestigt und um es herumgewickelt; das andere Ende der Darmsaite ist am Schneckenkegel festgemacht. Die Feder wird aufgezogen, indem der Schneckenkegel mit einem Schlüssel gedreht wird, wobei sich die Darmsaite vom Federgehäuse ab- und auf den Schneckenkegel, in den eine spiralförmige Rille geritzt ist, aufwickelt. Ist die Feder voll aufgezogen, wirkt die über die Darmsaite an den Schneckenkegel übertragene Kraft auf den kleinsten Radius; doch wenn sich die Feder langsam entspannt, wickelt sich die Darmsaite wieder auf das Federgehäuse, und die nachlassende Federkraft wirkt auf einen immer größeren Schneckenkegelradius. Bei korrekter Konstruktion ist das Drehmoment (Kraft mal Radius), das auf den Schneckenkegel und damit auf das Getriebe wirkt, konstant.

Außer dem Zeiger und seinem Antrieb sowie der Unruh der Hemmung befinden sich all diese Uhrenteile zwischen zwei Platinen, die durch Pfeiler auseinander gehalten werden, die an der dem Zifferblatt am nächsten liegenden Platine befestigt sind. Die andere Platine ist durch abgeschrägte Arretierstifte gesichert, die durch Pfeilerverlängerungen hindurchgehen, die aus der Platine herausragen. Der obere Drehzapfen der Unruh ist im Kloben gelagert, der seinerseits an der Platine befestig ist – bei den frühen Uhren durch einen Stift, nach etwa 1630 durch eine Schraube. Diese Teile bilden das Uhrwerk. Es besteht üblicherweise aus vergoldetem Messing und ist reich verziert. Für die Radwellen, Triebe, Zeiger und verschiedene Kleinteile wird Stahl verwendet. Sichtbare Stahlteile sind häufig gebläut. Das Uhrwerk muss geschützt sein und ist daher in einem Gehäuse untergebracht, das gewöhnlich aufklappbar ist, sodass die Uhr geöffnet und das Werk aufgezogen oder gestellt werden kann.

Uhrgläser wurden erst ab etwa 1625 eingepasst. Die Gehäuse konnten auf vielfältige Weise verziert sein.

Das Uhrmacherhandwerk

Der Übergang von großen Turm- und Standuhren zu kleinen Taschenuhren verlangte neue Werkzeuge und Fähigkeiten vom damaligen Handwerker. Es ist nicht schwer, sich vorzustellen, dass ein Schmied eine von Gewichten angetriebene Uhr mit den großen Ausmaßen, wie sie an früherer Stelle beschriebenen sind, bauen konnte. Das Material für den Rahmen und die meisten anderen Teile war Schmiedeeisen; jene Teile, die härter sein mussten, konnten aus karbonisiertem Eisenstahl hergestellt werden, das entsprechend dem Verwendungszweck verstärkt und biegsam gemacht werden konnte.

Als Werkzeuge standen zur Verfügung Hammer und Amboss, Meißel, Stanzen, grobe Feilen, Sägen und Raspeln sowie grobe Bohrer, zusammen mit Linealen, Zirkeln und Reißnadeln zum Anzeichnen. Schneidwerkzeuge waren aus Stahl, wobei zunächst die Zähne ausgestemmt wurden und dann das Ganze gehärtet und biegsam gemacht wurde. Geschärft wurde mit Stein. Weiche Materialien wie Eisen oder Messing konnten daher mit harten, scharfen Werkzeugen bearbeitet werden. Verbindungen wurden durch Löten, Nieten oder Hammerschweißen hergestellt, Oberflächen durch Kaltschmieden oder Oberflächenhärtung.

Die Umrisse von Zahnradrohlingen wurden mit einem Zirkel gezeichnet, der um den Mittelpunkt einer Platte gedreht wurde, die man zuvor unterteilt hatte, um die Lage der Zähne zu markieren. Die Zähne konnten dann von Hand so gefeilt werden, dass sie ein bestimmtes, durch eine Lehre vorgegebenes Profil erhielten; Radfräsmaschinen kamen später auf. Einfache Drehbänke zum Drehen von weichen Materialien wie Holz gab es seit dem Altertum, doch das Drehen von Metall erforderte Stahlwerkzeuge und viel größere Kräfte, für die eine einfache Drehbank nicht geeignet war. Wurde jedoch ein Spannschlitten verwendet, musste der Dreher das Werkzeug nur ruhig halten und führen statt auch noch die Drehkräfte abzufangen. Größere, einfache Drehbänke wurden mit einem Trittbrett angetrieben, das eine um das Werkstück gewickelte Schnur nach unten zog. Eine biegsame Stange, die an einem festen Punkt oberhalb der Drehbank angebracht und an der das andere Ende der Schnur befestigt war, zog das Trittbrett wieder in seine Ausgangsstellung zurück. Dadurch drehte sich das Werkstück rückwärts und vorwärts, und das Abspanen geschah während der geeigneten Drehrichtung.

Bei kleineren, von Gewichten angetriebenen Haushaltsstanduhren waren die Arbeitsgänge ähnlich, doch der nächste Schritt zu kleinen, tragbaren Standuhren und noch kleineren Taschenuhren verlangte andere Fähigkeiten, die eher beim Schlosserhandwerk zu finden waren. Die Räder einer Taschenuhr – nach ähnlichen Verfahren hergestellt wie die der Standuhren – hatten Durchmesser von vielleicht 1,5 Zentimeter und 40 Zähne und die Ritzel Durchmesser von 0,5 Zentimeter und zehn Zähne. Diese Räder bewegten sich weder schnell noch ununterbrochen, sodass es zu keiner großen Abnutzung oder Überhitzung durch Reibung kam, doch die Ganggenauigkeit hing von der Stetigkeit der Bewegung ab.

Die Drehbänke waren verkleinerte Ausgaben der oben beschriebenen, betrieben durch einen Handbügel, der vor und zurück bewegt wurde. Das Fräswerkzeug wurde mit nur einer Hand gesteuert. Ein so genannter Support zum Abstützen war somit für jeden, der an den winzigen Werkstücken arbeitete, unbedingt nötig.

Die Feder selbst war entscheidend für die Ganggenauigkeit und musste mit einer konstanten Dicke und Breite hergestellt werden sowie mit hoher metallurgischer Gleichmäßigkeit, um die Kraft noch zu verstärken. Dazu wurde Schmiedeeisen zu einer ebenmäßigen Dicke gehämmert und dann geschnitten und gefeilt oder durch feststehende Feilen gezogen, bis die endgültige Größe erreicht war; in die Enden wurden die Befestigungslöcher gebohrt. Diese langen Streifen wurden dann gereinigt, poliert und aufgewickelt. Die so erhaltenen Spiralen aus weichem Eisen wurden in einen mit Kohlematerial gefüllten Lehmkasten gepackt und mehrere Tage erhitzt – die richtige Temperatur fand man durch Probieren heraus –, bis man meinte, wiederum aufgrund von Erfahrung, dass das Eisen genügend Kohlenstoff aufgenommen hatte, um zu Stahl mit der richtigen Elastizität zu werden. (Werkzeugstahl wurde nach einem ähnlichen Verfahren hergestellt.) Dann ließ man die Federn abkühlen. Anschließend wurden sie gereinigt, poliert, erhitzt und abgelöscht, um sie zu härten. Diese harten Federn legte man in eine Kiste mit Metallfeilspänen und erhitzte sie, um sie zu einer tiefblauen Farbe auszuglühen; die Enden wurden durch Erwärmen enthärtet. Die Ausfallrate bei der Produktion war hoch. Als die Anzahl der hergestellten Uhren stieg, hat man wahrscheinlich das Eisenmaterial vor oder anstelle des ersten Hämmerns gezogen und gewalzt.

Zeitgenössische Darstellungen geben nützliche Hinweise auf die Praktiken der ersten Uhrmacher. Eine aus einem Manuskript aus dem späten 15. Jahrhundert nachgedruckte Abbildung zeigt eine Uhrmacherwerkstatt mit zwei Arbeitern, Hammer und Amboss, Räder, Feilen, einen Drillbohrer und zwei Standuhren. Eine andere, ein aus dem 16. Jahrhundert stammender Stich einer Werkstatt, ist viel detailreicher und zeigt ein Schmiedefeuer, Amboss, Hämmer, Zangen, Schraubstöcke, Feilen, Räder und Gewicht- und Federuhren mit Waag und Unruh.

Weitere Entwicklungen

Mitte des 17. Jahrhunderts waren Taschenuhren immer gebräuchlicher geworden, und die Uhrmacher bemühten sich sowohl um Genauigkeit als auch um eine dekorative Wirkung. Der englische Uhrmacher Thomas Tompion (1639–1713) entwickelte ein Verfahren zum Justieren der aktiven Länge einer „Unruhfeder", womit man hervorragend die Ganggenauigkeit „einstellen" konnte. Die Lösung dieses Problems schuf jedoch ein anderes. Die Zugfedern von Taschenuhren waren in warmen Taschen weniger „federnd“ als an der freien Luft. Daher neigte die Uhr dazu, wenn sie für die Nacht auf einem Tisch abgelegt wurde, über Nacht vorzugehen.

Taschenuhren waren relativ teure kleine Gegenstände und gingen leicht kaputt, wenn man sie zum Beispiel zu Boden oder ins Wasser fallen ließ. Das führte dazu, dass man die Uhr irgendwie am Besitzer befestigte. Die Uhr selbst musste vorsichtig behandelt werden und hatte häufig ein geschlossenes Gehäuse, damit kein Schmutz eindringen konnte.

Mit zunehmender Zuverlässigkeit der Taschenuhren reichte ein einzelner Zeiger nicht mehr aus, um die Zeit anzugeben. Stattdessen wurde ein „Gangwerk“ unter dem Zifferblatt der Uhr angebracht. Damit begannen die Uhren langsam so auszusehen wie unsere heutigen. Das Gangwerk bestand aus einem kleinen zentralen Zahnradgetriebe mit einer Übersetzung von zwölf zu eins. Der Stundenzeiger bewegte sich um 30 Grad weiter, während der schnellere Minutenzeiger 360 Grad durchlief.

Die Zifferblätter der ersten Taschenuhren unterschieden sich beträchtlich in ihrer Gestaltung, wurden jedoch bald standardisiert, ebenso wie die Gangwerke. Damit war es möglich, Extrafunktionen mit einzubauen, wie zum Beispiel eine Stoppuhr, die die Zeitdauer eines bestimmten Vorgangs messen konnte. Einige Uhren waren mit einer Wecker- oder Läutevorrichtung versehen. Diese Extrafunktionen erforderten ein größeres Können und mehr Bauteile und waren natürlich entsprechend teurer.

Die astronomische Taschenuhr von Margetts

George Margetts wurde 1748 geboren und starb wahrscheinlich 1808 in einer Anstalt. Er war ein bekannter Uhrmacher, doch seine Arbeit wies ihn nicht nur als geschickten Handwerker, sondern auch als Mathematiker aus. Aufgrund seiner mathematischen Fähigkeiten konnte er eine Reihe astronomischer Taschenuhren entwerfen und auch bauen und zudem Tabellen mit astronomischen Angaben erstellen. So fertigte er zum Beispiel einen Tabellensatz für die Auf- und Untergangszeiten von Sonne, Mond und Sternen an, der die Position des Mondknoten enthielt sowie die mittlere Zeit für Neu- und Vollmonde und Finsternisse über einen Zeitraum von 6000 Jahren vor oder nach jedem beliebigen Jahr des 18. Jahrhunderts. Außerdem diente er dazu, seine neu erfundenen astronomischen Taschenuhren darzustellen und zu erklären.

Einige wenige Taschenuhren unterschiedlicher Größe existieren noch, doch Margetts verwendete, vielleicht unklugerweise, Zylinderhemmungen statt der neuen Ankerhemmungen, die von Zeitgenossen wie Mudge, Julian le Roy und Emery entwickelt wurden. Doch selbst wenn diese Hemmungen bis zum Zeitpunkt von Margetts Tod voll ausgereift gewesen wären, hätte er sie wohl nicht gewählt, da er in seinen astronomischen Taschenuhren komplizierte Mechanismen verwendete. Wäre Margetts später geboren worden, hätte er vermutlich freie Ankerhemmungen eingebaut. Diese Entwicklung stellte eine Verbesserung dar, da die Unruh der Ankerhemmung frei von störenden Einflüssen durch andere Uhrenteile war.

Margetts hatte bereits Stand- und Taschenuhren gebaut, die Sternzeit und mittlere Sonnenzeit anzeigten. Das erforderte ein kompliziertes Rädergetriebe hinter dem Zifferblatt, was zu Spiel in den Zahnradgetrieben führen konnte. Einige Uhrenkenner vermuten, dass diese Uhren für Kapitäne der East India Company hergestellt worden sein könnten; anderen Vermutungen zufolge stellten diese ungenauen Uhren mit Zylinderhemmung keine ersten Versuche in Richtung der neuen Ankerhemmungen dar, sondern waren einfach nur zur rechten Zeit für den Betrieb astronomischer Uhren verfügbar.

Die vorliegenden von Margetts hergestellten Taschenuhren wurden wahrscheinlich von seinen Angestellten gebaut. Margetts Hauptgeschäft war vermutlich die Konstruktion der astronomischen Teile seiner Uhren, während er das Grundgetriebe seinen Arbeitern überließ. Die Hemmung wurde möglicherweise von Margetts selbst gebaut, es sei denn, er hielt seine Mechaniker für so hervorragend, dass er ihnen diese Arbeit anvertraute und er selbst sich um die Anordnung der komplizierten Mechanismen seiner astronomischen Uhren kümmerte.

Eine von Margetts gebaute Uhr wird im Science Museum aufbewahrt. In einem Aufsatz vom April 1969 beschreibt George Daniels diese Uhr: „Die von den Zifferblättern gelieferten Informationen sind deutlicher zu erkennen. In der Mitte sind die Zeiger für die Uhrzeit; ihr Zifferblatt ist konventionell mit den Ziffern I–XII versehen. Auf dem Zifferblatt sind auch die Namen von acht Häfen angegeben: Portsmouth, London, Hull, Yarmouth, Dover, Downs, Plymouth und Dublin. Der Gezeitenstand in diesen Häfen wird auf der das Zifferblatt umgebenden 24-Stunden-Skala angezeigt, die auch den Mondzeiger trägt. Die Position des Monds im Tierkreis und seine Deklination sind auf den äußeren Kreisen des großen Zifferblatts angegeben. Diese zeigen von innen nach außen die Deklination in Grad, Zeichen und Grad des Tierkreises und Datum und Monat des Sonnenjahrs. Der Sonnenzeiger gibt das Datum und wie der des Monds die Deklination der Sonne und ihre Position im Tierkreis an.

Auf dem kreisförmigen Rahmen, der die äußeren Kreise von den Sternbildern trennt, sind die Breitengrade des Monds ober- oder unterhalb der angezeigten Deklination eingraviert. Er zeigt auch mittels des Drachenkopfzeigers, der eine seiner vier Speichen bildet, die Lage der Finsternisknoten des Monds auf dem Tierkreis an. Der äußere gebogene Rahmen, der von dem Rand des Zifferblatts für die Uhrzeit ausgeht, stellt den Horizont des Beobachters dar, und der Zwischenraum zwischen ihm und dem inneren Bogen die Dämmerungsperiode. Alles rotiert im Uhrzeigersinn außer dem Zifferblatt für die Uhrzeit und dem Horizontrahmen, die stillstehen.“

Hemmungen

Das Herz einer mechanischen Taschen- oder Armbanduhr ist die Hemmung, und von etwa 1550 bis heute gab es unterschiedliche Konstruktionen für dieses wichtige Teil.

Spindelhemmung

Diese Hemmung wurde als Erste in größerer Zahl verwendet. Sie bestand aus einer senkrechten Spindel (Unruhwelle), die in ein senkrechtes Kronrad (Hemmrad) griff. Der Rest des Rädergetriebes befand sich zwischen den Platinen. Zwischen Spindel und Kronrad gab es allerdings Reibung (siehe Abb. 10.4).

Zylinderhemmung

Die Zylinderhemmung (siehe Abb. 10.5) kam um 1726 in England auf. Ihr Hauptvorteil bestand darin, dass sie nicht so kompliziert war wie die Spindelhemmung, bei der ein zusätzliches senkrechtes Rad zwischen den Platinen platziert werden musste. Es gab immer noch Reibung in der Hemmung, da das Hemmrad sowohl auf der Außen- wie der Innenseite des Zylinders ruhte. Trotz der Reibung in der Hemmung wurde diese Konstruktion viele Jahre verbreitet in Schweizer Uhren verwendet, einschließlich der bekannten kleinen Damenuhren.

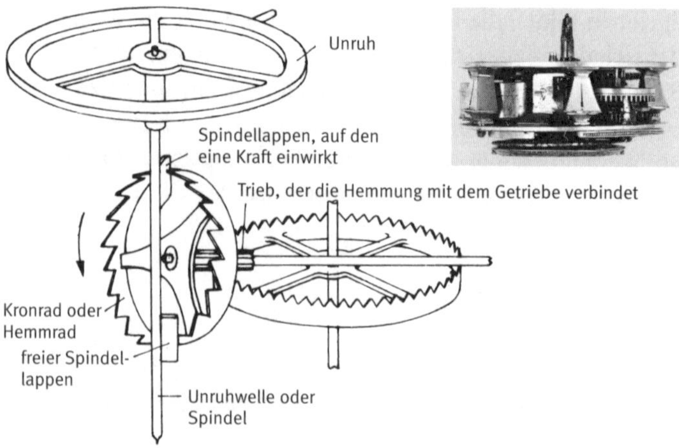

10.4 Die Spindelhemmung.

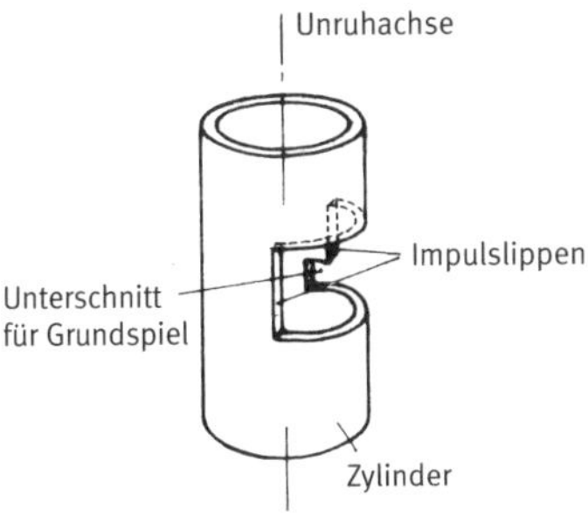

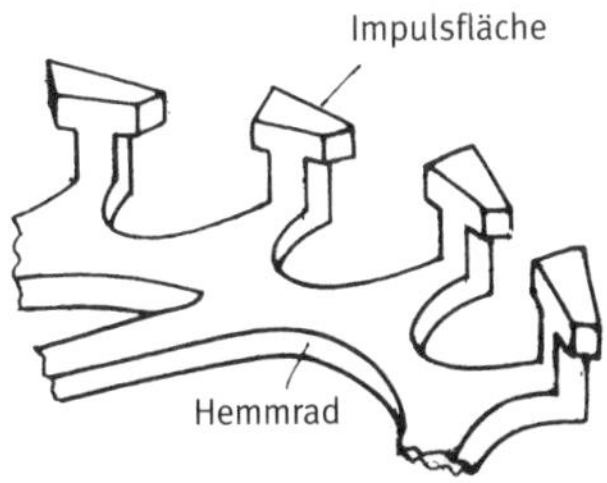

10.5 Die Zylinderhemmung.

Duplexhemmung

Der Begriff „Duplex" (Doppel) war wahrscheinlich eine spätere Ergänzung, als weitere Hemmungen erfunden wurden. Die Duplexhemmung besitzt zwei Zahnsätze auf einem Hemmrad. Ein Zahnsatz sperrt das Rädergetriebe, bis der Schlitz an der Walze der Unruhwelle dem Hemmrad erlaubt, einen Impuls an den inneren Zahnring am Rand des Hemmrads zu übertragen. Dabei wird fast während des ganzen Vorgangs Reibung an der Walze der Unruhwelle erzeugt (siehe Abb. 10.6).

Chronometerhemmung

Zwei Typen von Chronometerhemmungen wurden kurz nach den Harrison-Chronometern entwickelt. Die Konstruktion einer Federhemmung stammt von Earnshaw und die einer Wippenhemmung von Arnold. Arnold und andere englische

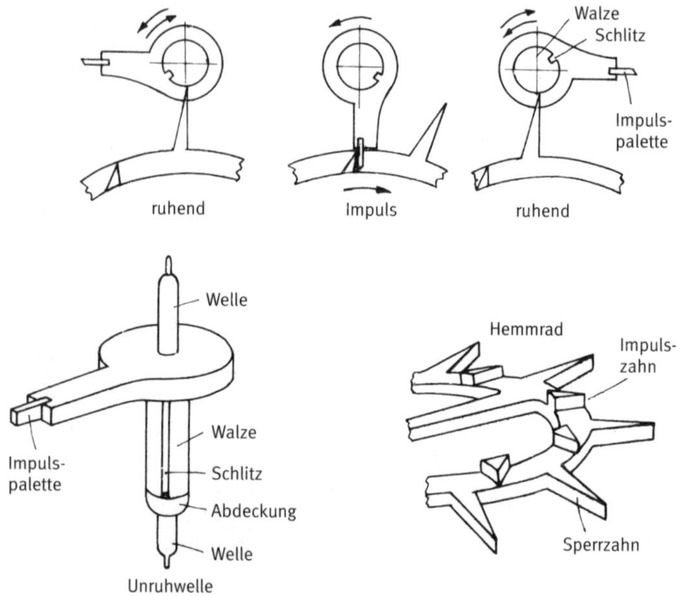

10.6 Die Duplex-Hemmung.

Uhrmacher entschieden sich schließlich, das Earnshaw-Federhemmungssystem in ihren Chronometern zu verwenden (siehe Abb. 10.7). Einige Uhrmacher auf dem Kontinent blieben jedoch bei der Wippenhemmung.

Nach und nach wurden Taschenchronometer populär. Ob sie für den normalen Uhrenbenutzer von großem Wert waren, ist zu bezweifeln, doch bei richtiger Behandlung konnten sie zu bestimmten Zwecken benutzt werden. Insbesondere fanden sie bei der Höhenbestimmung zu Navigationszwecken auf See Verwendung. Die in einem Gehäuse kardanisch aufgehängten Haupt-Seechronometer konnten nicht an Deck gebracht werden, doch mit einem genauen Taschen- oder Beobachtungschronometer konnte die „Deck-Uhrzeit“ bestimmt werden. Ankergangwerke guter Qualität wurden ebenfalls für diesen Zweck verwendet.

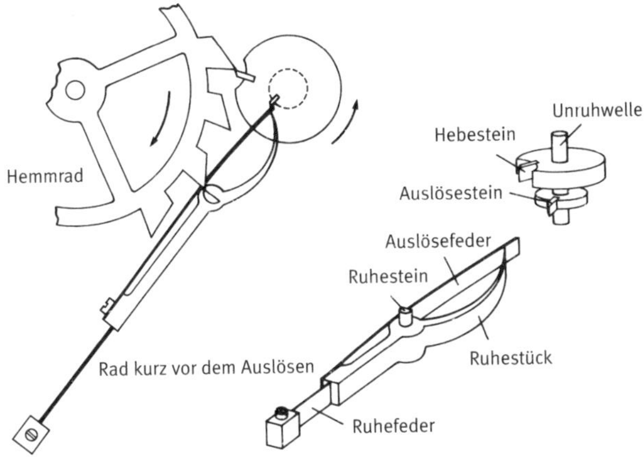

10.7 Die Chronometerhemmung.

Ankerhemmung

Die Verwendung der Ankerhemmung war bei englischen Uhrmachern weit verbreitet. Es gab viele Bauarten, doch schließlich setzte sich die Schweizer Ankerhemmung durch.

Rechenankerhemmung

Die Rechenankerhemmung wurde 1791 für Litherland in England patentiert. Um die Wende des 19. Jahrhunderts wurde sie in beträchtlicher Stückzahl hergestellt. Die Konstruktion bestand aus einem Anker mit einem Rechen (Zahnstange), der in die Unruh griff. Der Rechen war am freien Ende des Ankers mit einem Gegengewicht versehen. Einige Taschenuhren mit Rechenanker besaßen ein großes Hemmrad mit dreißig Zähnen; andere waren mit den üblicheren 15-zähnigen Rädern ausgestattet. Das hieß, dass das Hemmrad eine unkonventionelle Rotationsrichtung hatte. Wie bei den meisten englischen Anker-Taschenuhren bilden Unruhwelle, Anker und Hemmung einen rechten Winkel (siehe Abb. 10.8).

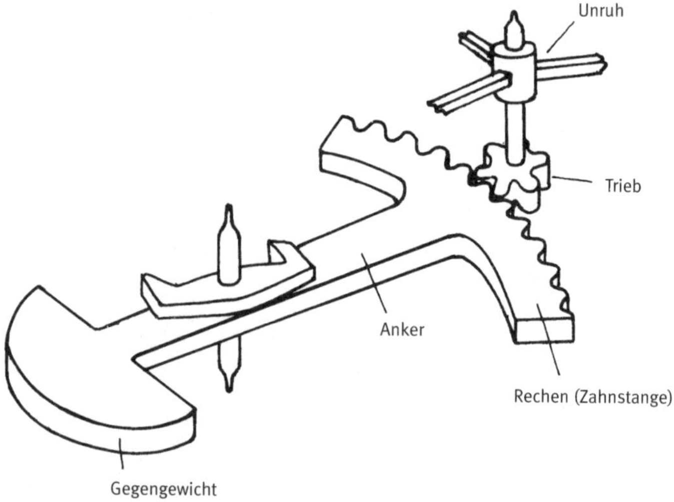

10.8 Die Rechenankerhemmung.

Massey-Ankerhemmung

Im Jahr 1814 erfand Massey eine freie Ankerhemmung. Der Begriff „frei" besagt, dass die Unruh nach dem Anstoß durch den Anker unter dem Einfluss der Unruhfeder frei schwingen kann. Man könnte sie als eine einzähnige Rechenankerhemmung bezeichnen (siehe Abb. 10.9). Massey entwickelte seine Hemmung weiter und fügte mit Edelsteinen besetzte Impulsstifte ein. Diese Bauart führte zur endgültigen englischen Ankerhemmung.

Savage-Zweistiftankerhemmung

Die Savage-Bauart verwendet ebenfalls eine rechtwinklige Hemmungsanordnung, doch die Walze der Unruhewelle besitzt zwei Stifte zum Lösen der Hemmung sowie einen Schlitz an der Welle, um die Ankergabel und den Stift anzustoßen (siehe Abb. 10.10).

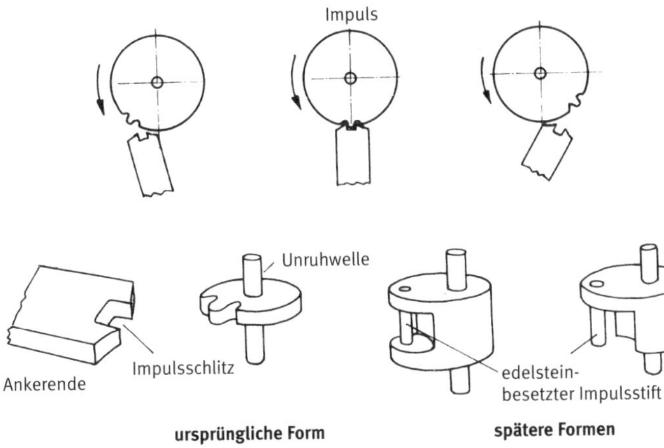

10.9 Die Massey-Ankerhemmung.

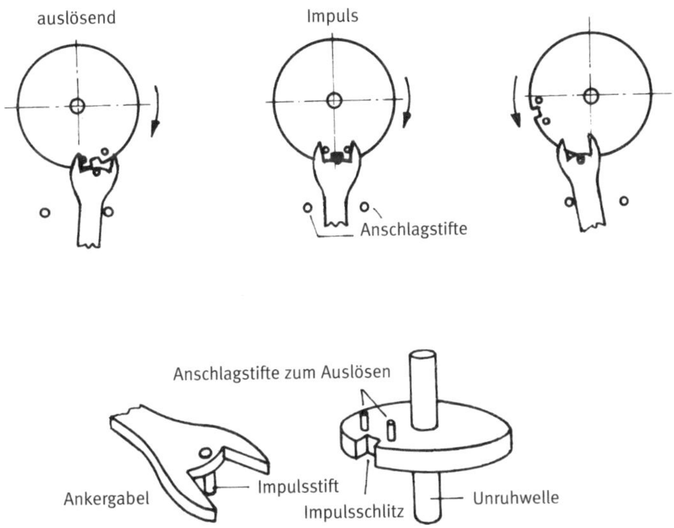

10.10 Die Savage-Zweistiftankerhemmung.

Die übrigen Beispiele für Uhren mit Ankerhemmung enthalten die englische (Rollgang-)Ankerhemmung und die Schweizer Ankerhemmung. Im Allgemeinen verwendeten englische Ankerbauer eine rechtwinklige Anordnung, doch es gibt einige Beispiele für die weniger häufige geradlinige Anordnung. Schweizer Uhrmacher verwenden gewöhnlich eine geradlinige Anordnung, doch einige Schweizer Uhren haben eine rechtwinklige. Frühe Ankeruhren zeigen häufig eine überraschende Bauart.

Stiftankerhemmung

Uhren mit Stiftankerhemmung stammen größtenteils aus der Schweiz oder Amerika. Abbildung 10.11 zeigt die Einzelheiten der Stiftankerhemmung. Obwohl beide Länder eine blühende Uhrenindustrie besaßen, gelang es nur der Schweizer, zu überleben und ihren „Roskopf"-Uhrenmarkt nach dem zweiten Weltkrieg wieder aufzubauen. Amerikanische Stiftankeruhren wurden wegen ihres ursprünglichen Preises häufig „Dollar-Uhren" genannt. Es ist interessant, die amerikanische Uhrenindustrie, die etwa 1837 begann, näher zu betrachten und mit einigen europäischen zu vergleichen.

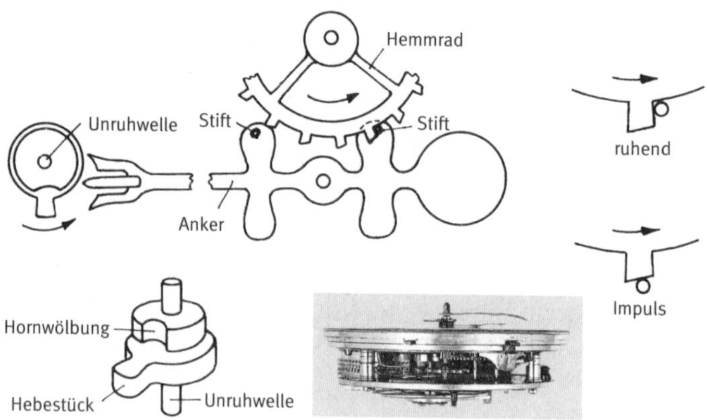

10.11 Die Stiftankerhemmung.

Die Uhrenindustrie in Amerika und Europa

Die Pitkin-Brüder versuchten, Uhren mit auswechselbaren Teilen herzustellen, doch es wurden nur 500 davon gebaut. Die amerikanische Uhrenindustrie florierte, als Aaron Dennison begann, mit Edward Howard und David Davis in Massachusetts zusammenzuarbeiten. Diese neue Firma wollte ihre Uhren mit Hilfe automatischer Fertigungsmaschinen bauen, um ihr Ziel – auswechselbare Teile – zu erreichen. Dennison holte seinen früheren Partner Nelson Stratton dazu, der bei den Pitkin-Brüdern Lehrling gewesen war. Die Hauptschwierigkeiten der neuen Firma waren die Herstellung von Zifferblättern und die Vergoldung, weshalb sich Dennison nach England begab, um dort Rat zu suchen. Dennison nahm auch die Herstellung einer Achttageuhr in Angriff, ging jedoch bald zur konventionelleren Dreißigstundenuhr über. Anfangs wählte er das englische Spitzzahn-Ankerhemmrad, doch bald entschied er sich für den Schweizer Typ der Hemmung, weil sie ihm robuster erschien.

Zur Entwicklung der nötigen Maschinen wurde der Ingenieur Charles Moseley angestellt, der bald erkannte, dass man dazu eine Fabrik und keine kleine Werkstatt benötige. In dieser Fabrik in Waltham stellten zu Anfang hundert Arbeiter etwa drei Dutzend Uhren pro Woche her. Moseley verließ 1852 die Firma, wurde jedoch 1854 wieder eingestellt. Die Firma war finanziell nicht abgesichert und machte 1857 Bankrott. Tracy und Baker, Hersteller von goldenen Uhrengehäusen, kauften sie zusammen mit Royal Robbins und D. F. Appleton auf.

Die Firma lief unter verschiedenen Namen und überlebte bis 1957. Der bekannteste Name für das Unternehmen war die Waltham Watch Company. Eine umfassende Geschichte der amerikanischen Uhrenherstellung ist in einem Ergänzungsband des *Bulletin of the National Association of Watch and Clock Collectors, Inc.*, Nr. 14, Frühjahr 1984, enthalten. Diese Publikation bietet eine ausgezeichnete Zusammenfassung der amerikanischen Uhrenindustrie.

Während weitere amerikanische Firmen gegründet wurden, befand sich die englische Uhrmacherei in einem schlimmen Zustand. Die traurige Geschichte ihres Niedergangs wird durch die Fertigungszahlen Englands und der Schweiz in den Jahren 1800 und 1850 illustriert. Englische Uhrmacher produzierten 1800 etwa 200 000 Uhren, ebenso die Schweizer. Doch während die Engländer fünfzig Jahre später über diese Stückzahl von 200 000 Uhren nicht hinausgekommen waren, stellten die Schweizer inzwischen rund zwei Millionen her. Englische Uhrmacher hielten jedoch an ihren herkömmlichen Methoden fest und ignorierten die Warnsignale.

Ein paar Jahre lang versuchten einige englische Firmen, Maschinen zu verwenden. Doch leider waren sie bis 1930 alle gescheitert. Diese Firmen waren (in chronologischer Reihenfolge): Company William Ehrhardt; Rotherham & Sons; Lancashire Watch Company; J. W. Benson und H. Williamson, Ltd.

Aufeinander abgestimmte Zeitmessvorrichtungen waren von entscheidender Bedeutung in Kriegszeiten, und so bat die Regierung vor dem 2. Weltkrieg die Firma S. Smith & Sons, ihre Uhrenproduktion wieder aufzunehmen. Smith & Sons erwarb Maschinen als auch Material aus der Schweiz und stellte in Cheltenham Uhren für militärische Zwecke her. Nach dem Krieg ermutigte die Regierung erneut Smith, Ingersoll und Newmark, billige Stiftankeruhren zu bauen, um den Bedarf der Nation zu decken.

Smith und Ingersoll bauten in Ystradgynlais in Wales Stiftankeruhren und Newmark in Croydon. Die in Wales hergestellte Taschenuhr beruhte auf dem Ingersoll-Vorkriegsmodell. Im Jahre 1947 eröffnete Timex eine Armbanduhrenfabrik in Dundee und Westclox 1948 eine Fabrik für Standuhren. Die in Dundee produzierten Armbanduhren waren unter der Marke „Kelton“ bekannt, doch bis 1960 hatte die Marke „Timex“ die Kelton abgelöst.

Als Schweizer Uhren in Großbritannien erhältlich wurden, gab man die Stiftankermodelle auf und „Timex“ übernahm die Leitung. Noch heute werden Timex-Uhren in England verkauft, doch es ist unwahrscheinlich, dass sie tatsächlich noch im Lande hergestellt werden, da die Lohnkosten höher sind als anderswo. Der Name „Timex" wurde von einer Schweizer Firma in La Chaux-de-fonds erworben. Die Nachkriegsuhrenindustrie in Amerika und anderen Ländern war etwas durcheinander, da die meisten Armbanduhren im 2. Weltkrieg vom Militär beansprucht worden waren. Nach Kriegsende 1945 dürsteten Amerikaner und Europäer nach Uhren. Timex-Armbanduhren konnten zunehmend beide Märkte beliefern, und auch Schweizer Uhren kehrten in die Läden zurück.

Für einige Leute sind Timexuhren zweifellos Sammlerstücke, so wie in späteren Jahren Armbanduhren der in der Schweiz hergestellten Marke „Swatch". Im Laufe der Zeit hat die „Swatch" einen Kultstatus erworben, und viele Kunden kaufen ihre „Swatch" eher als Geldanlage und nicht zum Ablesen der Uhrzeit. Es gibt einen „Swatch-Club", eine weltweite Organisation mit Filialen in Österreich, Belgien, Luxemburg, Frankreich, Deutschland, Großbritannien, Italien, den Niederlanden, der Schweiz und den USA sowie eine internationale Gruppe für andere Länder.

Von elektrischen zu Quarzarmbanduhren

Die erste elektrische Armbanduhr wurde von Fred Lip hergestellt, einem Uhrmacher aus Besançon, dem Zentrum der französischen Uhrenindustrie. Er trug eine solche Uhr, als er im Juni 1953 auf Einladung des British Horological Institute nach London kam, um in der Royal Society of Art einen Vortrag zu halten. Obwohl es Versuche von zwei französischen Firmen gab, elektrische Uhren in Massenproduktion herzustellen, war es eine amerikanische Firma, der dies schließlich gelang. Am Jahresende 1955 kündigte die Hamilton Watch Company an, dass sie ab 3. Januar 1957 elektrische Armbanduhren mit Goldgehäuse verkaufen werde.

Eine Beschreibung der Funktionsweise dieser Uhr findet man in Eric Burtons *The History of Clocks and Watches*: „Bei der elektrischen Uhr war das Federgehäuse durch eine Batteriezelle ersetzt, die ein wenig größer war, aber genügend Energie lieferte, um die Uhr ein Jahr lang zu betreiben. Eine kleine Spiralfeder aus extrem dünnen Draht, befestigt an der Unruh, stieß diese dann elektromagnetisch an, sobald ein Mikroschalter, hergestellt aus einem Stück Unruhfeder, für einige Tausendstelsekunden geschlossen wurde."

Der nächste große Schritt vorwärts wurde von Max Hetzel getan, einem Elektronikingenieur aus der Schweiz, der an Zeitmessvorrichtungen für Fabriken arbeitete. Er verwendete in einer von ihm gebauten Uhr eine kleine Stimmgabel als sehr konstanten Regulator. Die Stimmgabel wurde durch eine elektrische Schaltung am Vibrieren gehalten, die der einer älteren elektrischen Türklingel recht ähnlich war, nur auf einem gehobenerem Niveau. Da Hetzel in Europa keinen kommerziellen Rückhalt für seine Uhr fand, ging er Anfang der 1960er-Jahre nach Amerika. Seine Ideen wurden von der Bulova Watch Company aufgegriffen, die einen Vertrag mit der NASA zur Entwicklung von Zeitschaltuhren für künstliche Satelliten und Raumfahrzeuge hatte. Diese Firma produzierte anschließend ein Uhrwerk für Armbanduhren, Accutron genannt. Die Stimmgabel für dieses Uhrwerk hatte eine Länge von etwa 2,5 Zentimeter. Die eine Zinke der Gabel trieb über einen Racketmechanismus die Zeiger an. Die Batterie, die die Uhr mit Energie versorgte, hielt ein Jahr, und es wurde garantiert, dass die Uhr nicht mehr als eine Minute pro Monat nachging. So wie Quarzstanduhren – vor Einführung der Atomuhren – trotz ihres Alterungsproblems die stabilsten Oszillatoren boten, so glaubte man, dass auch von Quarzkristallen gesteuerte Armbanduhren für die meisten Alltagszwecke ideal geeignet seien. In der Schweiz wurde das Centre Electronique Horologer eingerichtet, um zu untersuchen, wie eine solche Uhr hergestellt werden könnte. Im Jahr 1967 verkündeten sie, erfolgreich eine durch einen Quarzkristall gesteuerte Armbanduhr gebaut zu haben, die zehnmal genauer war als eine gewöhnliche Armbanduhr. Bei öffentlichen „Genauigkeitswettkämpfen" zeigte sich, dass diese Uhren anderen Konkurrenten überlegen waren. Die nächsten Wettkämpfe dieser Art wurden von den Schweizern abgesagt, als bekannt wurde, dass die Japaner, die ebenfalls an Quarzarmbanduhren arbeiteten, einige ihrer Produkte daran teilnehmen lassen wollten. In der Tat war es die japanische Firma Seiko, die als Erste derartige Uhren auf den Weltmarkt brachte.

Die ersten Quarzuhren hatten genau wie gewöhnliche Uhren Zeiger. Doch das änderte sich bald. Die Hamilton Watch Company stellte eine Uhr her, die so genannte Pulsar, die mit Hilfe eines speziellen elektronischen Transistors (einer Leuchtdiode, LED) die Zeit digital anzeigte. Die LED leuchtet, wenn sie elektrischen Strom leitet. Solche Dioden benötigen jedoch einen relativ hohen Strom, sodass die Zeit nur angezeigt wird, wenn der Besitzer einen Knopf drückt. Die LED ist inzwischen durch die Flüssigkristallanzeige ersetzt worden. Ein Flüssigkristall ist eine Substanz, die einige Eigenschaften einer Flüssigkeit besitzt, aber auch solche eines Kristalls, da große Molekülgruppen in ihr in parallelen Formationen ausgerichtet sind. Wird an einen solchen Kristall eine elektrische Spannung angelegt, ändert er seine Reflexionseigenschaften und Lichtdurchlässigkeit, eine Tatsache, die bei Uhren mit Flüssigkristallanzeige ausgenutzt wird. In solchen Uhren wird hinter dem Flüssigkristall, der zwischen zwei dünnen Glasscheiben eingeschlossen ist, eine reflektierende Oberfläche angebracht. Beim Anlegen von Spannung wird der Kristall durchsichtig, und Tageslicht kann von der dahinter liegenden Oberfläche reflektiert werden. Für nachts haben einige Uhren ein kleines Licht eingebaut, das, wenn nötig, durch einen kleinen Knopf eingeschaltet werden kann.

Handys, Satellitenfernsehen und immer mehr Reisen und Telefonate in ferne Länder verlangen, dass Astronomen und Uhrmacher ein absolutes Zeitsystem zur Verfügung stellen, das für diese globalen Aktivitäten unentbehrlich ist.

Kapitel 11

Ein moderner Mondglobus (Sammlung des William Day Planetarium, University of Plymouth).

Die Erforschung und Beschreibung neuer Welten

Die Kartierung des Südhimmels

Im 17. Jahrhundert gab es südlich des Äquators noch keine Observatorien. Das meiste, das über Sterne und andere Himmelskörper der Südhalbkugel bekannt war, beruhte ursprünglich auf einfachen Beobachtungen von Seeleuten und überliefertem Wissen, das sie auf ihren Reisen gesammelt hatten. Obwohl im Prinzip vom Äquator aus sämtliche Sterne am Himmel zu sehen sind, war es daher nicht einfach, Sterne in der Nähe des südlichen Himmelspols mit der gleichen Genauigkeit zu beobachten, wie sie bei der Erstellung von Katalogen, Sternkarten und Himmelsgloben des Nordhimmels erzielt wurde. Doch schließlich ermöglichten verbesserte Navigationstechniken und -tabellen, genauere Navigationsinstrumente sowie die Weiterentwicklung astronomischer Fernrohre auch die Erkundung der Südhalbkugel und die Herstellung detaillierter Sternkarten vom Südhimmel. Zwei Astronomen aus Europa machten hierbei den Anfang. Der Erste war der Engländer Edmund Halley, der Zweite der Franzose Nicolas-Louis de Lacaille.

Halley, St. Helena und Kometen

Obwohl Halleys Geburtstag nicht sicher bekannt ist, glauben die meisten Biografen, dass er am 29. Oktober 1656 geboren wurde – nach dem damals in England gültigen Julianischen Kalender (nach dem Gregorianischen Kalender, der in den katholischen Ländern Europas verwendet wurde, wäre es der 8. November gewesen). Am berühmtesten wurde Edmund Halley für seine Entdeckung des Halleyschen Kometen. Als dieser 1985/86 wieder an unserem Himmel erschien, wurde viel über Halley im Allgemeinen und seinen Kometen im Besonderen geschrieben. Doch diese Entdeckung stellte nur einen kleinen Teil seiner Leistungen dar. Halleys Leben und seine wissenschaftlichen Forschungen umfassten verschiedene Wissensbereiche, wenn auch die Astronomie einen sehr wichtigen Teil ausmachte.

Halley selbst schrieb: „Schon in zartem Alter zeigte ich eine deutliche Zuneigung zur Mathematik; und als ich mich vor etwa sechs Jahren erstmals ganz der Astronomie widmete, fand ich so viel Vergnügen und Freude an ihrem Studium, wie jemand darin Unerfahrenes kaum glauben würde. Ich wurde von einem solchen geistigen Schwung mitgerissen, dass ich in kurzer Zeit all die Feinheiten der Wissenschaft der Sterne erforscht hatte, die so weit von der Wahrnehmung gewöhnlicher Durchschnittsmenschen entfernt sind."

Halley hatte erfahren, dass der französische Astronom Jean Richer in Kürze ein Buch veröffentlichen würde, in dem er ausführlich über seine astronomische Expedition nach Cayenne berichtete. Richer hatte diese Expedition 1672 unternommen, als Mars in großer Nähe zur Erde stand. Halley vermutete, dass das Buch einen Katalog südlicher Sterne enthalten könnte, die Richer eventuell beobachtet hatte.

Er bemerkte jedoch: „... sollte diese Arbeit noch nicht durchgeführt sein, gedenke ich, dies selbst zu tun und mit der nächsten East India Fleet nach St. Helena zu reisen oder an einen anderen geeigneten Platz, wo der südliche Himmelspol deutlich höher steht, und große, genaue Instrumente mitzunehmen, damit ich eine höchst akkurate Kugel der Fixsterne anfertigen und unsere Globen ganz und gar vervollständigen kann ..."

Halley stellte sodann einen Plan für eine derartige Expedition auf, und es gelang ihm, sich die finanzielle und organisatorische Unterstützung mehrerer Personen für sein Projekt zu sichern: die seines Vaters; die des Außenministers Sir Joseph Williamson; die des Oberzeugmeisters Sir Jonas Moore und die Königs Charles II. selbst. Halley schrieb: „Und da ich nun sicher bin, dass ich fahren werde, ließ ich einen Sextanten bauen mit einem Radius von 5 ½ Londoner Fuß; der Rahmen ist aus Eisen, der Arm, die Fassungen und Skalen aus Messing. Er ist mit Fernrohren anstelle offener Visiere versehen; und damit alle nötigen Bewegungen bequem auf ihn übertragen werden können, ist er auf zwei gezahnten, rechtwinklig zueinander stehenden Halbkreisen montiert, mit denen durch die Drehung der (archimedischen) Endlosschrauben die Ebene des Sextanten problemlos auf die von zwei beliebig ausgewählten Sternen eingestellt werden kann."

Halley brach zusammen mit seinem Begleiter Clarke im November 1672 auf und traf drei Monate später auf St. Helena ein. Um die Positionen der ausgewählten südlichen Sterne zu messen, bestimmte er mit Hilfe seines Sextanten für jeden Stern die Winkelabstände zu mindestens zwei Sternen, die in Tycho Brahes Katalog verzeichnet waren. Halleys Sternkatalog war der erste, bei dem die Sternörter durch Teleskopbeobachtungen bestimmt worden waren. Allein schon durch diese Arbeit hatte er sich einen dauerhaften Platz in der Geschichte der Astronomie verdient.

Zu Halleys weiteren Leistungen auf dem Gebiet der Naturwissenschaft zählen seine Beobachtungen, dass bestimmte Kometen in regelmäßigen Abständen in die Umgebung der Sonne zurückkehren, seine Rolle bei der Überredung Isaac Newtons, dass dieser seine Untersuchungen zur Mechanik und Astronomie in den *Principia* veröffentlichte, sowie sein Wirken als zweiter Astronomer Royal in Greenwich. Seine Arbeit über Kometen lieferte einen schlagenden Beweis für Keplers zweites Gesetz der Planetenbewegungen, welches besagt, dass die gedachte Verbindungslinie zwischen Planet (oder Komet) und Sonne in gleichen Zeiten gleiche Flächen überstreicht. Da laut Halley Kometen stark elliptische Bahnen besitzen, bewegen sie sich die meiste Zeit mit geringer Geschwindigkeit in großer Entfernung zur Sonne; wenn sie sich der Sonne nähern, werden sie sehr viel schneller, so dass wir sie nur für relativ kurze Zeit sehen.

Mit Newtons Hilfe sagte Halley die Wiederkehr des Kometen vorher, der heute seinen Namen trägt: „Weshalb ich voller Zuversicht wage, seine Wiederkehr vorherzusagen, nämlich für das Jahr 1758."

Am Weihnachtstag jenes Jahres wurde der Komet tatsächlich gesichtet und Halleys Vorhersage bestätigt, doch Halley erlebte die Wiederkehr seines Kometen nicht mehr, weil er am 14. Januar 1742 verstorben war.

Die Abbildungen 11.1 und 11.2 zeigen die Funktionsweise eines von T. Desaguliers hergestellten Kometariums, das die Kepler'schen Gesetze in Halleys Anwendung auf Kometen berücksichtigt.

In der Sammlung des Science Museum ist ein statisches Modell zu sehen, das die Bahn des Halley'schen Kometen in Beziehung zur Erdbahn darstellt. Dieses Modell simuliert ein weiteres allgemeines Merkmal von Kometen – das Aussehen und Verhalten eines Kometenschweifs bei Annäherung an die Sonne. Die 1986 zum Kometen Halley geflogene Raumsonde Giotto stellte fest, dass der Kern des Kometen ein kartoffelförmiger Klumpen aus Wassereis von rund 14 Kilometer Länge und 7 Kilometer Breite ist, überzogen mit einem dunklen, rußähnlichen Material. Als sich der Komet 1986 der Sonne näherte, brachte die Sonnenstrahlung einen Teil des Eises zum Verdampfen. Dieser Dampf bildete eine Atmosphäre um den Kern, die so genannte Koma. Das Gleiche geschieht auch bei allen anderen Kometen, wenn sie in die Nähe der Sonne kommen. Der von der Sonne ausgehende stetige Strom aus sehr energiereichen subatomaren Teilchen, Sonnenwind genannt, drückt dann einen Teil der Koma in einen langen Schweif. Folglich ist dieser Schweif immer von der Sonne abgewandt, so dass der Komet, wenn er sich wieder von der Sonne entfernt, tatsächlich mit dem Schweif voraus fliegt! Das Modell im Science Museum versucht, dies wiederzugeben.

Der Teil der Kometenbahn, der in der Umgebung der Sonne verläuft, ist durch ein steifes Stück Draht dargestellt. Es ist in die korrekte Form des entsprechenden Abschnitt der elliptischen

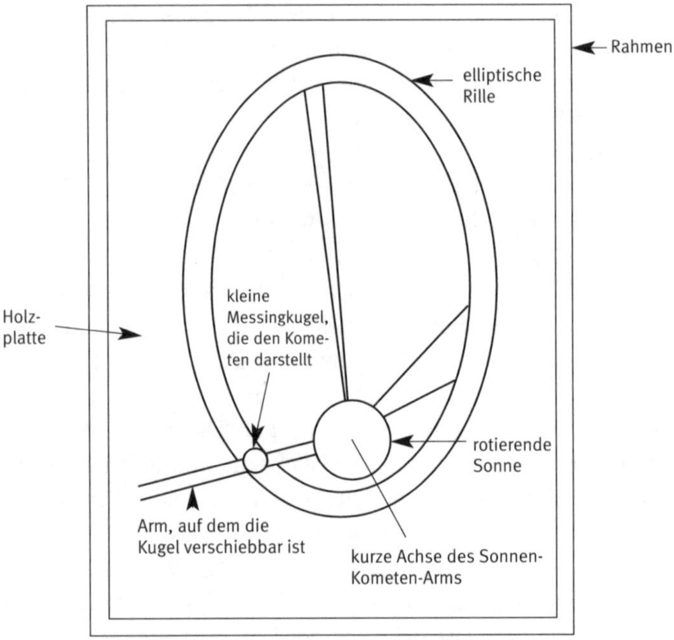

11.1 Die Vorderseite eines Kometariums.
Dieses Modell besteht aus einer Holzplatte mit einer elliptischen Rille, in der sich eine kleine Messingkugel, die den Kometen darstellt, bewegen kann. Diese Messingkugel ist auf einem Arm frei verschiebbar, der an der Sonnenkugel befestigt ist. Diese wiederum ist an einer kurzen Achse montiert, die durch ein Loch in der Holzplatte geht, das sich in einem der Brennpunkte der Ellipse befindet. Die Holzplatte und eine über ihr liegende Glasplatte sind so in einem Rahmen eingebaut, dass der Arm und die Kometenkugel sich frei zwischen Brett und Glasscheibe bewegen können. Die kurze Achse, an der die Sonne und der Kometenarm befestigt sind, trägt an ihrem anderen Ende auf der Rückseite der Holzplatte eine elliptische Scheibe, die in einem ihrer Brennpunkte rechtwinklig zu der Achse angebracht ist. Eine zweite elliptische Scheibe gleicher Größe ist an einer weiteren kurzen Achse befestigt, die aus dem zweiten Brennpunkt der elliptischen Rille herausragt, aber auf der Vorderseite nicht zu sehen ist. Der Abstand zwischen den Achsen der beiden Ellipsen ist gleich dem Abstand zwischen den Brennpunkten der elliptischen Rille. Die Elliptizität dieser elliptischen Scheiben auf der Rückseite ist gleich der der elliptischen Rille, und ihre Größe ist so gewählt, dass sie sich fast berühren.

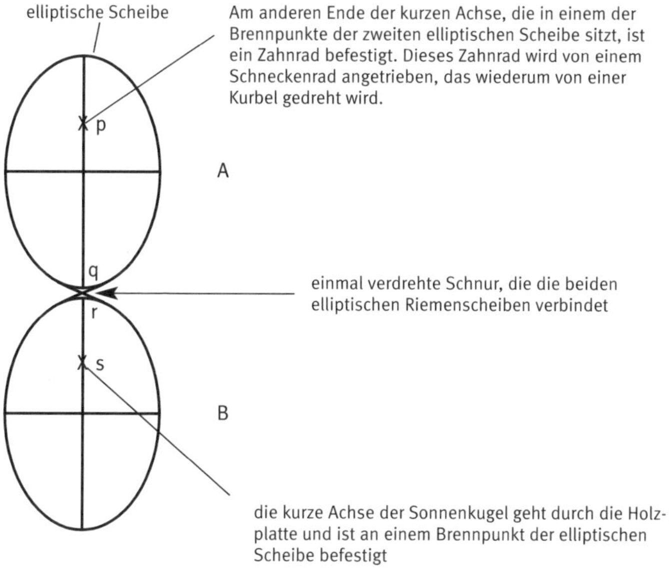

11.2 Der Antriebsmechanismus des Kometariums von Desagulier. Beide elliptischen Scheiben besitzen entlang ihres Umfangs eine Rille wie eine Riemenscheibe. In diesen Rillen läuft eine Schnur aus Darmsaite, die zwischen den Scheiben einmal verdreht ist. An der Achse der zweiten elliptischen Riemenscheibe ist ein weiteres Rad befestigt, das wiederum von einem anderen Rad gedreht wird, an dem eine Kurbel angebracht ist. Wird diese Kurbel gedreht, bewegt sie die elliptische Riemenscheibe mit dem Sonnen-Kometen-Arm in einer Weise, dass sich der Komet gemäß dem zweiten Kepler'schen Gesetz in der elliptischen Rille entlang bewegt. Da die Kopplung zwischen den beiden Riemenscheiben ein einfacher Antrieb mit Rutschkupplung ist, bewegt sich der Komet nicht sehr gleichmäßig, gibt aber die Bewegung eines echten Kometen einigermaßen richtig wieder.

Bahn gebogen und gegen das kreisförmige Stück Draht geneigt, das die Erdbahn verkörpert. Am Draht der Kometenbahn sind geformte Wattebäusche befestigt, die den Kometen in verschiedenen Stadien auf seiner Bahn darstellen. Die unterschiedlich langen Wattebäusche deuten die Länge des Schweifs an und sind stets von der Sonne weg gerichtet. Die Sonne ist durch eine auf

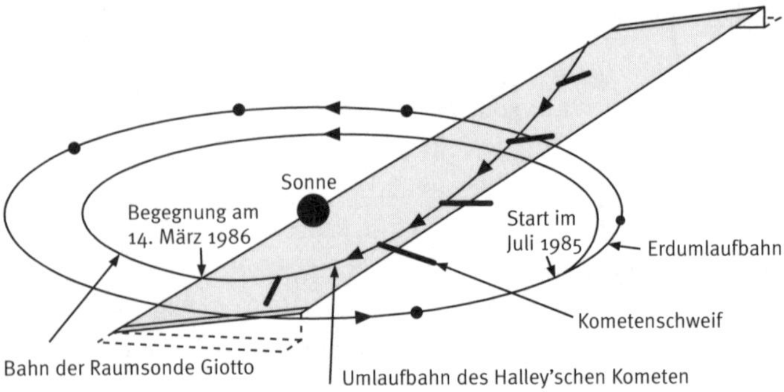

11.3 Ein von Percy Seymour gebautes Pappmodell, das die Begegnung der Raumsonde Giotto mit dem Kometen Halley darstellt.

einem Metallstab sitzende Metallkugel dargestellt; die Drähte der Kometen- und der Erdbahn werden ebenfalls durch Metallstäbe gestützt. Ein 1985 von Percy Seymour hergestelltes Modell eines Bahnabschnitts des Kometen Halley zeigt die Begegnung zwischen dem Kometen und der Giotto-Sonde (siehe Abb. 11.3).

Benennung der südlichen Sternbilder

Halley verbrachte zwar fast ein Jahr auf St. Helena, doch die Bedingungen dort waren nicht ideal für astronomische Beobachtungen, sodass er in dieser Zeit nur 350 Sterne genau vermessen konnte. Obwohl seine Arbeit einen großen Schritt voran darstellte, waren weitere Beobachtungen nötig, um den Südhimmel mit derselben Genauigkeit zu kartieren wie den nördlichen. Diese Arbeiten wurden von Abbé Nicolas-Louis de Lacaille (1713–62) durchgeführt. Im Jahr 1750 reiste er mit Unterstützung der französischen Regierung zum Kap der Guten Hoffnung, um den Südhimmel mit Hilfe eines speziell konstruierten Teleskops zu kartieren. Dieses Teleskop war so effektiv, dass de Lacaille in weniger als zwei Jahren die Positionen von 10 000 Sternen vermessen hatte. Sein erster Katalog, der 1757 herauskam, enthielt 400 der hellsten Sterne am Südhimmel. Sein vollständiger Katalog, korrigiert bezüglich all der Fehler, die bei astronomischen Beobachtungen auftreten (wie zum Beispiel die Brechung des Lichts in der Atmosphäre), wurde 1847 posthum veröffentlicht. De Lacailles dauerhaftester Beitrag zur Astronomie war jedoch die Benennung der am Südhimmel stehenden Sternbilder. Sein Vorgehen dabei unterschied sich sehr von der Tradition auf der Nordhalbkugel. In den meisten Fällen benannte er die Konstellationen nicht nach antiken Helden und Heldinnen oder nach Vögeln und anderen Tieren. Viele seiner Namen spiegeln technische Errungenschaften der letzten Jahrhunderte wider, wie zum Beispiel Telescopium (Teleskop), Microscopium (Mikroskop) oder Horologium (Pendeluhr). Um die Positionen von Sternen exakt vermessen zu können, verwendeten die Astronomen ein Gitterfadenkreuz im Okular des Teleskops, ein so genanntes Retikel. De Lacaille unterstrich die Bedeutung dieses Instruments, indem er eines der südlichen Sternbilder Reticulum taufte. Eine ganze Reihe dieser Sternbilder sind auch noch auf heutigen Himmelsgloben und Sternkarten zu finden.

Mehr Monde und ein Planet

Verbesserungen bei der Konstruktion von Teleskopen und die Errichtung von Sternwarten führten zu der Entdeckung weiterer Planetenmonde und eines neuen Planeten. Wie in Kapitel 8 erwähnt, untersuchte Huygens die Ringe des Saturn und entdeckte den ersten Saturnmond, Titan. Weitere Monde des Saturn wurden von dem Italiener Giovanni Domenico Cassini am Pariser Observatorium entdeckt. Das Observatorium war 1667 gegründet worden, um Navigationstechniken zu verbessern, genauere Karten von Frankreich zu erstellen und die Gestalt der Erde zu untersuchen. Sein erster Direktor, Cassini, war zuvor Professor für Astronomie in Bologna gewesen. Offenbar hatte er beabsichtigt, das Observatorium zu errichten und dann nach ein paar Jahren nach Bologna zurückzukehren. Er blieb jedoch bis 1712 und begründete eine bemerkenswerte Astronomen-Dynastie. Seine Nachfolger als Direktor des Pariser Observatoriums waren sein Sohn, sein Enkel und sein Urenkel. Zwischen 1671 und 1684 entdeckte er vier Saturnmonde: 1671 Iapetus, 1672 Rhea und 1684 Dione und Tethys.

Den nächsten großen Sprung vorwärts bei der Entdeckung von Planeten und Monden machte William Herschel. Herschel stammte aus einer deutschen Familie von Militärmusikern. Er war Oboist in einer Militärkapelle, doch er hasste das Soldatenleben, desertierte und ging nach England. Nach einem kurzen Aufenthalt in Leeds ließ er sich in Bath nieder, wo er Musik unterrichtete und in seiner Freizeit Physik und Astronomie studierte. Dann beschloss er, Astronom zu werden. Mit Hilfe seiner Schwester, Carolyn Herschel, baute er das beste Spiegelteleskop, das damals in England zu finden war. Carolyn war selbst eine vorzügliche Astronomin und entdeckte einige Nebel und Kometen. Sie war die erste bedeutende Frau in der Astronomie und hätte wahrscheinlich noch mehr erreichen können. Doch sie beschloss, ihrem Bruder bei seinen Projekten zu helfen. Im Jahr 1781 entdeckte William den Planet Uranus. Zunächst glaubte er einen neuen Komet gefunden zu haben, doch weitere Beobachtungen zeigten, dass das Objekt scharfe Ränder hatte und daher ein Planet sein musste. Das bestätigte sich, als Astronomen die Umlaufbahn des Objekts berechneten und bewiesen, dass diese fast kreisförmig war, wie die Bahnen anderer Planeten, und nicht elliptisch wie die von Kometen.

Im Jahr 1787 entdeckte Herschel zwei Monde um Uranus, die später Oberon und Titania getauft wurden, und 1789 zwei weitere Saturnmonde – Enceladus und Mimas. Nach seiner Entdeckung des Uranus wurde William Herschel zum Hofastronom von König George III. ernannt. Herschel wollte den Planet nach seinem Gönner benennen – *Georgium Sidus* (Georgs Stern). Doch der deutsche Astronom Johann Elert Bode (1747–1826) schlug vor, dass er nach dem Vater des Saturn Uranus heißen sollte. Dieser Name wurde dann ab dem 19. Jahrhundert allgemein verwendet.

Im Jahr 1798 verkündete Herschel die Entdeckung von vier weiteren Monden des Uranus. Doch die Existenz dieser Monde konnte von ihm oder einem anderen Astronomen nie endgültig bestätigt werden. Offenbar hatte sich Herschel bei dieser Entdeckung getäuscht und die „fiktiven" Monde waren in Wirklichkeit schwache Hintergrundsterne. Einige Hersteller mechanischer Planetarien akzeptierten jedoch Herschels Behauptung, und so zeigen etliche Anfang des 19. Jahrhunderts gebaute Orrery-Planetarien Uranus, umkreist von sechs Monden. Ein solches Instrument befindet sich in der Sammlung des Plymouth City Museum and Art Gallery. Es ist ein Messing-Planetarium auf einem Holzsockel, und der Name des Herstellers ist mit J. Addison, Globemakers to George IV., 116 Regent Street, London angegeben. Man nimmt an, dass Addison zwischen 1822 und 1825 unter dieser Adresse gearbeitet hat.

Piazzi, Gauß und Asteroiden – und noch mehr Monde

Guiseppe Piazzi (1746–1826) war ein berühmter italienischer Astronom, der hauptsächlich als der Entdecker des ersten Asteroiden (auch Kleinplanet oder Planetoid genannt) bekannt wurde. Piazzi war Theatinermönch und lehrte zunächst am Kolleg seines Ordens Philosophie, bevor er dann in seinen späteren Jahren Interesse an der Astronomie fand. Aufgrund dieses Interesses wurde er von der Regierung Neapels ins Ausland geschickt, um die Gründung zweier Observatorien vorzubereiten, eines in Palermo und das andere in Neapel. Er besuchte Greenwich, Paris und Herschels Observatorium in Slough. Unmittelbar nach seiner Rückkehr nach Palermo erwarb er einen von Jesse Ramsden gefertigten Vertikalkreis für die Vermessung von Sternpositionen. Mit diesem und einigen anderen Instrumenten begann er, einen Sternkatalog zu erstellen. Zwischen 1792 und 1813 vermaß er die Positionen von 7646 Sternen und veröffentlichte sie in einem Katalog, wodurch Astronomen in anderen Ländern auf seine Fähigkeiten als Beobachter aufmerksam wurden. In der Nacht des 1. Januar 1801 bemerkte er ein schwaches Objekt, das von seinen Vorgängern nicht katalogisiert worden war. Er notierte die Koordinaten dieses Sterns und beobachtete ihn in der folgenden Nacht erneut. Doch inzwischen hatte dieser seine Position leicht verändert. Beobachtungen in darauf folgenden Nächten zeigten ganz deutlich, dass dieses Objekt entweder ein Komet oder ein neuer Planet war. Die Geschwindigkeit, mit der es seine Lage relativ zu den Hintergrundsternen änderte, war größer als die von Jupiter, aber kleiner als die von Mars. Wenn es ein Planet war, musste dieser also die Sonne irgendwo zwischen der Mars- und der Jupiterbahn umkreisen. Unter der Annahme, dass es sich um einen Planeten handelt, der wie die anderen eine nahezu kreisförmige Umlaufbahn besitzt, konnte Piazzi dessen Bahn um die Sonne berechnen. Als sich das Objekt der Sonne näherte, verlor er es aus den Augen. Doch aufgrund der berechneten Umlaufbahn ging er davon aus, die Beobachtungen wieder aufnehmen zu können, wenn das Objekt auf der anderen Seite der Sonne wieder auftauchte. Als es so weit war, konnte er jedoch zwischen den Dutzenden von Sternen, die in seinem Teleskop sichtbar waren, das Objekt nicht wieder finden.

In Deutschland arbeitete zu dieser Zeit Karl Friedrich Gauß (später als „Mathematikerfürst" bekannt) an dem Problem, wie man am besten eine glatte mathematische Kurve durch eine Reihe von Beobachtungsdatenpunkten legen kann. Obwohl es sich um eine sehr allgemeine mathematische Technik handelte, beschloss Gauß, der auch Astronom war, mittels dieser Methode eine elliptische Umlaufbahn durch die Positionen des Objekts zu legen, das Piazzi beobachtet und dann „verloren" hatte. Aufgrund dieser Berechnungen gelang es dann Baron de Zach, Piazzis Objekt an der von Gauß angegebenen Position wieder ausfindig zu machen, und so wurde das Objekt am 7. Dezember 1801 erneut gesichtet. Piazzi taufte es nach der Schutzgöttin Siziliens auf den Namen Ceres. Schon bald nach der Entdeckung von Ceres fand man drei weitere Asteroiden: Pallas, Juno und Vesta.

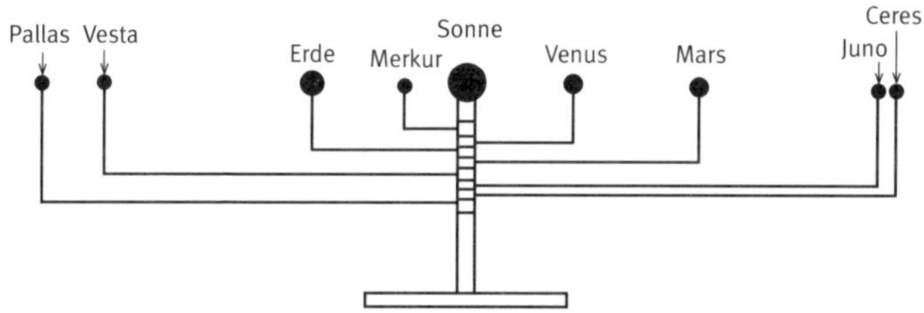

11.4 Eine vereinfachte Version des Pearson-Planetariums.
Eine schematische Skizze eines einfachen Orrery-Planetariums, gebaut von Percy Seymour, zeigt die terrestrischen Planeten sowie die Asteroiden Vesta, Juno, Ceres und Pallas. Die Abstände sind maßstabsgetreu, nicht aber die Größen. William Pearson hatte ein angetriebenes Planetarium gebaut, das die Planeten bis hinaus zu Uranus sowie die oben angegebenen Asteroiden zeigte.

Einige Orrery-Planetarien aus dem frühen 19. Jahrhundert zeigen diese vier Asteroiden. Eines davon, hergestellt von William Pearson, befindet sich im Science Museum in London (siehe Abb. 11.4). William Pearson wurde 1767 in Whitbeck in Cumberland geboren. Im Jahr 1830 schrieb er für *The Edinburgh Encyclopaedia* einen Artikel über Planetenmaschinen, in dem er die Ansicht äußerte, ein Planetarium sei „unvollständig", wenn es nicht die Asteroiden Ceres, Pallas, Juno und Vesta enthielt. Er bemängelte auch, dass Entwurf und Konstruktion mechanischer Planetarien seit dem Bau der allerersten insofern keine Fortschritte gemacht hätten, als sie die ersten beiden Kepler'schen Gesetze nicht berücksichtigten. Pearson beschloss, Planetarien zu bauen, die diesen Gesetzen Rechnung tragen. Sein Vorschlag war, den Planet an einem gekröpften Arm zu befestigen, der sich um den Mittelpunkt des Geräts bewegt, um die elliptische Bahngestalt in guter Näherung darstellen zu können. Damit bediente er sich der ptolemäischen Hilfsmittel Epizykel und Deferent zur Erzeugung einer nahezu elliptischen Umlaufbahn (siehe Abb. 11.5a und b). Keplers zweites Gesetz besagt, dass die Verbindungslinie zwischen einem Planet und der Sonne in gleichen Zeiten gleiche Flächen über-

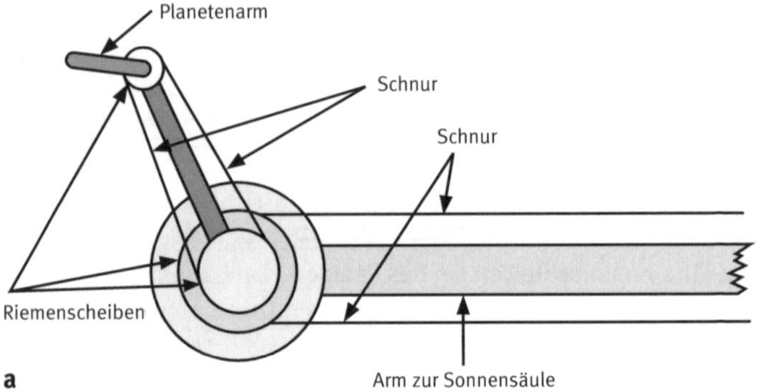

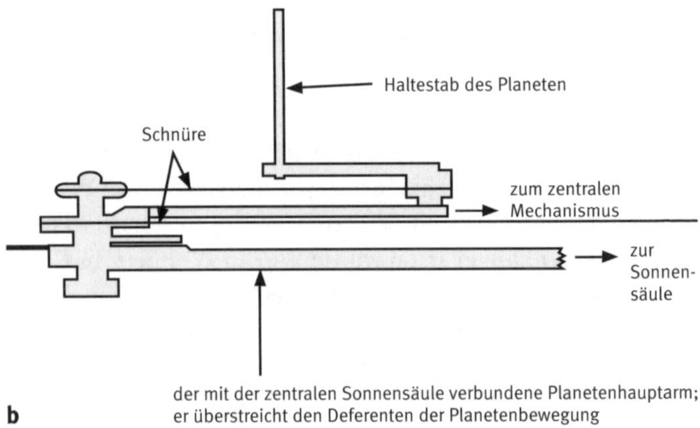

11.5a Eine Draufsicht des von William Pearson entwickelten Kurbelmechanismus zur Simulation annähernd elliptischer Planetenbahnen. **b** Das von William Pearson verwendete Grundprinzip zur Erzeugung von Modellplanetenbahnen, die in guter Näherung den von den Kepler'schen Gesetzen geforderten elliptischen Bahnen gleichen.
Da bekannt war, dass die Asteroiden Ceres und Pallas sehr ähnliche mittlere Entfernungen zur Sonne und sehr ähnliche Umlaufperioden haben, verwendete Pearson zum Antreiben beider Körper denselben Zahnradsatz. Da die Bahn von Pallas jedoch eine größere Exzentrizität als die von Ceres hat, verwendete Pearson für Pallas einen größeren Kurbeltrieb vom obigen Typ als für Ceres.

streicht, das heißt, dass sich die Umlaufgeschwindigkeit des Planeten mit seinem Abstand zur Sonne ändert. Pearson schlug vor, beim letzten Rad des Getriebes für den jeweiligen Planeten die Zähne in ungleichmäßigen Abständen anzubringen, um diesen Aspekt der Kepler'schen Gesetze zu simulieren. Überdies wollte er die Planetenbahnen nicht länger in ein und derselben Ebene anordnen. Wenn man dafür sorge, so sein Vorschlag, dass die Welle, die den Planeten trägt, sich senkrecht in einer Buchse bewegen kann, deren unteres Ende auf einer schrägen Kreisplatte ruht, dann würde sich der Planet auf einer Bahn um die Sonne bewegen, die gegen die Erdbahn geneigt ist (siehe Abb. 11.6).

Diese Vorschläge stellten eine eindeutige Verbesserung früherer Orrery-Planetarien dar. Als der für seine Arbeiten über die Wellentheorie des Lichts bekannte Physiker Thomas Young (1773–1829) Professor am Royal Institution in London war – von 1801 bis 1803 –, hätte er für einige seiner Vorlesungen gern ein großes Orrery-Planetarium gehabt. Zu seiner Enttäuschung musste er aber feststellen, dass die meisten der damals in London verfügbaren Planetarien nicht für den großen Vor-

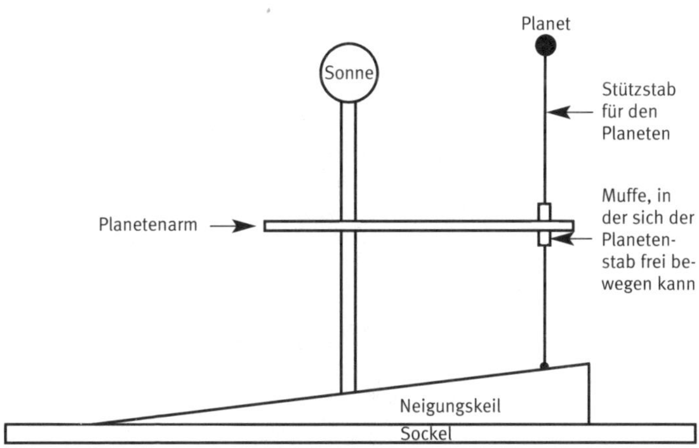

11.6 Grundprinzip zur Erzeugung einer kreisförmigen, geneigten Modellplanetenbahn.

Das Helios-Planetarium

Nur wenige mechanische und Projektionsplanetarien wurden gebaut, die versuchen, den Asteroidengürtel darzustellen. Ein kombiniertes mechanisches und Projektionsplanetarium, das eine sehr einfache Darstellung des Asteroidengürtels enthält, ist ein Modell aus Plastik und Metall, das vor rund 40 Jahren gebaut und auf den Markt gebracht wurde: das Helios-Planetarium (siehe Tafeln A, B und C). Ein batteriegetriebener Elektromotor in seinem Sockel treibt über einen Satz Plastikzahnräder drei Metallstangen, die waagrecht liegend in einem Winkel von 120 Grad zueinander angeordnet sind. Jede Stange hat einen Satz aus sieben Plastikrädern mit gebördelter Kante, auf denen sieben ineinander greifende Ringe ruhen, die sich frei gegeneinander bewegen können. An jedem Ring ist ein Flansch angebracht, der auf drei der gebördelten Räder ruht, die an den Metallstangen befestigt sind. Die Ringe verkörpern Planetenumlaufbahnen, und der Antrieb für jeden Ring stammt von der Reibung zwischen seinem Flansch und den gebördelten Rädern, auf denen er ruht. Beim fünften Ring, gezählt von innen nach außen, sind auf seiner schwarzen Oberfläche unregelmäßige weiße Punkte aufgemalt, die die Planetoiden des Asteroidengürtels darstellen. Jeder Hauptplanet wird durch eine Plastikkugel verkörpert; sie ist auf einem Plastikstab montiert, der an dem entsprechen-

Tafel A

den Ring befestigt ist. Die Sonne, eine orangefarbene Kugel mit einer batteriebetriebenen Glühbirne im Inneren, befindet sich auf einem fest stehenden Stab in der Mitte. Die gesamte Vorrichtung ist von einer unvollständigen Himmelskugel aus durchsichtigem Plastik umgeben, auf der die Sternbilder zu sehen sind, wobei die Sternbildnamen von außen gesehen in Spiegelschrift geschrieben sind. Die Himmelskugel ist einige Grad unterhalb der Ekliptik abgeschnitten. Die lichtdurchlässige orange Sonnenkugel kann entfernt werden, um die Sonnenglühbirne freizulegen. Wird die durchsichtige Himmelskugel über den Planetariumsteil des Instruments platziert, wirft die punktförmige Lichtquelle der Sonnenglühbirne Bilder der Sterne, der Konstellationen und ihre Namen auf eine nahe Wand oder Zimmerdecke.

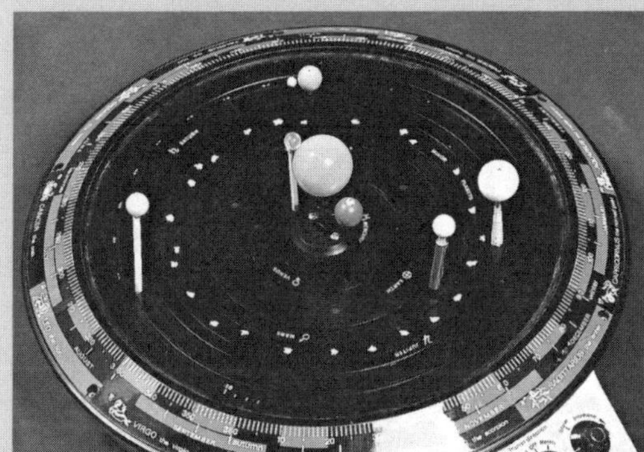

Tafel B

Tafel C

Das Baader-Planetarium

Das Baader-Planetarium kann auf ähnliche Weise verwendet werden wie das Helios-Planetarium. Die Sonnenkugel enthält ebenfalls eine punktförmige Glühbirne, mit der die Sternbilder von der Himmelskugel auf die Innenfläche einer kleinen Kuppel projiziert werden können, die über der Himmelskugel aufgehängt ist. Das Baader-Planetarium hat eine vollständige Himmelskugel, sodass sämtliche Sternbilder auf die halbkugelförmige Kuppel projiziert werden können. Nur einige Sterne und Sternbilder in der Nähe des südlichen Himmelspols sind weggelassen worden, um Platz für den Sockel des mechanischen Teils des Planetariums zu schaffen. Dieses mechanische Planetarium wird elektrisch angetrieben, wobei sich die Erde um ihre eigene Achse dreht, der Mond um die Erde und die Erde um die Sonne läuft (siehe Tafeln D und E). Die Erdachse ist um 66 ½ Grad gegen die Bahnebene geneigt, sodass mit dem Instrument auch die Entstehung der Jahreszeiten erklärt werden kann. Die Ebene der Mondbahn ist stärker gegen die der Erdbahn geneigt als um den Winkel von fünf Grad des echten Erde-Sonne-Mond-Systems. Somit kann das Gerät zwar Mond- und Sonnenfinsternisse demonstrieren, aber es produziert sehr viel mehr Finsternisse als im echten Sonnensystem vorkommen. Darüber hinaus enthält das mechanische Planetarium noch Drähte mit kleinen Kugeln daran, die die Bahnen von Merkur, Venus und Mars (mit seinen beiden Monden Phobos und Deimos) darstellen.

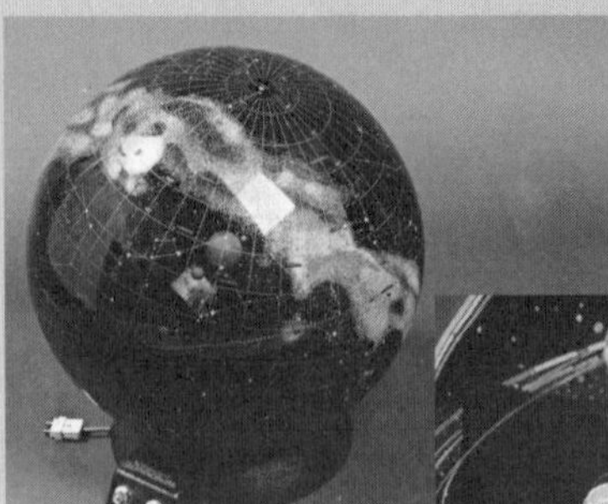

Tafel D

Tafel E

lesungssaal am Institut geeignet waren. Als er dann William Pearson kennen gelernt hatte, überredete er ihn, eines zu entwerfen, das den Bedürfnissen eines großen Auditoriums gerecht würde. Die Arbeiten an diesem Instrument, die 1802 begannen, wurden von Kenneth McCulloch ausgeführt. 1803 war es fertig und Young konnte es für seine Vorlesungen benutzen. Dies war eines der wenigen Planetarien, die Pearson entworfen hatte und deren Bau er auch überwachte. Pearson war Gründungsmitglied der Royal Astronomical Society (RAS), der bedeutendsten Gelehrtengesellschaft für Astronomie in Großbritannien, die aus der Astronomical Society von London hervorging. In ihren Räumen in Piccadilly gibt es eine astronomische Uhr, die von einem Uhrmacher in Lincoln für Pearson gebaut wurde und an deren Rückseite ein Jovilabium montiert ist. Die RAS besitzt auch ein Gruppenporträt, das Pearson, seine Frau und seine Tochter mit einem seiner verbesserten Planetarien zeigt.

Inzwischen sind mehr als 4 000 Asteroiden entdeckt worden, von denen sich die meisten im so genannten Asteroidengürtel zwischen Mars und Jupiter bewegen. Etliche haben jedoch stark elliptische Bahnen, die denen von Kometen ähneln; einige davon kommen der Sonne sehr nahe und andere reichen bis über die Bahn des Jupiter hinaus. Das Helios-Planetarium (siehe Kasten) versucht, den Asteroidengürtel darzustellen.

Die Titius-Bode'sche Beziehung

Die Entdeckung des Uranus und der ersten vier Asteroiden stellten eine weitere Bestätigung des Titius'schen Gesetzes dar. Johann Daniel Titius (1729–96) hatte 1772 entdeckt, dass es eine einfache numerische Beziehung zwischen den mittleren Sonnenabständen der Planeten gibt. Diese Beziehung wurde von Johann Elert Bode (1747–1826) allgemein bekannt gemacht und wird daher auch die Titius-Bode'sche Beziehung oder Reihe genannt (siehe Kasten).

Die Titius-Bode'sche Beziehung

Die numerische Zahlenfolge, die den Planetenabständen entspricht, berechnet sich folgendermaßen:
Das erste Glied ist 0.
Das nächste Glied ist 3.
Danach ist jedes Glied das Doppelte des vorhergehenden, also:
0, 3, 6, 12, 24, 48, 96, 192, 384.
Addiert man nun zu jedem Glied 4 hinzu und dividiert es dann durch 10, erhält man diese mathematische Folge:
0,4; 0,7; 1,0; 1,6; 2,8; 5,2; 10,0; 19,6; 38,8.
Man vergleiche diese Zahlen mit den tatsächlichen Abständen der Planeten von der Sonne (in astronomischen Einheiten):

Planet	Glied	wahrer Abstand
Merkur	0,40	0,39
Venus	0,70	0,72
Erde	1,00	1,00
Mars	1,60	1,52
Asteroiden	2,80	
Jupiter	5,20	5,20
Saturn	10,00	9,54
Uranus	19,60	19,18
Neptun	38,80	30,10

Das achte Glied der Folge entspricht dem Sonnenabstand des Uranus und das fünfte Glied stimmt nahezu mit dem mittleren Abstand der ersten vier Asteroiden überein. Die Beziehung funktioniert für die meisten Planeten recht gut, mit Ausnahme des Neptun. Die Diskrepanz zwischen der gemessenen und der nach Titius-Bode berechneten Entfernung des Neptun überrascht, da die Beziehung benutzt wurde, um Neptuns Entfernung abzuschätzen, noch bevor dieser überhaupt entdeckt worden war.

Die Entdeckung des Neptun

Bald nach der Entdeckung des Uranus zeigte eine sorgfältige Durchforstung alter Aufzeichnungen, dass das Objekt bereits bei 17 früheren Gelegenheiten gesichtet worden war, wenngleich man es wegen seiner langsamen Bewegung für einen Stern gehalten und als solchen katalogisiert hatte. Zahlreiche Astronomen begannen nun, den „neuen" Planeten zu beobachten und seine Bewegungen aufzuzeichnen. Als jedoch die „neuen" Positionen mit den früher aufgezeichneten verglichen wurden, zeigte sich eine Diskrepanz. Es schien, als ob der Planet kurz vor seiner Entdeckung seine Bahn geändert habe. Es gab drei Möglichkeiten, dieses Phänomen zu erklären. Erstens, das von Isaac Newton aufgestellte Gravitationsgesetz war bei dieser Entfernung zur Sonne nicht gültig. Zweitens, der Planet könnte kurz vor seiner Entdeckung mit einem anderen Körper zusammengestoßen sein, vielleicht mit einem Kometen. Die dritte Möglichkeit war, dass ein weiterer, noch unentdeckter Planet durch seine Schwerkraft Uranus aus seiner Bahn zog.

Zwei Astronomen entschieden unabhängig voneinander, dass diese letzte Möglichkeit die wahrscheinlichste war und machten sich dann daran zu berechnen, wo dieser Planet zu sehen sein müsste. Der eine Astronom war John Couch Adams; er begann seine Berechnungen, als er noch Student an der Universität Cambridge war. Als Ausgangswert benötigte er jedoch eine Schätzung der Entfernung des Planeten zur Sonne. Dazu benutzte er die Titius-Bode'sche Beziehung. Ein Blick auf die Tabelle im Kasten auf Seite 264 zeigt, dass die tatsächlichen Entfernungen der Planeten von der Sonne den nach dem Titius-Bode'schen Gesetz berechneten sehr ähnlich sind. Auch heute gibt es immer noch keine wissenschaftliche Erklärung für diese Übereinstimmung, doch sie half Adams, den numerischen Teil seiner Arbeit zu starten. Adams sandte seine fertigen Berechnungen an George Airy. Dieser antwortet zwar und stellte ein paar Fragen, die aber nicht wirklich relevant waren. Es war offensichtlich, dass er die Arbeit nicht besonders ernst genommen hatte.

In Frankreich führte Urbain Leverrier, ein anderer Mathematiker-Astronom, die gleichen Berechnungen durch und kam zum gleichen Schluss. Er veröffentlichte seine Ergebnisse vor Adams und schickte sie an Johann Gottfried Galle, den Direktor der Sternwarte Berlin. Galle durchsuchte den Himmel gemäß den von Leverrier gemachten Angaben und entdeckte den Planeten, der heute den Namen Neptun trägt.

Einige englische Wissenschaftler waren sehr verärgert, als klar wurde, dass Adams seine Berechnungen tatsächlich früher durchgeführt hatte als Leverrier, diese aber einige Zeit unbeachtet in Airys Schreibtischschublade gelegen hatten. Airy erfuhr viel Kritik, die zum Teil direkt an die Admiralität gerichtet wurde, unter deren Oberaufsicht das Royal Observatory stand.

Als die Admiralität Airy zu der Sache befragte, antwortete er nur: „Zu dem Teil des Briefs, der sich auf Herrn Adams und den Ruhm der größten astronomischen Entdeckung der Neuzeit usw., usw., usw. bezieht, habe ich nichts zu sagen."

Der Planet Neptun ist in einem „Hybrid-Planetarium" dargestellt, das sich heute im Science Museum in London befindet.

Die Entdeckung des Pluto

In einer Hinsicht glich die Entdeckung des Planeten Pluto der des Neptun: Die Suche nach dem Planeten wurde aufgrund mathematischer Berechnungen in Gang gesetzt. In Plutos Fall stammte ein Teil dieser Berechnungen von Percival Lowell. Lowell wurde am 13. März 1855 in Boston geboren und studierte Mathematik an der Harvard University. Im Jahr 1894 eröffnete er das Lowell Observatory in Flagstaff in Arizona, um den Mars und andere Planeten zu untersuchen. 1905 begann er mit Hilfe mathematischer und beobachtender Methoden eine Suche nach dem neunten Planeten, eine Suche, auf die er in unregelmäßigen Abständen immer wieder zurückkam. Er führte sogar eine fotografische Durchmusterung der Himmelsregion durch, in der die Wahrscheinlichkeit, den Planet zu finden, am höchsten war, beendete sie im September 1907 aber wieder. In den Jahren 1910 und 1911 führte er weitere umfangreiche Berechnungen durch, um den Teil des Himmels weiter einzuschränken, den man nach dem Planeten absuchen müsste. Anfang 1915 veröffentlichte Lowell einen Bericht über seine theoretischen und praktischen Bemühungen, einen neunten Planeten aufzufinden, doch sein Papier fand kaum Beachtung. Später stellte man fest, dass zwei Fotos, die am 19. März und 7. April 1915 am Lowell Observatory aufgenommen worden waren, tatsächlich Bilder des Planeten eingefangen hatten, doch diese waren so lichtschwach, dass der Planet unentdeckt blieb. Am 12. November 1916 starb Lowell an den Folgen eines Schlaganfalls, und so erlebte er den Höhepunkt der Suche, die er in Gang gesetzt hatte, nicht mehr.

Den neunten Planet entdeckte schließlich Clyde William Tombaugh. Tombaugh wurde am 4. Februar 1906 auf einer Farm in der Nähe von Streator in Illinois geboren. Nach Beendigung der High School in Kansas verbrachte er seine Sommer mit Farmarbeit und seine Winter mit dem Bau von Teleskopen. Am 15. Januar 1929 wurde er Beobachtungsassistent am Lowell Observatory, und am 6. April desselben Jahres begann er seine Suche nach dem neuen Planet. Am 21, 23. und 29. Januar 1930 nahm Tombaugh eine Serie von Fotos auf, die er im Februar näher untersuchte; und diese Fotos zeigten den Planeten, der später den Namen Pluto erhalten sollte. Am 30. März 1930 – dem 75. Geburtstag Lowells und 149. Jahrestag der Entdeckung des Uranus – verkündete das Lowell Observatory die Entdeckung des Planeten.

Spätere Beobachtungen zeigten, dass Pluto eine stark elliptische Umlaufbahn hat, die ihn zeitweise näher an die Sonne heranführt als Neptun. Diese hohe Exzentrizität verhinderte, dass dieser Planet in mechanischen Planetarien dargestellt wurde. Alle anderen Planeten haben Bahnen, die nur minimal von der Kreisform abweichen und können daher durch Arme dargestellt werden, die einen festen Abstand von der Sonnenkugel im Mittelpunkt haben. Bei Pluto ist das nicht möglich. Obwohl sich die Bahnen der beiden Planeten Neptun und Pluto im wirklichen Sonnensystem schneiden, heißt das nicht, dass eine Kollision der beiden wahrscheinlich oder überhaupt möglich ist. Erstens haben diese beiden Planeten sehr unterschiedliche Umlaufperioden und darüber hinaus sind ihre Bahnebenen gegeneinander geneigt.

Globen, Land- und Seekarten der Erde

Die Kartierung der Erdoberfläche, die grafische Darstellung der Ozeanböden und die Herstellung von Erdgloben waren weit hinter der Herstellung von Himmelsgloben und Modellen des Sonnensystems zurückgeblieben. Die Gründe dafür waren klar; von den meisten bewohnbaren und schiffbaren Gebieten der Erde aus konnte man mehr als die Hälfte des Himmels erkennen, und mit Teleskopen konnte man noch tiefer hinausschauen. Um eine irdische Karte zu machen, musste man jedoch in verschiedene Teile der Welt reisen, häufig mit zerbrechlichen Schiffen, um neue Länder und Inseln zu entdecken und dann mit Hilfe der neuen Navigationstechniken die geografische Breite und Länge der neuen Inseln und Küstenlinien bestimmen. Es war ein mühsamer Prozess, der nur langsam vorankam. Der aus dem 2. Jahrhundert v. Chr. stammende Himmelsglobus des Farnesiano Atlas (siehe Kapitel 3) zeigt viele der heute bekannten Sternbilder, wohingegen der erste Erdglobus, der 1492 von Martin Behaim hergestellt wurde, im Hinblick auf den nord- und südamerikanischen Kontinent sehr spekulativ war und kaum eine Ähnlichkeit mit den Amerikas zeigte, wie wir sie heute kennen. Als schließlich die Küstenlinien von Inseln und Kontinenten mit Hilfe der vor 200 Jahren verfügbaren Navigationstechniken kartiert waren, dauerte es immer noch eine ganze Weile, bis auch für abgelegene Gebiete im Inneren der Kontinente topografische Karten erstellt werden konnten.

Die Kartierung der Ozeane war eine noch entmutigendere Aufgabe. Obwohl eine gewisse grafische Darstellung des Ozeanbodens im Bereich der Kontinentalschelfe schon immer nötig war, hauptsächlich, um Schiffsunglücke zu vermeiden, war über die Unterschiede der Ozeantiefe in großen Entfernungen von den Kontinenten kaum etwas bekannt. Zwischen 1872 und 1876 unternahm man mit dem britischen Schiff *HMS Challenger* die ersten Versuche einer weltweiten Kartierung des Ozeanbodens. Im 20. Jahrhundert, insbesondere ab den 60er-Jahren, wurde der Meeresgrund mit Hilfe von Tauchfahrzeugen genauer untersucht. Das Tieftauchfahrzeug *Trieste*, mit dem Schweizer Wissenschaftler Jacques Piccard und Donald Walsh von der US Marine an Bord, erforschte eine äußerst tiefe Kerbe im Pazifik, den so genannten Marianen-Graben, der über elf Kilometer tief ist. In den 70er-Jahren machte *Alvin*, ein weiteres bemanntes Tauchboot, betrieben von den Amerikanern, mehrere wichtige Entdeckungen am Boden des Pazifiks. Diese Untersuchungen wurden durch Messungen mit Hilfe von Schallwellen ergänzt, um umfangreichere Karten vom Meeresgrund zu erstellen. Eine exakte, vollständige Erfassung der gesamten Erdoberfläche war erst im Zeitalter der Raumfahrt möglich, als Spezialkameras auf Satelliten in der Umlaufbahn zur Verfügung standen. So gehört auch die Erde heute zu den Körpern im Sonnensystem, die mit Hilfe von Raumsonden vermessen wurden.

Kapitel 12

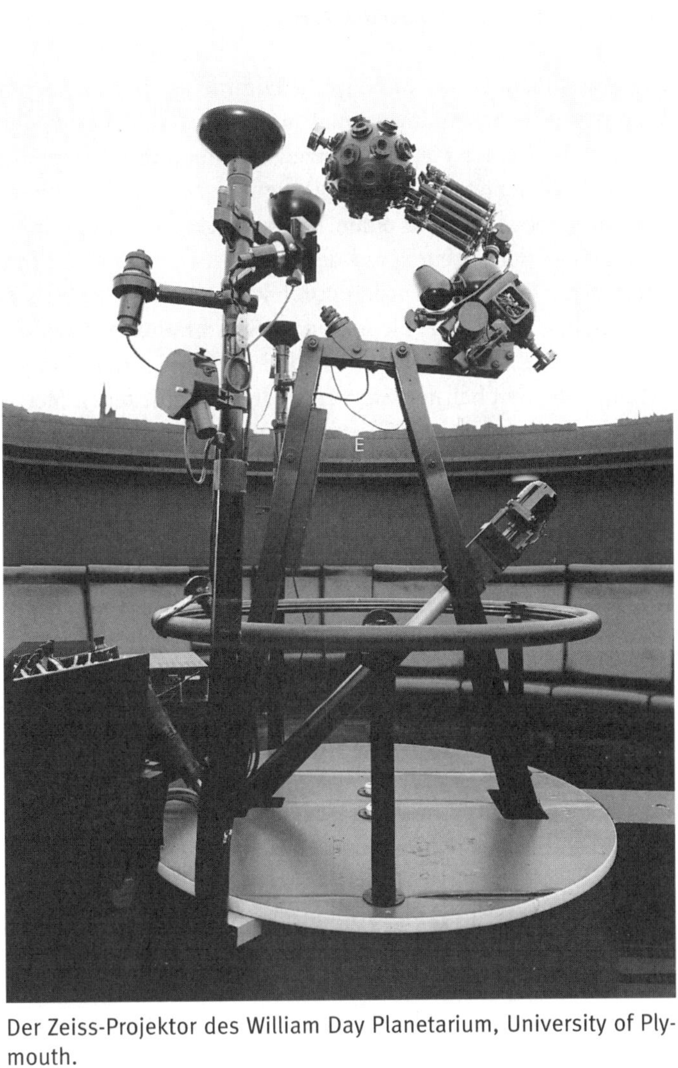

Der Zeiss-Projektor des William Day Planetarium, University of Plymouth.

Das Planetarium

Große Globus-Planetarien

Die ersten Planetarien waren große Himmelsgloben, auf deren Innenseite die Sternbilder gemalt waren und in denen einige Personen auf einer Plattform sitzen konnten. Eine Lampe im Globus beleuchtete die Sternbildfiguren. Die Achse dieses Himmelsglobus war um einen Winkel gegen die Horizontale geneigt, der dem Breitengrad des Standorts des Planetariums entsprach. Die Sterne wurden durch kleine Löcher im Globus dargestellt, durch die Licht von außen hindurch scheinen konnten. Die Löcher waren an den Stellen in den Globus gebohrt, die den hellsten Sternen in den verschiedenen Sternbildern entsprachen. Die Plattform mit den Sitzen war unbeweglich, doch der undurchsichtige Himmelsglobus, der gewöhnlich aus dünnen Metall bestand, konnte mit einem äußeren Antrieb um seine eigene Achse gedreht werden, um den Auf- und Untergang der Sterne darzustellen. Für die Vorführung des Nachthimmels wurde die Lampe, die die Sternbilder beleuchtete, ausgeschaltet (siehe Abb. 12.1). Die Außenseite des Globus war so bemalt, dass er die Erdkugel mit ihren Kontinenten darstellte.

Es gibt nur wenige Berichte über solch große Himmelssphären, doch eine der berühmtesten war der „Gottorper Globus", der in einem Sommerhaus des Gottorper Schlosses in der Nähe von Frederiksborg in Dänemark installiert war. Diese hohle Kupferkugel hatte einen Durchmesser von 3,1 Meter. In ihrem Inneren gab es eine kreisförmige Plattform mit rund einem Dutzend Sitzplätzen. Das Publikum betrat die Kugel durch eine kleine Tür in der Nähe des Sockels. Dieser Globus war das Werk von Adam Olearius, Bibliothekar, Mathematiker und Astronom am Hof von Gottorp, sowie der drei Handwerksmeister An-

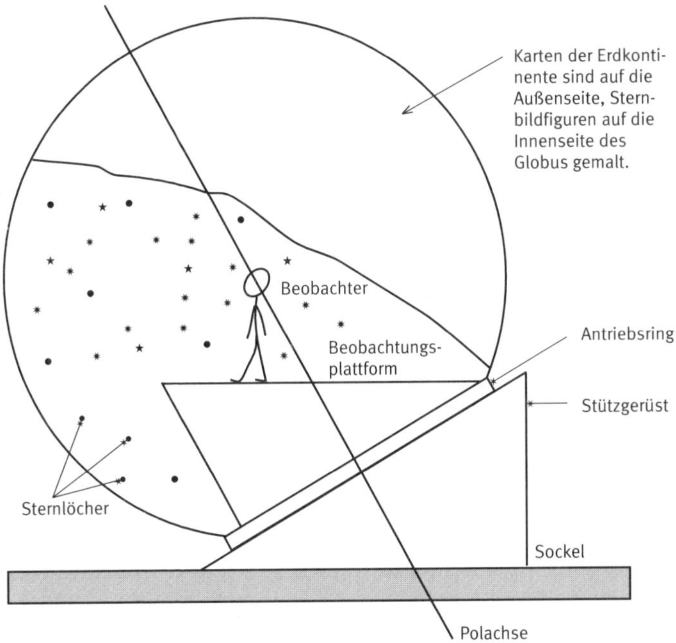

12.1 Schematischer Schnitt durch ein großes Globus-Planetarium.

dreas Busch, Lorenz Carstens und Christian Rotgiesser. Der Globus wurde zwischen 1650 und 1654 gebaut. Allgemeine Beschreibungen nach wurde er über ein geeignetes Getriebe von einem Wasserrad gedreht.

Ein ähnlicher Globus wie der von Gottorp wurde 1661 von Erhard Weigel, Mathematikprofessor an der Universität Jena, gebaut. Dieser Globus war auf dem Dach seines Hauses montiert, das auch eine Sternwarte enthielt. Der Globus hatte einen Umfang von 5,4 Meter und bestand aus Eisenblech. Eine Besonderheit der Kuppel war, dass an der Innenseite nicht die traditionellen Sternbildfiguren der Antike aufgemalt waren, sondern heraldische Figuren aus den Wappen führender europäischer Fürstenhäuser. Der Grund dafür war, dass Weigel die Astronomie von heidnischen Einflüssen befreien wollte. Ein weiterer derartiger Globus wurde 1758 von Roger Long am Pembroke College in Cambridge hergestellt, wo dieser Lowndean Professor für Astronomie und Geometrie war.

Ein begehbares Orrery-Planetarium

Im Jahr 1924 wurde ein großes kopernikanisches Orrery-Planetarium im Deutschen Museum in München errichtet. Es war in einem zylinderförmigen Raum untergebracht, der zwölf Meter Durchmesser hatte und drei Meter hoch war. Im Zentrum befand sich die beleuchtete Sonne – eine 22 Zentimeter große Kugel. Die Decke beherbergte den Mechanismus, der die Planeten mit ihren korrekten relativen Geschwindigkeiten auf Kreisbahnen um die Sonne laufen ließ. Die Planeten selbst waren Kugeln mit Durchmessern zwischen 4 und 18 Zentimeter, die an Stäben vom Deckenmechanismus herabhingen. Direkt unterhalb der Erdkugel befand sich eine bewegliche Plattform, die auf Schienen so um den Mittelpunkt des Raums gefahren werden konnte, dass sie mit der kreisenden Erdkugel Schritt hielt. Ein Beobachter auf dieser Plattform konnte mit Hilfe eines Periskops in verschiedene Richtungen blicken und die Positionen von Sonne und Planeten von einem erdgebundenen Standort aus betrachten. Auf die zylindrisch gebogene Innenfläche des Raums waren die zwölf Tierkreiszeichen gemalt, an denen 180 kleine Glühbirnen befestigt waren, die einige der auffälligeren Sterne entlang des Tierkreises darstellten. Offensichtlich waren die Ausmaße dieser großen Himmelsgloben und des großen Orrery-Planetariums aus mechanischen Gründen beschränkt, so dass nur wenig Besucher gleichzeitig darin Platz fanden. Man benötigte also eine technische Neuerung, die es erlaubte, ein Sterntheater zu bauen, das sowohl eine anpassungsfähige und realistische Ansicht des Universums von der Erde aus bot als auch ein Publikum von sinnvoller Größe unterbringen konnte.

Das Projektionsplanetarium von Zeiss

Der ursprüngliche Anstoß, ein neuartiges Planetarium zu entwerfen, stammte aus Deutschland. Im Jahr 1913 schlug Geheimrat Max Wolf dem Gründer des Deutschen Museums in München, Oskar von Miller, vor, einen großen Globus von sechs Meter Durchmesser zu bauen, an dessen Innenseite Sterne durch kleine elektrische Glühbirnen dargestellt werden konnten. Diese Kugel sollte sich langsam um ihre Achse drehen; Sonne, Mond und Planeten sollten leuchtende Plättchen sein, die von einem komplizierten Mechanismus an der Innenfläche der Kugel entlang bewegt werden. Oskar von Miller beauftragte daraufhin die Carl-Zeiss-Werke in Jena mit dem Bau dieses Geräts. Die Ingenieure dort arbeiteten mehrere Monate lang an dieser Idee und waren drauf und dran, sich geschlagen zu geben und den Auftrag abzulehnen, als ihr Chefingenieur Walther Bauersfeld (1879–1959) eine brillante neue Idee hatte. Die bestand darin, eine große, fest stehende halbkugelförmige Kuppel zu bauen, die innen weiß angestrichen war und Sitzplätze für einige hundert Personen bot. Ein speziell konstruierter Projektor im Mittelpunkt der Kuppel konnte dann Bilder von den Sternen, den Planeten, dem Mond und der Sonne auf die Kuppeloberfläche projizieren. Indem man entweder den gesamten Projektor oder ausgewählte Komponenten des Instruments auf unterschiedliche Weisen bewegte, war es möglich, sowohl die wirklichen als auch die von der Erde aus beobachteten scheinbaren Bewegungen der Himmelsobjekte zu simulieren.

Der Originalplanetariumsprojektor bestand aus zwei separaten, aber miteinander verbundenen Teilen. Der erste Teil bestand aus einer Reihe kleiner Bildwerfer, die auf einer Kugeloberfläche angeordnet waren und Sterne an die Kuppel projizierten, war also im Wesentlichen eine Projektionshimmelskugel. Der zweite Teil war ein Zylinder, dessen eine Hälfte aus Metallblech und die andere aus einem Metallgitterrahmen bestand, in dem Bildwerfer für die Sonne, den Mond und die Planeten untergebracht waren. Es gab 31 Bildwerfer für die Fixsterne, 30 für die Namen der

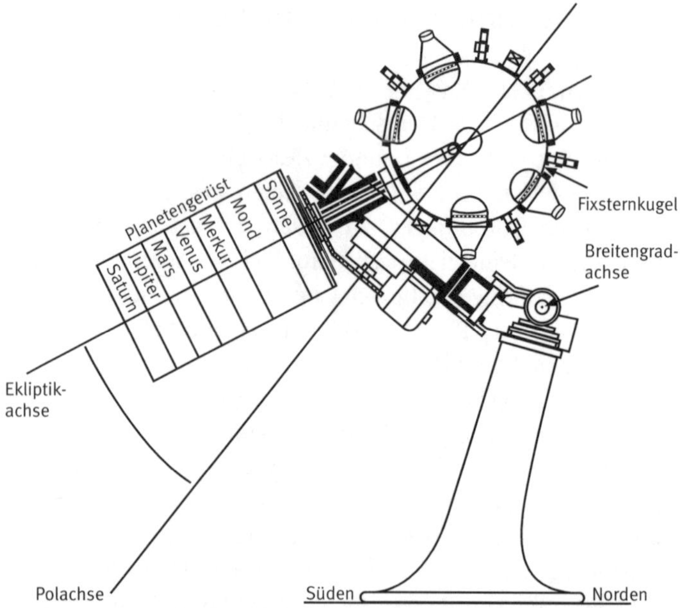

12.2 Das Original des im Deutschen Museum in München aufgebauten Zeiss-Planetariumsprojektors. (Nach VEB Carl Zeiss Jena und Carl Zeiss Oberkochen.)

wichtigsten Sternbilder, neun für Sonne, Mond und Planeten und elf für die Milchstraße – insgesamt also 81 Projektoren (siehe Abb. 12.2). Zwischen 1919 und 1923 wurden verschiedene Experimente und Versuche mit diesem Gerät unternommen, und im Mai 1925 wurde dann das vollständige Planetarium im Deutschen Museum in München der Öffentlichkeit übergeben.

Jeder, der schon einmal ein mit einem Zeiss-Projektor ausgestattetes Planetarium besucht hat, hat wohl das merkwürdige Instrument im Mittelpunkt der Kuppel gesehen, das mehr wie ein außerirdisches Metallinsekt als ein wissenschaftliches Präzisionsinstrument aussieht. Es besteht aus zwei kugelförmigen Teilen, die jeweils durch zylindrische Metallgitterkäfige mit dem zentralen Mechanismus verbunden sind. Dieser zentrale

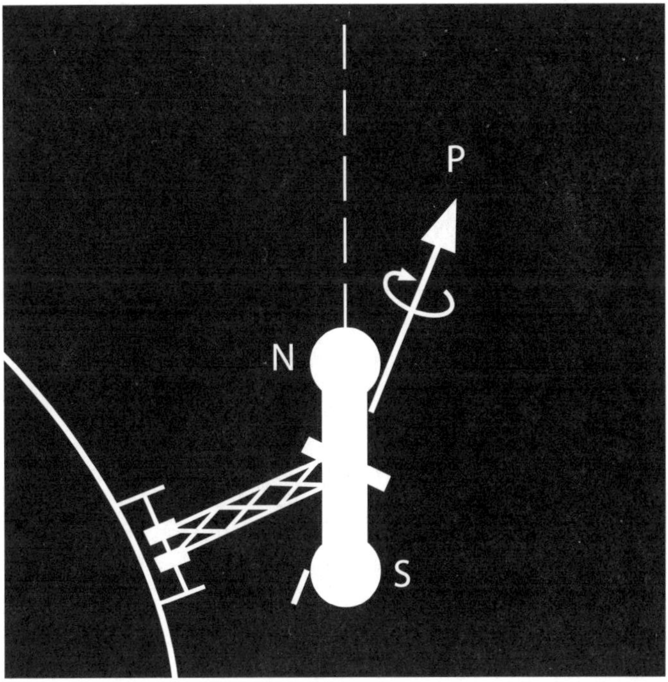

12.3 Die hantelförmige Gestalt eines großen Zeiss-Planetariumsprojektors, eingestellt für eine mittlere nördliche Breite.

Mechanismus ruht auf einem stabilen Metallgerüst. Der Hauptteil des Projektors ähnelt damit einer großen schwarzen, unregelmäßig geformten Hantel (siehe Abb. 12.3).

Darstellung der Sterne

Die beiden großen Kugeln an den Enden des Zeiss-Projektors sind die Sternprojektoren für die beiden Hemisphären: die nördliche und die südliche Fixsternkugel. Jede Kugel trägt etwa 15 Sternfeldprojektoren, die jeweils die Sterne eines Teils des Himmels zeigen. Sie bestehen aus kupfernen Sternplatten, in die

Löcher gebohrt sind; durch die Löcher fällt Licht von einer zentralen Glühbirne und erzeugt Lichtpunkte an der Kuppel, die die jeweiligen Sterne darstellen. Die Größe der Löcher ist proportional zur Helligkeit der einzelnen Sterne. Jeder Projektor hat vorn eine Linse, um das Licht jedes Sterns auf die Kuppelfläche zu fokussieren. Ohne die Linse würden die helleren Sterne größere Punkte an der Kuppel erzeugen als die schwächeren.

Von der Erde aus gesehen erscheinen alle Sterne als kleine Lichtpunkte, egal wie hell sie sind. Die Linse sorgt also dafür, dass dieser Planetariumstyp hellere und schwächere Sterne am echten Himmel realistisch darstellt. Es gibt einfache, so genannte nichtoptische Planetariumsprojektoren, die keine Linse besitzen und bei denen die helleren Sterne als größere Lichtflecke an der Kuppel erscheinen.

Beim Zeiss-Planetarium sind die Sternprojektoren mit speziellen gewichtsgetriebenen Verschlüssen versehen, die sicherstellen, dass das Licht eines bestimmten Sterns nicht in die Augen des Publikums scheint, wenn sich die Sterne des jeweiligen Projektors unter dem Horizont befinden. Diese Verschlüsse sind kreisrunde Ringe, die die Linse des Projektors umgeben und frei um die Linse herumschwingen können. An ihnen sind kleine Gewichte angebracht, die die Ringe in einer bestimmten Position halten können. An jedem Ring ist eine Viertelkugelschale drehbar um seinen horizontalen Durchmesser angebracht, an der ebenfalls ein Gewicht befestigt ist. Dieses Gewicht bewirkt, dass die horizontale Lippe stets parallel zum Planetariumshorizont ist, während das Gewicht unten am Ring die Achse der Viertelkugelschale waagrecht hält.

Der gesamte Planetariumsprojektor kann sich unabhängig um zwei Achsen drehen: die Tagesgangachse und die Präzessionsachse. Der Motor, der den Projektor um die Tagesgangachse bewegt, lässt die Sterne auf- und untergehen, bis auf die Zirkumpolarsterne, die den nördlichen oder südlichen Himmelspol umkreisen, falls dieser oberhalb des Horizonts steht. Ein dritter Motor kann die Neigung des Planetariumsprojektors verändern, um eine Änderung des Breitengrads zu simulieren.

Darstellung des Sonnensystems

Die Bewegungen von Sonne, Mond und Planeten relativ zu den Hintergrundsternen werden mit Hilfe passender analoger Vorrichtungen erzielt, die die Projektoren jedes dieser sieben Körper antreiben. Diese Vorrichtungen basieren auf vereinfachten kopernikanischen Orrery-Planetarien (siehe Abb. 12.4). Es gibt auch zwei Projektoren für die Milchstraße, einen für den auf der Südhalbkugel sichtbaren Teil und einen für die Nordhalbkugel.

Da die scheinbare Bewegung der Sonne entlang der Ekliptik verläuft, muss sich der Sonnenprojektor in der Ekliptikebene bewegen, und daher wird die Sonne mechanisch in dieser Ebene gehalten. Die Bahnebene der Erde ist eine Platte, die sich um die Sonne bewegt, und die Erde selbst ist durch einen darauf befindlichen Metallstift oder Stab dargestellt. Der Stift ist mittels einer Stange mit der Sonnenposition verbunden. Auf der anderen Seite der Sonne ist der Sonnenprojektor an diesem Stab befestigt, der stets auf den Erdstift weist. Die Sonne besitzt insgesamt sechs Projektoren. Die Hauptsonne hat zwei Projektoren, da sich diese

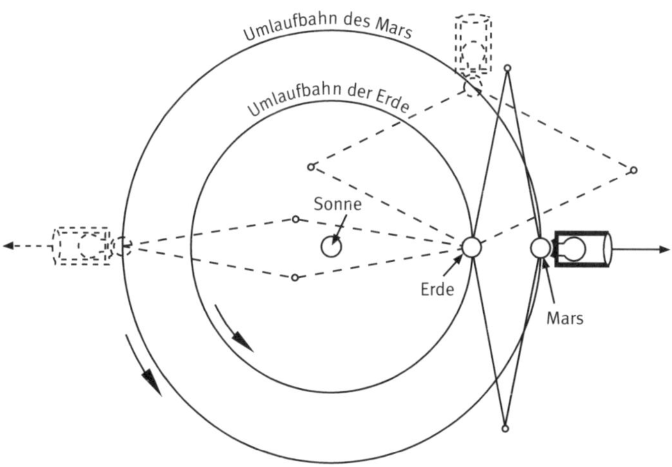

12.4 Der kopernikanische Analogantrieb, der einen Planetenprojektor bewegt.

in dem Metallgerüst bewegen, das die Hälfte der Sonnensystemprojektoren trägt, und die Stäbe und Stangen dieses Gerüsts ab und zu das Licht von einem der Projektoren verdecken; in diesen Fällen lässt dann der zweite Projektor die Sonne weiter „scheinen". Zwei weitere Projektoren stellen das Leuchten oder den „Halo" um die Sonne dar, der durch die Lichtbrechung in unserer Erdatmosphäre entsteht. Auch diese Projektoren sind aus den gleichen Gründen doppelt vorhanden. Zwei weitere Projektoren simulieren den „Gegenschein", einen schwachen Lichtfleck am Nachthimmel, der genau gegenüber der Sonnenposition nahe der Ekliptik liegt und durch Streuung von Sonnenlicht an winzigen interplanetaren Staubteilchen erzeugt wird. Der Gegenschein ist manchmal in sehr klaren, mondlosen Nächten zu sehen, wenn die Sonne schon tief unter dem Horizont steht. Die Gegenschein-Projektoren haben keine separate Lichtquelle, sondern erhalten ihr Licht über ein reflektierendes Prisma von der Lichtquelle des Sonnenprojektors. Doch da in diesen keine Linsen verwendet werden, wird kein scharfes Bild erzeugt, sondern nur ein schwach leuchtender, ziemlich verwaschener Lichtfleck.

Der Mond hat ebenfalls zwei Projektoren, doch in diesem Falle rotiert die Umlaufbahnplatte des Monds um eine Achse, die die Erde darstellt. Da die Mondumlaufbahn um etwa fünf Grad gegen die Ekliptik geneigt ist, hat diese Mondbahnplatte die gleiche Neigung gegen die Erdbahnplatte. Der Mondprojektor enthält auch einen speziellen Verschluss, um die Mondphasen zu simulieren. Auch jeder Planet hat zwei Projektoren, die an einer Stange befestigt sind, die die Sichtlinie von der Erde zu einem Planet darstellt. Diese Stange ist an einem Ende an einem Stift befestigt und gleitet durch einen beweglichen Kontakt. Stift und beweglicher Kontakt sind auf getrennten Platten unterschiedlicher Größe befestigt, wobei die eine Platte die Erdbahnebene und die andere Platte die Umlaufbahnebene des anderen Planeten darstellt. Die Bahnplatte der Erde ist größer als die von Merkur und Venus, während die Bahnplatten für Mars, Jupiter und Saturn wiederum größer sind als die der Erde. Die Platten der verschiedenen Planeten haben die korrekte Neigung gegen

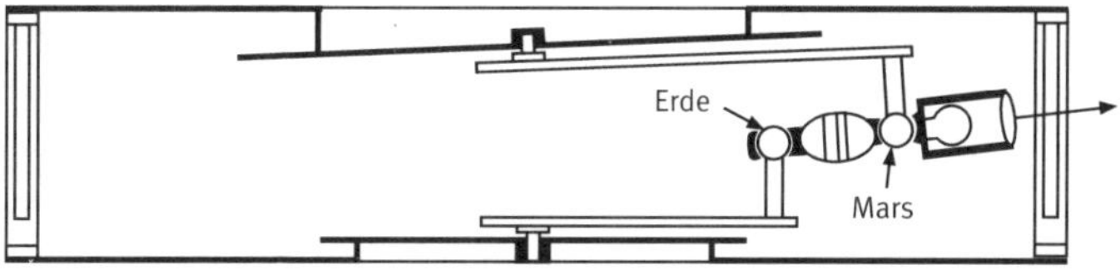

12.5 Die Neigung der Planetenplatte relativ zur Erdplatte.

die Ekliptikebene, damit jeder Planet der richtigen Bahn relativ zu den Hintergrundsternen folgt (siehe Abb. 12.5).

Die beiden Projektoren für die nördliche und südliche Milchstraße sind an den entsprechenden Fixsternkugeln des Planetariumsprojektors befestigt. Die Milchstraßenprojektoren enthalten zwei Filme, die die Struktur der Milchstraße von der Erde aus gesehen darstellen. Da tatsächliche Fotografien jedoch nicht die gewünschte Wirkung hatten, wurden diese beiden Filme anhand photometrischer Messungen hergestellt, die von J. Hopman (Leipzig) und A. Pannakoek (Amsterdam) stammen. Dieser Film ist an der Innenfläche einer Glasröhre von etwa 180 Millimeter Durchmesser angebracht. Im Inneren der Röhre befindet sich eine zweite Glasröhre, die eine Sechs-Volt-Glühbirne umgibt, die den Projektor speist. Der Zwischenraum zwischen den beiden Röhren ist zur Hälfte mit Quecksilber gefüllt, um die Beleuchtung jener Teile der Milchstraße zu verhindern, die sich unterhalb des Horizonts des Beobachters befinden.

Spezialprojektoren

Der moderne Zeiss-Projektor hat eine Reihe von Zusatzprojektoren, um weitere Merkmale des Nachthimmels vorführen zu können. Spezielle Projektoren können die Bahnen von Kometen über den Nachthimmel simulieren; einige zeigen nebelartige Gaswolken (Gasnebel genannt), die zwischen den Sternen der Milchstraße liegen; andere zeigen Sternhaufen wie zum Beispiel die Plejaden (das Siebengestirn); und wieder andere zeigen fremde Galaxien (wie die Andromeda-Galaxie) – riesige Ansammlungen von Sternen ähnlich unserer eigenen Milchstraße, die aber viele Trillionen Kilometer von der Erde entfernt sind. Es gibt auch Sterne, deren Helligkeit regelmäßig schwankt (meistens mit Perioden von Tagen, Wochen oder Monaten). Solche Sterne nennt man Veränderliche, und einige von ihnen werden ebenfalls von dem großen Zeiss-Planetariumsprojektor dargestellt. Dabei sind die Zeitskalen der Lichtschwankungen dieser Sterne erheblich verkürzt worden, sodass sie über einen Zeitraum von wenigen Minuten verfolgt werden können.

Jeder, der an einem klaren Sommerabend einige Stunden unter freiem Himmel verbracht hat, konnte wohl schon mindestens einen oder zwei künstliche Satelliten vor den Sternen vorüberziehen sehen. Zeiss hat auch einen speziellen Projektor hergestellt, der die Bahn eines Satelliten simulieren kann. Die Techniker an einigen Planetarien haben Projektoren zum Vorführen von Meteorschauern gebaut, und mindestens ein Planetarium besitzt einen Projektor, der einen großen Asteroid über den Himmel ziehen lässt.

Insgesamt liefert der große Zeiss-Projektor, aufgebaut in einer 20–30 Meter großen Kuppel, die realistischste Darstellung des Nachthimmels, wie er von einem beliebigen Ort der Erde aus zu einem beliebigen Zeitpunkt zwischen 5000 v. Chr. und 5000 n. Chr. zu sehen war oder sein wird.

Andere Planetariumsprojektoren

Die Kosten für die Anschaffung eines großen Zeiss-Projektors und den Bau eines passenden Gebäudes, in dem er untergebracht werden kann, sind so hoch, dass sich nur große Städte einen leisten können. Ein Planetarium ist jedoch nicht nur ein Ort für astronomische Unterhaltung, sondern auch ein wichtiges Hilfsmittel für den Astronomie-Unterricht. Für kleinere Städte und Lehranstalten, in denen Astronomie unterrichtet wird, hat Zeiss einen kleineren Projektor gebaut, das so genannte mittlere

Modell (siehe Tafel A). Dieses zeigt nur die Sterne des Nord- oder des Südhimmels sowie die Planeten.

Verschiedene andere Firmen bauen heute ebenfalls Planetariumsprojektoren. In Amerika begann Armand Spitz mit der Herstellung kleiner Projektoren für Schulen und Colleges. Seine Projektoren sind größtenteils nichtoptisch, haben also keine Linse zum Fokussieren der Sterne außer für einige der hellsten. Damit die Sterne punktförmig erscheinen, verwendet er eine spezielle Zenon-Bogenlampe, die im Zentrum der Sternkugel montiert ist. Diese ist von einem halbkugelförmigen Glasgehäuse bedeckt, das in dem Kasten sitzt, der den elektrischen Mechanismus für die Stromversorgung der Lichtquelle umgibt. Das Ganze ist kardanisch aufgehängt, sodass die Lichtquelle immer nach oben weist und keine Löcher für Sterne unterhalb des Horizonts beleuchtet werden. Um die Bewegungen der Planeten zu simulieren, werden seine Planetenprojektoren (anders als beim mittleren Modell von Zeiss) durch motorgetriebene Planetenanalogantriebe bewegt, die auf modifizierten ptolemäischen Prinzipien beruhen. Diese Projektoren besitzen gewichtsgetriebene Verschlüsse, die verhindern, dass die Lichter der Planeten den Zuschauern in die Augen scheinen. Das ist eine Verbesserung verglichen zum mittleren Zeiss-Modell, bei dem der Vorführer daran denken muss, den Strom für die Planeten auszuschalten, die sich gegenwärtig unter dem Horizont befinden. Die japanische Firma Goto stellt ebenfalls Planetariumsprojektoren in vielen verschiedenen Größen her.

Projektions-Orrery-Planetarien

Projektions-Orrery-Planetarien (siehe Tafel B) können ein sich bewegendes Bild von den Hauptkörpern des Sonnensystems auf die Innenfläche einer Kuppel projizieren. Das heißt, sie projizieren einen großen Lichtpunkt in die Mitte, der die Sonne darstellt, und eine Reihe kleinerer Punkte für die Erde und die fünf mit bloßem Auge sichtbaren Planeten, die die Sonne mit

Tafel A Das mittelgroße Planetarium.
Die Planeten werden von einem Satz kleiner Planetenprojektoren projiziert, die in einer Halterung direkt unter der Hauptsternkugel eingebaut sind. Die Horizontverschlüsse bei diesem Projektor ähneln im Prinzip denen der größeren Version, doch die Planetenkoordinaten müssen hier mit Hilfe des Nautischen Almanachs von Hand eingestellt werden. Dies geschieht mit Hilfe der Einstellkreise, die mit einem anderen Satz von Spezialprojektoren auf die Kuppel projiziert werden können. Es gibt getrennte Projektoren für die folgenden Kreise und Teilkreise: den Meridian, den Horizont, die Ekliptik, den Himmelsäquator, einen Vertikal- oder Höhenkreis (der im Zenit beginnt und den Horizont im rechten Winkel schneidet) sowie einen Stundenkreis, der am Himmelspol beginnt und den Himmelsäquator im rechten Winkel schneidet. Zwei weitere Projektoren projizieren die Winkelmesser: Einer weist zum Zenit und der andere zu dem

Himmelspol, der über dem Horizont steht. Diese Zusatzprojektoren machen das Planetarium zu einem unschätzbaren Hilfsmittel beim Unterrichten von Positionsastronomie, Astronavigation und sphärischer Trigonometrie. Zwei kleine Projektoren, die auf beiden Seiten des Instruments an Metallstützen angebracht sind, dienen dazu, die Umrisse der Sternbilder auf die entsprechenden Sterngruppierungen zu projizieren.

Tafel B Projektions-Orrery-Planetarien.
Bei der Zeiss-Version dieses Geräts gibt es einen Projektor mit einem großen zentralen Lichtfleck, der die Sonne darstellt; doch die Planetenprojektoren umkreisen diesen Projektor nicht. Sie sind auf beweglichen Spindeln angebracht, die sich mit den korrekten Relativgeschwindigkeiten proportional zur Bahngeschwindigkeit jedes Planeten drehen. Jeder Projektor ist in einem bestimmten Winkel gegen die senkrechte Achse seiner Spindel montiert, und je größer dieser Winkel, desto größer ist seine Umlaufbahn um die Sonne. Für Merkur ist dieser Winkel also klein, und für die folgenden Planeten wird er umso größer, je weiter der Planet von der Sonne entfernt ist. Mit Hilfe solcher Geräte können die wesentlichen Merkmale der Planetenbewegungen im Planetarium erklärt werden. Ähnliche Projektoren wurden entwickelt, um die Bewegung der Jupitermonde um ihren Planeten zu demonstrieren.

den richtigen relativen Geschwindigkeiten umkreisen. Solche Orrery-Planetarien sind jedoch nicht so gebaut wie die in früheren Kapiteln besprochenen, sondern haben kleine Projektoren anstelle der Kugeln, die zur Darstellung von Sonne und Planeten benutzt wurden.

Forschung mit Hilfe des Planetariums

Die realistische Darstellung des Nachthimmels an der Innenfläche einer großen Kuppel sowie die Genauigkeit, mit der die Planetenbewegungen wiedergegeben werden können, machen das Planetarium zu einem idealen Hilfsmittel für etliche Forschungsprogramme. So ist es zur Erforschung des Navigationsvermögens von Vögeln verwendet worden oder für Untersuchungen, welchen Anblick der Nachthimmel vor Tausenden von Jahren bot, sowie auch für Unterrichtszwecke.

Vogelnavigation

Einige Experimente unter dem echten Tageshimmel deuten darauf hin, dass Zugvögelarten, die tagsüber unterwegs sind, die Sonne als Navigationshilfsmittel nutzen. Da die Sonne im Laufe des Tages ihre Position am Himmel verändert, müssen diese Vogelarten ihre innere biologische Uhr verwenden, um mit Hilfe der Sonne die Himmelsrichtung zu bestimmen. Wenn sich Vögel tagsüber an der Sonne orientieren können, können sie das dann auch nachts mit Hilfe der Sterne? Die Biologen E. G. Franz Sauer und seine Frau Eleanore Sauer von der Universität Freiburg haben diese Hypothese untersucht. Ihre ersten Experimente führten sie mit Grasmücken durch, die sich in einem Käfig mit einem Glasdach befanden. So konnten die Vögel einen Teil des Himmels sehen, aber keinerlei Landmarken in der Umgebung. Um die von den Grasmücken bevorzugte Richtung festzustellen, benutzen die Sauers die gleiche Methode, die der Biologe Gustav Kramer schon auf Stare angewandt hatte: Sie beobachteten von unten, in welche Richtungen die Vögel unmittelbar vor der Wanderzeit flatterten. Es stellte sich heraus, dass diese Richtungen jeweils charakteristisch für die Vogelart waren. Die Mönchsgrasmücken, die Dorngrasmücken und die Gartengrasmücken wandten sich im Herbst alle nach Südwesten, die normale Richtung für ihren Herbstzug. Diese Vögel fliegen normalerweise in südwestlicher Richtung von Freiburg nach Spanien und dann über die Straße von Gibraltar nach Afrika. Die Zaun- oder Klappergrasmücken dagegen flatterten in ihren Käfigen nach Südosten. Ihr normaler Zugweg von Deutschland aus führt sie in südöstlicher Richtung über den Balkan und dann nach Süden entlang des Nils. Es machte keinen Unterschied, ob die Vögel mit der Hand aufgezogen oder wild gefangen worden waren: Ihre Fähigkeit der Richtungsbestimmung war genetisch programmiert und nicht erlernt.

Die Sauers setzten ihre Forschungen fort, indem sie einen weiten Bereich an natürlichen Bedingungen untersuchten. Sie stellten fest, dass die Vögel durch Mondlicht und durch sehr helle Meteore gestört wurden. Wenn sich Wolken am Himmel zu bilden begannen, zögerten die Vögel zu Anfang ein wenig mit der Entscheidung für eine Richtung, doch solange sie die hellsten Sterne durch die Wolken hindurch sehen konnten, wandten sie sich in die für ihre Art und die entsprechende Jahreszeit normale Zugrichtung. Wurden die Wolken jedoch so dicht, dass keine Sterne mehr zu sehen waren, zeigten die Vögel keine Vorliebe für eine spezielle Richtung und schliefen schließlich ein.

Durch die Zusammenarbeit mit M. Berger und W. Stein vom Olbers-Planetarium in Bremen waren die Sauers in der Lage zu untersuchen, welche Auswirkung eine unter dem künstlichen Nachthimmel eines 6-m-Planetariums simulierte Veränderung des Breitengrads auf Grasmücken und andere Vögel hatte. Dazu verwendeten sie die gleiche Beobachtungsmethode wie unter dem echten Himmel. Unter diffusen Beleuchtungsbedingungen im Planetarium zeigten die Grasmücken keine Vorliebe für eine bestimmte Richtung, sondern flatterten in zufällige Richtungen.

Wenn einer Mönchsgrasmücke ein simulierter Frühlingshimmel vorgeführt wurde, wandte sie sich nach Nordost, wie sie es unter normalen Bedingungen tun würde. Wurde der Himmel in einen Herbsthimmel verwandelt, wandte sich der Vogel nach Südwest, in die Richtung, die er nehmen würde, um nach Spanien zu gelangen. Die Klappergrasmücke wandte sich nach Südosten, in Richtung Balkan. Das interessanteste Verhalten im Planetarium zeigte eine einzelne Klappergrasmücke, die vom Ei an von Hand aufgezogen worden und niemals in Freiheit war oder mit anderen Mitgliedern ihrer Art an einem Vogelzug teilgenommen hatte. Da ein Planetarium den Himmel bei verschiedenen Breitengraden simulieren kann, wurde diese Klappergrasmücke zunächst unter den Planetariumshimmel gesetzt, wie er von Freiburg aus zu sehen wäre. Wie erwartet, flatterte der Vogel nach Südosten. Dann wurde der Planetariumshimmel immer weiter zu niedrigeren Breitengraden auf den Äquator zu verschoben. Der Vogel wandte sich weiterhin nach Südost, bis eine Breite von 40 Grad erreicht war, acht Grad weiter südlich als Freiburg. Bei dieser simulierten Breite änderte der Vogel seine Richtung nach Süd-Südost, bis er sich bei der geografischen Breite von 15 Grad direkt nach Süden wandte. Diese Experimente lieferten den überzeugenden Beweis, dass einige Vogelarten die Sterne als Navigationshilfsmittel verwenden.

Der Himmel in früheren Zeiten

Ein großer Zeiss-Projektor kann die Positionen der Planeten relativ zu den Hintergrundsternen vor mehreren Tausend Jahren zeigen. Da er auch in der Lage ist, die Präzessionsbewegung der Erdachse sowie eine Breitengradveränderung zu simulieren, kann man mit seiner Hilfe nicht nur die Position der Planeten an wichtigen Daten der Geschichte wiedergeben, sondern auch die Himmelsbewegungen zu diesen Zeitpunkten und an verschiedenen Orten auf der Erdoberfläche. Planetarien sind benutzt worden, um den Himmel über dem alten Ägypten zur Zeit des

Pyramidenbaus darzustellen, um festzustellen, ob einige der großen Pyramiden wirklich astronomisch ausgerichtet sind. Bei anderen Gelegenheiten wurde die Flexibilität von Planetariumsprojektoren genutzt, um Theorien über die astronomische Bedeutung von Megalith-Monumenten wie zum Beispiel Stonehenge zu überprüfen. Auf die gleiche Weise wurden Aspekte der Astronavigation untersucht, die Christopher Columbus bei seiner Fahrt nach Amerika anwandte, und auch die Methoden, die die Spanische Armada verwendete, als sie lossegelte, um die von Sir Francis Drake befehligte englische Flotte anzugreifen. Mit Hilfe des Planetariums sind auch bestimmte Hinweise auf den Himmel im literarischen Werk von Geoffrey Chaucer, William Shakespeare und Thomas Hardy veranschaulicht worden.

Von seinen Anfangstagen an wurde das Projektionsplanetarium auch benutzt, um den Himmel über Bethlehem zur Zeit der Geburt Christi zu rekonstruieren und so die verschiedenen Theorien über den Stern von Bethlehem zu überprüfen, dem die drei Weisen auf ihrer Suche nach dem Jesuskind gefolgt sein sollen. Dies ist zu einer Tradition geworden, der viele Planetarien auf der ganzen Welt zur Weihnachtszeit folgen. Mit Hilfe des Hauptprojektors oder einer Reihe von Hilfsprojektoren können die meisten Möglichkeiten untersucht werden, die im Laufe der Jahre vorgeschlagen wurden. Die Haupttheorien sind, dass es sich bei dem Stern um eine Konjunktion zwischen zwei Planeten handelte, das heißt, dass zwei Planeten sehr dicht am Himmel beieinander standen, oder dass es ein Komet war oder dass es ein schwacher Stern war, der in wenigen Tagen sehr viel heller wurde (eine Nova oder Supernova), oder dass es sich um eine Bedeckung eines Planeten durch den Mond handelte.

Planetenkonjunktionen sind im Planetarium leicht mit ausreichender Genauigkeit darzustellen, da die Planetenprojektoren miteinander und mit den Bewegungen von Sonne und Mond korreliert sind. Der Projektor kann auch auf den Breitengrad von Bethlehem eingestellt werden, und mit der Präzessionsvorrichtung kann man den Himmel zurück auf die Zeit von Christi Geburt drehen.

Kometen gibt es dermaßen viele, dass es unmöglich ist, sie alle mit Spezialprojektoren darzustellen. Manche Planetarien besitzen spezielle Projektoren, die auf realistische Weise die Hauptmerkmale von Kometen nachahmen, doch sie sind normalerweise nicht mit den restlichen Planetenprojektoren korreliert. Man kann jedoch mit Computern die Positionen verschiedener Kometen berechnen, die es zur Zeit von Christi Geburt gab; mit Hilfe dieser Angaben und den Einstellkreisen des Planetariumsprojektors ist es dann möglich, das Erscheinen von ein oder zwei Kometen zu simulieren, die als „Stern von Bethlehem“ in Frage kämen.

Novae und Supernovae sind spezielle Sterntypen, deren Helligkeit plötzlich innerhalb weniger Tage stark ansteigt und dann im Laufe weniger Wochen oder in manchen Fällen weniger Monate wieder verblasst. Der totale Helligkeitsanstieg einer Supernova ist sehr viel größer als der einer Nova. Diese Sternexplosionen sind nicht vorhersagbar, sodass der Hauptprojektor eines Planetariums diese Ereignisse nicht demonstrieren kann. Es ist jedoch relativ einfach für einen Planetariumstechniker, einen einfachen Projektor zu bauen, der die Helligkeitsänderungen dieser Erscheinungen simuliert. Dann kann man sie unter Verwendung der historischen Daten einer Nova oder Supernova auf die passende Himmelsstelle in jenem Sternbild projizieren, in dem sie zu sehen war.

Bedeckung eines Planeten durch den Mond

Eine Bedeckung nennt man jenen Vorgang, wenn ein Mond oder Planet sich vor einen Stern schiebt und dessen Licht verdeckt. Bedeckungen und Sonnenfinsternisse (die man als Bedeckungen der Sonne durch den Mond ansehen kann) sind wegen der komplizierten Mondbewegung und kleinen Unregelmäßigkeiten der Erdrotation in einem Planetarium nicht überzeugend darstellbar. Die Erde dreht sich nicht nur langsamer als vor 2000 Jahren, sondern ihre Rotationsgeschwindigkeit ändert sich auch noch unregelmäßig. Mit Hilfe von Computern kann man Datum, Dauer und Ort vergangener Finsternisse berechnen und diese dann mit historischen Aufzeichnungen vergleichen. Dabei stimmt das Datum meistens überein, doch Zeitdauer und Ort unterscheiden sich immer von den Berechnungen. Selbst mit einem Computer ist es praktisch unmöglich, eine Bedeckung überzeugend zu demonstrieren, die in der Vergangenheit stattgefunden haben könnte, und daher kann man nicht angeben, ob der Stern von Bethlehem eine Bedeckung war. Die Verlangsamung der Rotationsgeschwindigkeit der Erde hat jedoch keinen Einfluss auf Konjunktionen von Planeten.

Planetarien und unser Verständnis der Astronomie

Auf der Konferenz der Internationalen Astronomischen Union über *Neue Trends in der Astronomieausbildung*, die 1996 in London stattfand, haben Gutsch und Manning geschätzt, dass es bis 1970 weltweit 600 bis 700 Planetarien gab und gegenwärtig mehr als 55 Millionen Menschen jährlich Planetarien besuchen. Wie wir im nächsten Kapitel erfahren werden, kann ein planetariumsähnlicher Himmel auch auf dem Monitor eines Computers erzeugt werden, doch ein Bildschirm ist praktisch flach und kann den Anblick des echten Himmels nicht vermitteln. Fernsehprogramme, Videos und Bilder von Himmelsobjekten im Internet sind ausgezeichnete Hilfsmittel, um die neuesten Entdeckungen der Astronomie einem größeren Publikum nahe zu bringen. Doch keins dieser Lehrmittel kann es mit der Realität eines Himmels aufnehmen, den ein guter Projektor an die 180-Grad-Kuppel eines Planetariums wirft. Es besteht kaum Zweifel, dass Planetarien eine bedeutende Rolle in der astronomischen Wissensvermittlung spielen und von vielen als der wichtigste öffentliche Ort angesehen werden, an dem man sich über neue Entwicklungen in der Astronomie und den Planetenwissenschaften informieren kann.

Kapitel 13

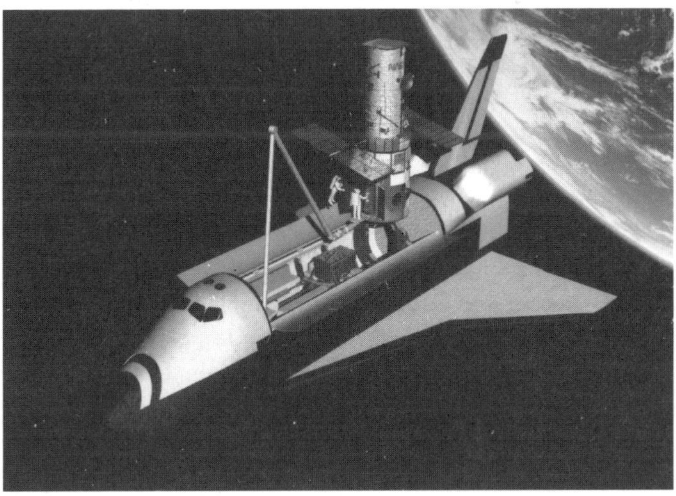

Künstlerische Darstellung des vom Space Shuttle gestarteten Hubble-Weltraumteleskops. (Mit freundlicher Genehmigung der NASA.)

Das technologische Universum

Technologische Wandlung

Im Laufe des gesamten 20. Jahrhunderts hat die Technologie unser Bild der Erde und des Universums umgeformt. Dieser Prozess verlief zu Beginn des Jahrhunderts noch relativ langsam, hat sich während der zweiten Hälfte aber beträchtlich beschleunigt, und das Tempo heute wird wahrscheinlich so bleiben, wenn nicht sogar noch zunehmen. Diese techno-astronomische Revolution hat einerseits zu bestimmten Problemen bei der Entwicklung mechanischer Modelle für das Universum geführt, andererseits aber auch neue Lösungen für die Darstellung unseres heutigen Verständnisses des Universums geliefert.

Neue Teleskope und neue Astronomien

Zwischen dem Ende des 19. und der Mitte des 20. Jahrhunderts gab es enorme Fortschritte bei der Konstruktion optischer Teleskope. Die Grenze für die Größe von Teleskopen mit einer reinen Linsenoptik machte sich immer deutlicher bemerkbar. Eine sehr große Linse von etwa einem Meter Durchmesser würde sich unter ihrem eigenen Gewicht verbiegen, weil sie nur an ihrem Rand gehalten werden könnte. Spiegelteleskope der Bauart, die Sir Isaac Newton erfunden hatte, konnte man sehr viel größer machen, da der passend gekrümmte Spiegel auf seiner Rückseite unterstützt werden konnte. Im Jahr 1917 wurde am Mount Wilson Observatory ein Spiegelteleskop mit einem Durchmesser von 2,54 Meter fertig gestellt, und 31 Jahre später ging am Mount Palomar Observatory ein 5-Meter-Teleskop in Betrieb. Diese Instrumente lieferten nicht nur ein genaueres Bild unseres Sonnensystems, sondern sie ermöglichten es uns auch, sehr viel tiefer in die Weiten jenseits des Grenzen unseres eigenen Milchstraßensystems vorzudringen. Bald wurde klar, dass es im Universum viele weitere riesige Sternansammlungen gibt, ähnlich unserer eigenen Galaxis, und dass die meisten dieser fremden Galaxien sich mit hohen Geschwindigkeiten von uns weg bewegen. Diese Beobachtung führte zu der Theorie, dass das Universum in einem Urknall begann und sich immer weiter ausdehnt.

Weitere Entdeckungen sollten gemacht werden. Zwischen 1932 und 1942 wurde die Radioastronomie geboren. Karl Jansky, Rundfunkingenieur bei den Bell Telephone Laboratories in den USA, suchte die Ursache für ein ständiges Rauschen in speziellen Radioempfängern und kam zu dem Schluss, dass ein Teil dieser „statischen" Störgeräusche von außerhalb des Sonnensystems stammten. Im Jahr 1933 konnte er als Quelle unsere eigene Milchstraße identifizieren. Seine Untersuchungen wurden von dem amerikanischen Amateurastronom Grote Reber fortgesetzt, der 1937 das erste steuerbare Radioteleskop baute und damit eine sehr viel genauere Radiokarte der Milchstraße erstellte. Nach dem zweiten Weltkrieg wurde die Radioastronomie von Bernard Lovell in Manchester, Martin Ryle in Cambridge sowie Jan Oort und Hendrik van der Hulst in Leiden in den Niederlanden weiterentwickelt. Die Radioastronomie enthüllte ein Universum, das für das bloße Auge unsichtbar ist. Einige Planeten, unsere Sonne, viele Sterne wie auch der scheinbar leere Raum zwischen den Sternen und viele Galaxien – sie alle senden Radiowellen aus, die von Radioteleskopen empfangen werden. Die sorgfältige Interpretation dieser Signale aus dem All haben unser Wissen über das Universum jenseits der Erdatmosphäre erheblich vermehrt.

Es gibt viele verschiedene Arten elektromagnetischer Wellen, zu denen auch Licht- und Radiowellen zählen. So gibt es Infrarotstrahlen, die manchmal auch Wärmestrahlung genannt werden. Es gibt Ultraviolettstrahlen, die Sonnenbrand verursachen. Es gibt Röntgenstrahlen, die in der Medizin zur Diagnose benutzt werden, und es gibt Gammastrahlen, die von einigen radioaktiven Substanzen ausgesandt werden. Einige Himmelsobjekte senden alle diese unterschiedlichen Strahlungsarten aus, sodass wir mit ihrer Hilfe die Natur und Entwicklung von Objekten im Universum näher untersuchen können. Das ist die neue Astronomie. Die Erdatmosphäre ist jedoch nicht für alle diese Strahlungen durchlässig, sodass viele Beobachtungen in diesen Wellenlängenbereichen von speziellen Instrumenten an Bord von Satelliten in der Erdumlaufbahn gemacht werden müssen.

Künstliche Satelliten

Radioastronomie und Weltraumwissenschaft sind beides Produkte des Zweiten Weltkriegs. Die Verwendung von Radiokommunikation während des Kriegs und die Entwicklung des Radars zur Entdeckung feindlicher Flugzeuge trieben die Elektronik bis an ihre Grenzen. Die Raketen, die die Deutschen für ihre V2-Bomben entwickelten, bildeten die Grundlage der Raketentechnologie, mit der später Satelliten in die Erdumlaufbahn und Raumsonden zum Mond und zu den Planeten geschossen wurden. Fotografien, die von Kameras auf Satelliten beim Umkreisen der Erde aufgenommen und über Funk zurück zur Erde geschickt worden waren, ermöglichten es uns, die Erdoberfläche mit hoher Genauigkeit zu kartieren und bessere Erdgloben herzustellen. Im Jahr 1972 wurde der Satellit *Landsat I* gestartet, der Pionierarbeit bei der Kartierung von Vegetation, Landnutzung und geologischer Strukturen vom Weltraum aus leistete. Zu den neuesten Erdvermessungs-Satelliten gehören die französischen *Spot*-Satelliten, die Objekte von rund einem Meter Größe nachweisen können. *Seasat* und *Nimbus 7*, gestartet 1978, waren die ersten Satelliten zur Erkundung der Meere von Weltraum aus, so wie mit dem 1960 gestartete *Tiros I* die Untersuchung atmosphärischer Erscheinungen von außerhalb der Atmosphäre selbst begann.

Telstar I, gestartet 1962, eröffnete das Zeitalter der Kommunikationssatelliten, das es uns heute ermöglicht, zu Hause Satellitenfernsehen zu genießen. Die Technologie, die man für Start und Nutzung von Satelliten in der Erdumlaufbahn entwickelt, und die Erfahrungen, die man dabei gesammelt hatte, wurden auch auf Raumsonden zum Mond und zu anderen Planeten ausgedehnt.

Die Erforschung des Monds

Zwischen dem 2. Januar 1959 und dem 15. August 1976 starteten die Russen 24 *Lunik*- und *Luna*-Sonden. Wenn auch nicht alle dieser Sonden erfolgreich waren, so führten doch mehrere ihre geplanten Missionen durch. *Luna 3*, gestartet am 4. Oktober 1959, machte die ersten Fotos von der Rückseite des Monds, und *Luna 24*, gestartet am 9. August 1976, kehrte mit 170 Gramm Bodenmaterial vom Mare Crisium zurück. Um die Mondoberfläche weiter zu erkunden und sich auf bemannte Landungen vorzubereiten, starteten die Amerikaner drei verschiedene Serien von Mondsonden. Die erste war die *Ranger*-Serie, die zwischen 1961 und 1965 zum Mond geschossen wurde. Diese Serie machte die ersten Nahaufnahmen von der Mondoberfläche, auf denen metergroße Krater und Felsbrocken zu sehen waren. Die *Lunar-Orbiter*-Serie war speziell dafür ausgelegt, den Mond großräumig zu kartieren und nach möglichen Landeplätzen für die bemannten *Apollo*-Flüge zu suchen. Die unbemannten *Surveyor*-Sonden, die weich auf dem Mond landeten, hatten verschiedene Aufgaben: Panoramaaufnahmen, die Untersuchung physischer Strukturen und die Überprüfung der Tragfähigkeit und chemischen Zusammensetzung der Mondoberfläche. Alle diese Missionen haben unser Wissen über unseren nächsten natürlichen Nachbarn im All enorm vermehrt. Ein unmittelbares Ergebnis hiervon war, dass wir zum ersten Mal Globen von der gesamten Oberfläche des Monds herstellen konnten (siehe Tafel A).

Tafel A Ein Mondglobus.

Planetensonden

Mit Planetensonden war es möglich, die Planeten und ihre Monde mit höherer Genauigkeit zu kartieren als mit erdgebundenen Teleskopen und überdies noch neue Monde zu entdecken. Eine Planetensonde ist ein unbemanntes Raumfahrzeug, das die Verhältnisse in der Nähe oder auf einem Planeten und seinen Monden untersucht. Die von ihr gesammelten Daten werden per Funk zur Erde zurückgesandt. Bei Raumsonden, die sich näher an der Sonne befinden als Mars, werden die Instrumente zum Sammeln der Daten und die Funkausrüstung durch Sonnenzellen mit Energie versorgt; in größeren Entfernungen zur Sonne ist die Energiequelle Elektrizität, erzeugt

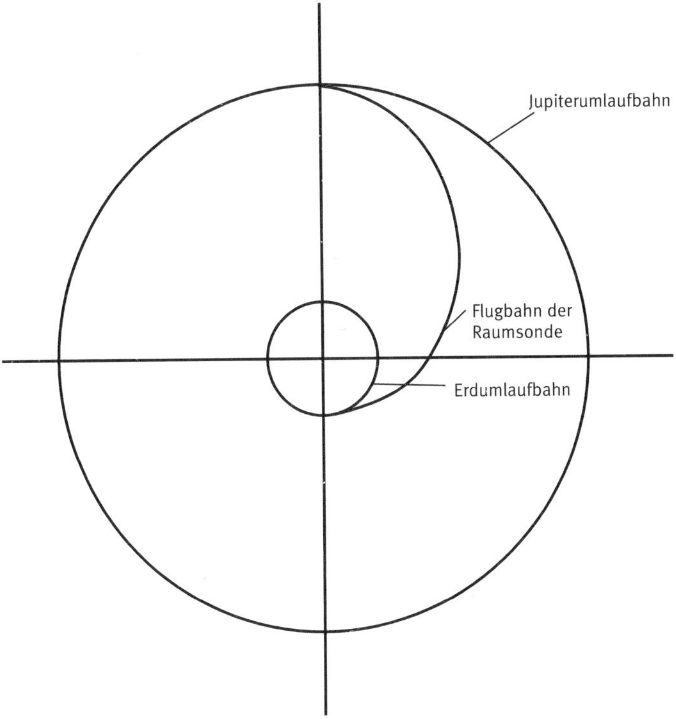

13.1 Einfache Flugbahn einer Raumsonde von der Erde zum Jupiter.

durch Wärme radioaktiver Substanzen. Eine Raumsonde wird von Raketenmotoren auf ihre Bahn gebracht; Kurskorrekturen während des Flugs sind mit Hilfe kleinerer Raketenmotoren möglich, doch auf dem größten Teil ihrer Bahn wird eine Sonde nicht aktiv angetrieben. Im Wesentlichen stellt eine Raumsonde einen künstlichen Sonnenplaneten dar. Bald nach Verlassen der Erde wird die Sonde auf eine elliptische Bahn um die Sonne gebracht, die so verläuft, dass sie mit dem einen Ende ihrer Hauptachse gerade die Erdbahn und mit dem anderen Ende die des Planeten berührt (siehe Abb. 13.1).

Der Zeitpunkt für den Start von der Erde muss jedoch so gewählt werden, dass die Sonde zur gleichen Zeit die anvisierte

Stelle der Planetenumlaufbahn erreicht wie der Planet. Manchmal kann dieselbe Sonde mehr als einen Planeten erforschen, wobei die Anziehungskraft des einen Planeten genutzt wird, um die Sonde weiter zum nächsten zu schleudern. Diese Technik heißt schwerkraftgestützt und wurde bei den *Voyager*-Sonden verwendet, die nacheinander Jupiter, Saturn, Uranus und Neptun besuchten.

Es gab mehrere Serien von Planetensonden, darunter *Mariner, Pioneer, Viking, Voyager* und *Venera*. Die *Mariner*-Serie bestand aus zehn Sonden, von denen drei keinen Erfolg hatten. *Mariner 2* war der erste erfolgreiche Vorbeiflug an einem Planeten: Am 14. Dezember 1962 passierte er die Venus in einem Abstand von 34 830 Kilometer. Damit kam er nahe genug heran, um die Temperatur zu messen und nach einem Magnetfeld zu suchen. Doch er stellte fest, dass Venus im Gegensatz zur Erde kein nachweisbares Magnetfeld besitzt. Da Venus keinen Mond hat, war es schwer, ihre Masse zu bestimmen. Sehr zuverlässige Schätzungen ihrer Masse hatte man aus der Art und Weise erhalten, wie sie die Bahnen von Erde und Merkur beeinflusst. Doch eine sehr viel genauere Messung erhielt man durch die Ablenkung der zweiten vorbeifliegenden Sonde – *Mariner 5*. Diese Sonde näherte sich am 19. Oktober 1967 dem Planeten auf 3990 Kilometer. Sie führte auch detailliertere Untersuchungen der Atmosphäre des Planeten und eine genauere Bestimmung seines Durchmessers durch. Die Atmosphäre der Venus ist so dicht, dass keine der beiden Sonden Oberflächenmerkmale des Planeten untersuchen konnte, da das Sonnenlicht die Wolkendecke nicht durchdringen konnte.

Mariner 4, 6 und *7* nahmen detailliertere Fotos vom Mars auf, doch die bis dahin genaueste Kartierung seiner Oberfläche stammt von *Mariner 9*, der am 13. November 1971 in eine Umlaufbahn um den Mars einschwenkte und damit der erste künstliche Satellit eines anderen Planeten wurde. Mit den Daten all dieser Sonden wurden weitere noch genauere Karten des Mars erstellt, aus denen dann auch Marsgloben hergestellt wer-

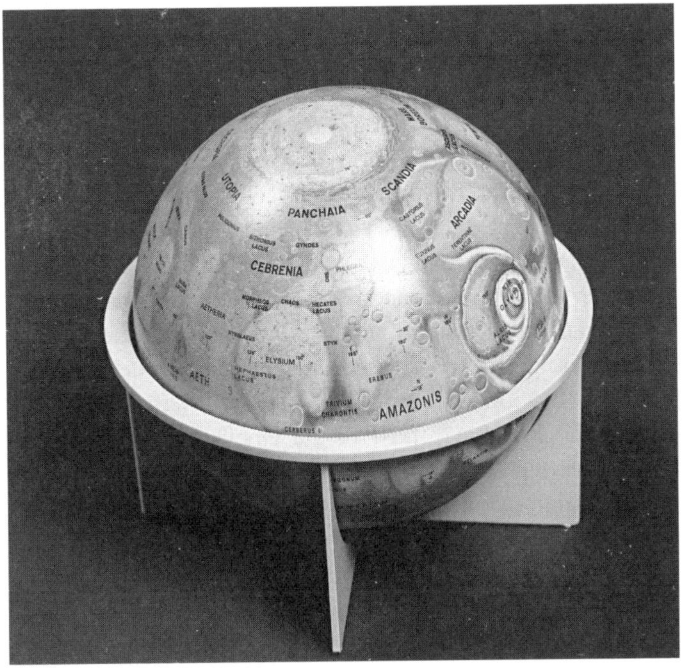

Tafel B Ein Mars-Globus aus dem späten 20. Jahrhundert.

den konnten (siehe Tafel B). (Die europäische Mars-Mission „Mars-Express“ hat 2004 damit begonnen, die gesamte Marsoberfläche mit Hilfe einer Spezialkamera abzulichten, die auch 3-D-Aufnahmen ermöglicht. Damit wird in den nächsten zwei bis vier Jahren eine Kartierung des Mars mit nie da gewesener Auflösung möglich sein. Anmerkung d. Übers.) *Mariner 10* vollbrachte eine weitere Ersttat für die USA: Er flog mehrmals dicht an Venus vorbei und dreimal an Merkur – und war damit die erste Zwei-Planetenmission. *Mariner 10* nahm mehr als 10 000 Fotos von Merkur auf und machte die unerwartete Entdeckung, dass dieser Planet ein Magnetfeld besitzt, ähnlich dem Erdfeld, aber viel schwächer. Die Fotos ermöglichten eine genauere Kartierung der Merkuroberfläche.

Die *Pioneer*-Serie begann mit drei Mondsonden, die 1958 gestartet wurden, aber nur teilweise erfolgreich waren. *Pioneer 1* und *3* kamen nicht nahe genug an den Mond heran, aber *Pioneer 3* gelang es, die Verteilung von zwei Gürteln energiereicher Teilchen aufzuzeichnen, die im äußeren Magnetfeld der Erde gefangen sind und Van-Allen-Strahlungsgürtel genannt werden. *Pioneer 2* hatte einen Fehlstart. *Pioneer 4* und *5* gingen auf eine Sonnenumlaufbahn und sendeten nützliche Informationen über den Strom subatomarer Teilchen, der uns von der Sonne erreicht – den so genannten Sonnenwind. Sie beobachteten auch einige heftige magnetische Energieausbrüche auf der Sonne, die als Sonnenflares bekannt sind. *Pioneer 6, 7, 8* und *9* gingen zwischen 1965 und 1968 auf eine Sonnenumlaufbahn. Sie bildeten ein Netzwerk von Sonnenwetterstationen, die gewaltige Ereignisse auf der Sonne überwachten und so als Frühwarnstationen für die *Apollo*-Flüge dienten.

Pioneer 10 flog am 4. Dezember 1973 als erste Sonde an Jupiter vorbei. Sie war am 3. März 1972 gestartet und benötigte 21 Monate, um zu dem Planeten zu gelangen. Sie nahm Fotos von drei der Galilei'schen Monde auf – Europa, Ganymed und Kallisto – sowie von der Jupiteratmosphäre. *Pioneer 11* wurde am 5. April 1973 gestartet und erreichte Jupiter am 3. Dezember 1974. Dann flog er weiter zu Saturn, den er am 1. September 1979 passierte, fast fünf Jahre nach dem Vorbeiflug an Jupiter. Die Sonde machte Aufnahmen von Saturn, seinen Ringen und Monden und flog dann weiter in die Tiefen des Alls. Jupiter und Saturn unterscheiden sich in ihrem Aufbau sehr von den terrestrischen Planeten (Merkur, Venus, Erde und Mars). Die Riesenplaneten bestehen hauptsächlich aus Gasen und Flüssigkeiten und haben nur einen kleinen Gesteinskern in ihrem Zentrum. Sie besitzen keine dauerhaften Formationen, wie man sie von festen Planeten her kennt, obwohl einige Gebilde in ihren Atmosphären sehr langlebig sein können, wie zum Beispiel der Große Rote Fleck auf Jupiter, der möglicherweise schon fast von Anfang an auf Jupiter existierte. Da sich ihre sichtbaren Merkmale zeitlich verändern, kann man keine dauerhaften Karten oder Globen von diesen Gasplaneten herstellen.

Die im Mai und August 1978 gestarteten *Pioneer-Venus*-Sonden führten detaillierte Untersuchungen durch: *Pioneer-Venus 2* war eine Vielfachsonde, bestehend aus einer großen und drei kleineren Sonden; *Pioneer-Venus 1* untersuchte von der Umlaufbahn aus mit Hilfe von Radar die Oberflächenstrukturen des Planeten. Das Grundprinzip des Radar ist das Aussenden und wieder Empfangen von Radiowellen mit einer Radarschüssel. Solche Wellen können Nebel und Wolken durchdringen, an entfernten Objekten reflektiert und dann von der Schüssel wieder empfangen werden. Aus der Zeitdauer zwischen der Aussendung eines Radiopulses und seinem Empfang nach seiner Reflexion kann die Entfernung zu dem reflektierenden Objekt bestimmt werden. *Pioneer-Venus 1* sandte mit seinem Radargerät Radiowellen durch die Wolkendecke der Venus hindurch auf ihre Oberfläche und konstruierte dann aus den reflektierten Wellen ein Bild des Planetenterrains. Die Radarkarten zeigten einen großen tektonischen Graben, Hochebenen und Vulkanregionen. Die vollständige Radarkartierung der Venus geschah ab 1990 durch die amerikanische *Magellan*-Sonde. Somit können heute auch Reliefkarten und Globen von der Venus hergestellt werden.

Die *Voyager*-Raumsonden wurden beide 1977 gestartet. *Voyager 1*, gestartet am 5. September, nutzte die Schwerkraft des Jupiter, den sie im März 1979 erreichte, um sich weiter zu Saturn schleudern zu lassen, wo sie im November 1980 ankam; danach flog sie weiter, um das Sonnensystem zu verlassen, ohne einem weiteren Planeten zu begegnen. *Voyager 2* nutzte eine spezielle Anordnung von vier Planeten aus, die in den 1980ern auftrat. Nach ihrem Start am 20. August 1977 erreichte die Sonde im Juli 1979 Jupiter, im August 1981 Saturn, im Januar 1986 Uranus und im August 1989 Neptun. Beide Sonden machten eine Reihe wichtiger Entdeckungen bei allen vier Planeten, doch die größte Datenausbeute lieferte *Voyager 2*. Sie zeigte weitere Einzelheiten auf den Oberflächen der Galilei'schen Monde, sammelte mehr Erkenntnisse über die Physik und Chemie des Saturnmonds Titan, entdeckte zehn weitere Monde um Uranus und sechs um Neptun, lieferte neue Informationen über die Magnetfelder von Jupiter und Saturn, entdeckte die Magnetfelder von Uranus und Neptun und lieferte weitere Daten über den dünnen Ring des Jupiter sowie die Ringe von Saturn, Uranus und Neptun.

Die Gesamtzahl der bekannten Monde ist inzwischen zu groß, um sie in Orrery- und anderen Planetarien zu zeigen. Doch eine neuartige Technologie ermöglicht es uns heute, das Sonnensystem und andere Bereiche des Universums auf sehr viel flexiblere Weise modellhaft darzustellen. Elektronische Taschenrechner und Computer verwenden mathematische Modelle von Himmelserscheinungen, um grafische und visuelle Darstellungen wechselnder Aspekte des Himmels zu erzeugen. Die folgenden Abschnitte beschreiben kurz die unterschiedlichen Modellarten, die in der Wissenschaft allgemein verwendet werden, und untersuchen, wie die in den vorherigen Kapiteln behandelten Modelle hier hineinpassen.

Verschiedene Arten von Modellen

Ikonische Modelle

Das Wort „ikonisch" bedeutet bildhaft, anschaulich. Ein ikonisches Modell gleicht somit dem realen Subjekt in jeder Hinsicht, wenn es auch eine verkleinerte Version des untersuchten tatsächlichen Systems sein kann. Technische Prototypen sind ikonische Modelle, doch es ist fast unmöglich, derartige Modelle für natürliche Systeme herzustellen. Die in früheren Kapiteln besprochenen Orrery-Planetarien, die die Bewegungen der Planeten um die Sonne und des Monds um die Erde nachahmen, stellen Versuche dar, das Sonnensystem ikonisch darzustellen. Doch sie sind allenfalls eine sehr grobe Näherung eines ikonischen Modells: Sie zeigen keine elliptischen Umlaufbahnen, alle Planeten bewegen sich in derselben Bahnebene, und statt der natürlichen Kräfte bewegen mechanische Arme, Hebel und Zahnräder die Planeten auf ihren Bahnen.

Symbolische Modelle

Symbolische Modelle zählen zu der am weitest verbreiteten Modellklasse. Solche Modelle versuchen nicht, die Realität einfach eins zu eins abzubilden, sondern verwenden stattdessen Symbole, um die tatsächlichen Objekte des Systems darzustellen, das sie simulieren. Die von Elektro-, Elektronik- und Radioingenieuren verwendeten Schaltpläne sind Beispiele für symbolische Modelle, ebenso astronomische Sternkarten, auf denen die Sterne durch Punkte dargestellt sind, deren Größe die Helligkeit der Sterne symbolisiert, und auf denen Sterne mit besonderen Eigenschaften durch eine Vielzahl unterschiedlicher Symbole verkörpert werden. Auch astrologische Karten sind insofern symbolische Modelle, als sie durch Symbole die Positionen der Planeten entlang des Tierkreises angeben, wie sie von der Erde aus erscheinen.

Analogie-Modelle

Analogie-Modelle beruhen auf den Analogien, die zwischen vielen scheinbar unterschiedlichen Systemen im physikalischen Universum existieren. Alle tätigen Wissenschaftler machen ausgiebig Gebrauch von solchen Modellen. Der herausragende amerikanische Mathematiker G. Polya hat mehrere Bücher über mathematisches Denken verfasst.

In *How to Solve It* („Wie man es löst") schrieb er: „Analogie durchdringt all unser Denken, unsere Alltagssprache und unsere banalen Schlussfolgerungen wie auch künstlerische Ausdrucksweisen und höchste wissenschaftliche Leistungen. Analogie wird auf sehr unterschiedlichen Stufen angewandt. Die Menschen verwenden oft vage, unbestimmte, unvollständige oder unvollständig geklärte Analogien, doch Analogie kann auch die Stufe mathematischer Präzision erreichen. Alle Arten der Analogie können bei der Entdeckung einer Lösung eine Rolle spielen, und wir sollten keine Art gering einschätzen." Armillarsphären, Astrolabien und Uhren sind alles eine Art von Analogie-Modellen, da sie versuchen, einen Aspekt der himmlischen Bewegung in einer mechanisch analogen Form darzustellen.

Mathematische Modelle

Mathematische Modelle sind präzise symbolische Modelle. Werden solche Modelle auf physikalische oder astronomische Systeme angewandt, stellen die Symbole gewöhnlich irgendwelche messbaren physikalischen Größen dar. Die Beziehungen, die zwischen verschiedenen physikalischen Größen bestehen, werden durch mathematische Formeln ausgedrückt. Ein mathematisches Modell des Sonnensystems muss die Positionen der Planeten aufgrund der aus der Vergangenheit bekannten Positionen für jeden beliebigen Zeitpunkt in der Zukunft vorhersagen können.

Mathematische Modelle, selbst hoch komplizierte, stellen die Realität nicht in einer Form dar, die einen direkten Bezug zu dem hat, was wir in der realen Welt sehen. Wie der große Mathematiker John von Neumann sagte: „Die Wissenschaften versuchen nicht zu erklären, sie versuchen noch nicht einmal zu interpretieren, sie stellen hauptsächlich Modelle auf. Mit einem Modell ist ein mathematisches Konstrukt gemeint, das – mit dem Zusatz bestimmter verbaler Interpretationen – beobachtete Phänomene beschreibt. Die Berechtigung eines solchen mathematischen Konstrukts besteht einzig und exakt darin, dass man von ihm erwartet, dass es funktioniert."

Mathematische Modelle der Bewegungen der Himmelskörper sind eine Voraussetzung für elektronische Simulationen des Himmels und für Computer- Planetarien.

Der elektronisch simulierte Himmel

Die grafischen Fähigkeiten moderner Computer ermöglichen es, Sternkarten und Planisphären auf dem Bildschirm eines Computers zu simulieren. Die in Kapitel 2 gezeigten Karten sind Ausdrucke derartig erzeugter Karten. Eine spezielle Computersoftware kann dafür sorgen, dass nur die Bereiche der Himmelssphäre auf dem Bildschirm dargestellt werden, die sich zu einem bestimmten Zeitpunkt an einem bestimmten Ort oberhalb des Horizonts befinden, sodass wir damit im Grunde eine äußerst vielseitige Planisphäre zur Verfügung haben. Diese Planisphäre (oder drehbare Sternkarte) kann auch die Präzessionsbewegung der Erdachse mit berücksichtigen. Die Software enthält zudem mathematische Verfahren zur Berechnung der Positionen von Sonne, Mond und Planeten relativ zu den Hintergrundsternen, sodass man, mit Einschränkungen, den Anblick des Himmels in ferner Vergangenheit erkunden kann.

Die Hauptunsicherheiten betreffen die Bewegung des Monds. Der Mond ist der schnellste der Himmelskörper, die ihre Position gegen den Sternhintergrund verändern. Seine Bewegung ist daher mehr als alle anderen Körper von der Veränderung der Rotationsgeschwindigkeit der Erde betroffen. Die meisten Computerprogramme gehen von einer konstanten Erddrehung aus, doch Atomuhren haben gezeigt, dass sie es nicht ist. Selbst die modernste Computersoftware kann allenfalls eine konstante Verlangsamung der Erdrotation mit einrechnen. Dennoch hilft diese Software bei der Berechnung der Daten alter Finsternisse. Außerdem können auf diese Weise der Betrag dieser Verlangsamung sowie die Effekte von plötzlichen, unerwarteten Sprüngen in der Rotationsgeschwindigkeit abgeschätzt werden, indem man die errechneten Zeiten und Orte mit historischen Aufzeichnungen vergleicht.

Die Fähigkeit von Computern, ein Bild des Nachthimmels zu erzeugen, ist auch die Grundlage des neuen Digistar-Planetariumsprojektors. Ähnliche Computerprogramme wie die, die einen Sternenhimmel auf den Bildschirm eines PCs bringen, werden auch in dem Digistar-Projektor verwendet, um ein Bild des Nachthimmels, wie er zu einem bestimmten Zeitpunkt an einem bestimmten Ort zu sehen wäre, auf dem Schirm einer gekrümmten Kathodenstrahlröhre (wie man sie von älteren Fernsehgeräten her kennt) zu erzeugen. Mit Hilfe einer Speziallinse ähnlich dem Fischaugenobjektiv einer Kamera wird dieses Bild an die Innenseite der halbkugelförmigen Planetariumskuppel projiziert. Sie liefert eine ausreichend realistische Ansicht des Nachthimmels und erzeugt so ein ikonisches Himmelsmodell.

Computer-Orrery-Planetarien

Die Fähigkeit eines Computers, eine große Zahl von Berechnungen innerhalb weniger Sekunden auszuführen, macht ihn zu einem idealen Instrument zur Berechnung der Bahnen von Planeten. Die Bewegungen der Planeten einschließlich der Erde, wie sie von einem Punkt oberhalb der Erdumlaufbahn aus zu sehen wären, können um mehr als das Hunderttausendfache beschleunigt werden, sodass sich ein Jahr auf weniger als eine Stunde verkürzen lässt. Oder aber man kann innerhalb von Sekunden 5000 Jahre in der Zeit zurück- oder vorausgehen und sich ansehen, in welchem Zustand das Sonnensystem da war. Das ist im Grunde ein Computer erzeugtes Orrery-Planetarium auf dem Monitorbildschirm. Die Größen der Planetenumlaufbahnen können maßstabsgetreu dargestellt werden, doch wenn die Bahnen aller Planeten einschließlich des Pluto gezeigt würden, wäre die Merkurbahn zu klein, um noch erkennbar zu sein. Dieses Problem kann man lösen, indem man auf die inneren Planeten zoomt und die äußeren weglässt. Man kann auch Ausdrucke der Bildschirmansicht machen, wobei man für die äußeren Planeten einen kleinen und für die inneren einen größeren Maßstab verwendet (siehe Abb. 13.2). Diese grafischen Orrery-Planetarien können die elliptische Form der Planetenbahnen (deutlich erkennbar bei Pluto) und Kometenbahnen wiedergeben und auch die Bahnen einiger Asteroiden darstellen.

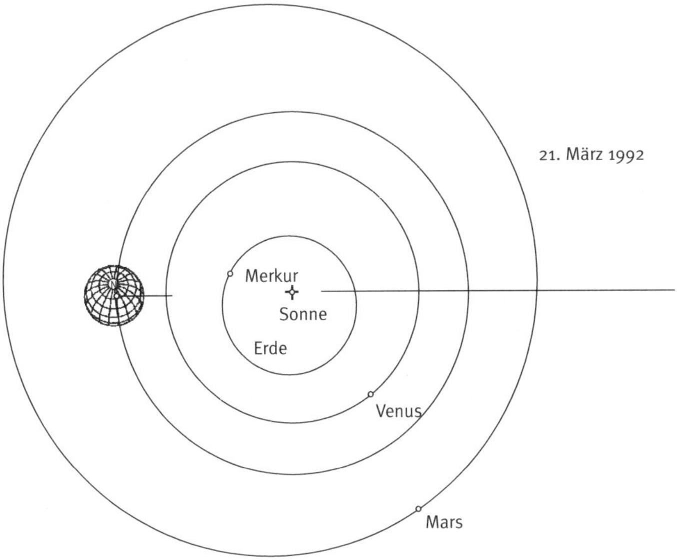

13.2a Eine vom Computer erzeugte Ansicht vom inneren Sonnensystem.

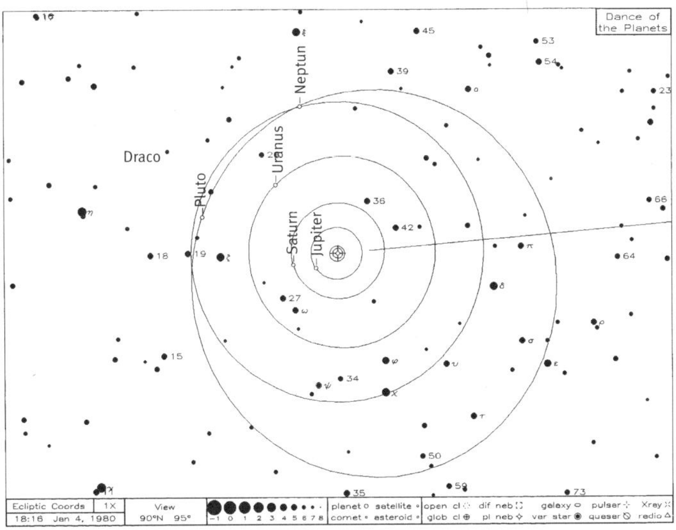

b Eine vom Computer erzeugte Ansicht vom äußeren Sonnensystem.

Nach dem Newton'schen Gravitationsgesetz zieht jedes Teilchen im Universum jedes andere Teilchen an, doch die Anziehungskraft hängt von den Massen beider Teilchen ab und wird mit wachsendem Abstand zwischen den Teilchen immer geringer. Das bedeutet, dass jeder Planet sehr viel stärker von der Sonne angezogen wird als von den anderen Planeten in seiner Nähe. Über lange Zeiträume hinweg haben die gegenseitigen Wechselwirkungen zwischen den Planeten aber doch einen Einfluss auf ihre jeweiligen Umlaufbahnen. Ein spezielles Computerprogramm kann diese Wechselwirkungen mit berücksichtigen und somit ein genaueres Bild der Positionen und Bewegungen der Planeten liefern, als es mit einer astronomischen Uhr oder einem Orrery-Planetarium möglich ist. Wird ein mit einer solchen Software ausgestatteter Computer an einen Videoprojektor angeschlossen, kann ein dynamisch bewegtes Bild des Sonnensystems auf den Schirm eines Planetariums projiziert werden, sodass man nicht auf den geozentrischen Standpunkt beschränkt ist, den der Hauptprojektor des Planetariums liefert.

Computer-Planetarilabien

In Kapitel 6 ist das Jovilabium beschrieben, ein Modell des Jupitersystems, das die Bewegungen der Galilei'schen Monde um den Planeten zeigt. Computersoftware kann ein Jovilabium auf dem Bildschirm erzeugen (siehe Abb. 13.3). Obwohl es sich dabei um eine zweidimensionale Ansicht handelt, kann man den Betrachtungswinkel so verändern, dass man sich ein Bild von der räumlichen Verteilung der Monde um den Planeten machen kann. Die Flexibilität des Computers ermöglicht es zudem, alle bekannten Jupitermonde mit einzubeziehen. Es ist überdies ein dynamisches Modell, das zeigen kann, mit welchen Geschwindigkeiten die verschiedenen Monde den Planeten umkreisen, entweder in Echtzeit (das heißt mit ihren wahren Winkelgeschwindigkeiten) oder vielfach beschleunigt. Dieser allgemeine

Modelltyp kann auch auf die anderen Planeten mit Monden angewandt werden, zum Beispiel auf Saturn, Uranus und Neptun (siehe Abb. 13.4, 5 und 6).

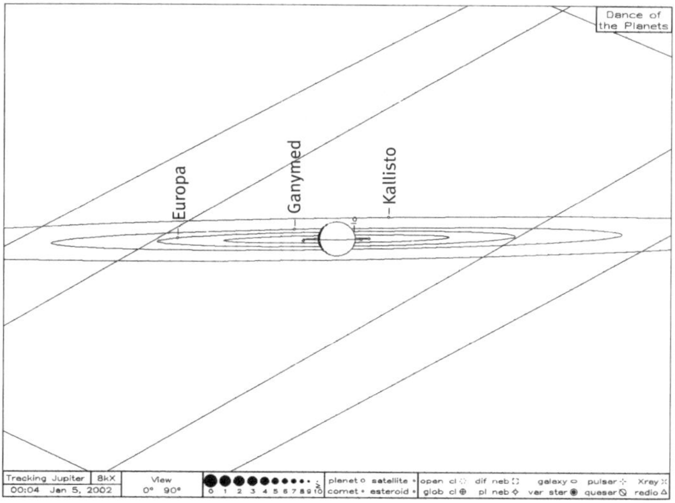

13.3 Eine vom Computer erzeugte Ansicht vom Jupitersystem.

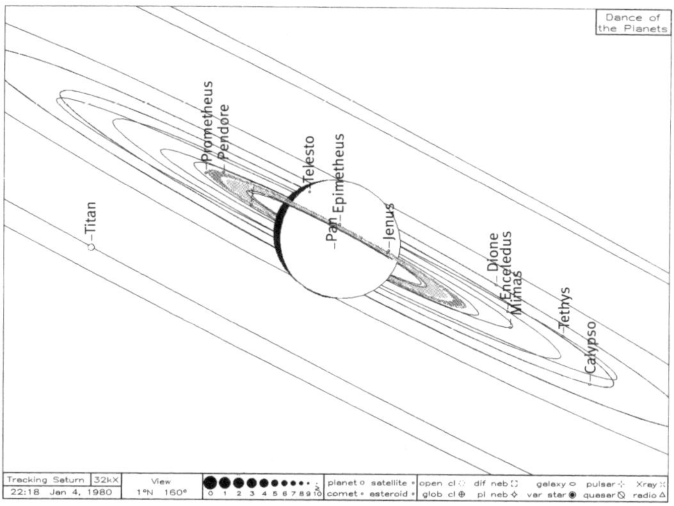

13.4 Eine vom Computer erzeugte Ansicht vom Saturnsystem.

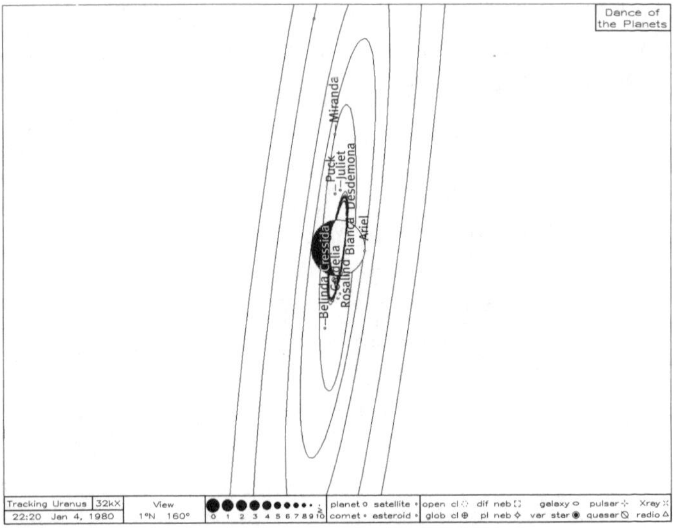

13.5 Eine vom Computer erzeugte Ansicht vom Uranussystem.

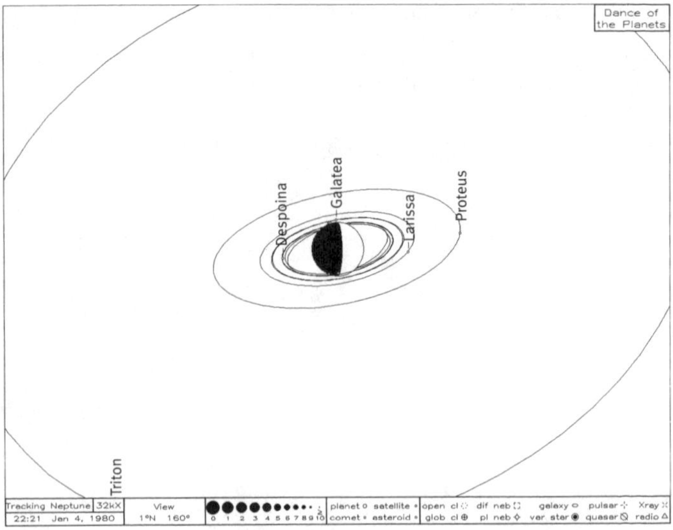

13.6 Eine vom Computer erzeugte Ansicht vom Neptunsystem.

Planeten-, Stern- und Galaxienmodelle

Mit Hilfe von Computern können auch Bereiche des Universums, die wir nicht sehen können, in Modellen dargestellt werden, wie zum Beispiel das Innere von Planeten und Sternen. Newtons Bewegungsgesetze und sein Gravitationsgesetz sind universelle Gesetze, gelten also überall im Universum – vom Inneren der Erde bis zu den entferntesten Regionen des Weltalls. Das Konzept, das dies für alle Gesetze der Physik der Fall ist, entwickelte sich langsam, nachdem Newton sein mechanisches Bild des Sonnensystems geschaffen hatte.

Im Laufe der letzten 300 Jahren hat sich die Astrophysik entwickelt, ein wichtiger Zweig der Astronomie, der versucht, die Botschaften zu entziffern, die aus dem extraterrestrischen Universum jenseits unserer Atmosphäre zu uns gelangen. Dabei nutzt sie die bekannten physikalischen Gesetze als Schlüssel, um die in den vielen verschiedenen Strahlungsarten kodiert enthaltenen Informationen zu dechiffrieren. Anhand dieser Informationen kann man versuchen, mathematische Modelle vom Inneren unserer Sonne, der Planeten des Sonnensystems und anderer Sterne aufzustellen.

Große Fortschritte wurden in den ersten fünfzig Jahren des 20. Jahrhunderts mit den Mitteln der Algebra, Geometrie und Trigonometrie gemacht, doch weitaus größere Möglichkeiten ergaben sich nach der Erfindung und Weiterentwicklung von Computern. Mit Computern kann man Sternmodelle berechnen sowie die Änderungen, die bei Sternen unterschiedlicher Masse über große Zeitspannen hinweg auftreten. Auf diese Weise lässt sich die Entwicklung von Sternen verfolgen: wie sie aus großen Gaswolken, die zwischen den Sternen vorhanden sind, entstehen, wie sie durch Kernprozesse in ihrem extrem heißen Inneren ihre Energie erzeugen und wie sie sich verändern, sobald sie ihre nuklearen Brennstoffe aufgebraucht haben, die sie Milliarden Jahre lang haben scheinen lassen.

Galaxien gibt es in einer Vielzahl von Formen und Größen, alle sind riesige Ansammlungen von Sternen. Unsere eigene

Milchstraßengalaxie besteht aus 100 Milliarden Sternen, von denen die meisten das Zentrum unserer Galaxis auf eine Weise umkreisen, die der der Planeten um die Sonne nicht unähnlich ist. Doch obwohl es eine Massenansammlung im Zentralgebiet unserer eigenen Galaxis gibt, hat diese keine so große Auswirkung wie die Sonne auf unser Planetensystem. Die Sterne bewegen sich hauptsächlich unter der Anziehungskraft der meisten der anderen Sterne in der Galaxis. Die Geschwindigkeiten, mit der die Sterne um die zentrale Masse kreisen, hängen zwar von ihrem Abstand zum Zentrum ab, doch sie folgen nicht dem 3. Kepler'schen Gesetz wie die Planeten. Aus der Art, wie sich ihre Geschwindigkeiten mit dem Abstand ändern, kann man die Massenverteilung in unserer Galaxis ableiten und daraus mathematische Modelle unseres Milchstraßensystems aufstellen. Diese Technik kann man im Allgemeinen auch auf andere Galaxientypen anwenden, die gewisse Ähnlichkeiten mit unserer eigenen haben. Andere Galaxienarten lassen sich mit Hilfe verschiedener anderer Methoden berechnen, die ebenfalls auf Newtons Bewegungsgesetzen und seinem Gravitationsgesetz beruhen.

Modelle des Universums

Viele Galaxien gehören zu einem Galaxienhaufen. Unsere Milchstraße ist Mitglied eines Haufens von etwa 30 bis 40 Galaxien, der Lokale Gruppe heißt. Dabei sind die Abstände zwischen den einzelnen Galaxien groß, verglichen mit ihren Durchmessern. Einige reiche Haufen enthalten mehr als 1000 Galaxien. Diese großen Haufen haben eine annähernd kugelförmige Gestalt. Etwa 5 Prozent aller Galaxien gehören zu einem solchen reichen Haufen. Es gibt auch kleinere Ansammlungen, die aus nur wenigen Galaxien bestehen.

Im Jahr 1929 entdeckte Edwin Hubble, dass ferne Galaxien sich von uns wegbewegen, wobei ihre Geschwindigkeiten umso größer sind, je weiter sie von uns entfernt sind. Diese Gesetzmäßigkeit wird heute Hubble-Gesetz genannt. Den mathematischen Rahmen zur Erklärung dieses Gesetzes liefern kosmologische Modelle, von denen viele auf Einsteins Theorie der Gravitation, der Allgemeinen Relativitätstheorie, beruhen. Diese Modelle setzen voraus, dass das Universum homogen ist, das heißt, dass es (im Mittel) keinen durch irgendeine Eigenschaft der Materie oder des Raums ausgezeichneten Ort gibt, und dass es isotrop ist, mit anderen Worten, in alle Richtungen gleich aussieht. Ein solches Modell ist das „Urknall-Modell", demzufolge das Universum vor etwa 15 Milliarden Jahren mit einer gewaltigen Explosion aus einem unendlichen kleinen Punkt mit unendlicher hoher Dichte und Temperatur seinen Anfang nahm. Seither dehnt sich der Raum aus, wodurch sich die Materie darin immer mehr „verdünnt" und abkühlt. Ab einer bestimmten Temperatur und Dichte war sie dann in der Lage, sich zusammenzuballen und Galaxien zu bilden. Wie dies alles im Einzelnen ablief, ist noch immer Gegenstand intensiver Forschung und Diskussionen. Es ist unmöglich, mechanische Modelle der Urknalltheorie herzustellen, und darum müssen wir uns mit mathematischen Modellen zufrieden geben, die auf Computern untersucht werden können.

Das Sonnensystem und das Atom

Die Ergebnisse seiner Forschungsarbeit an der Manchester University ließen Ernest Rutherford (1871–1937) im Jahr 1911 erkennen, wie ein Atomkern aufgebaut ist. Vor dieser Entdeckung hatten die meisten Wissenschaftler nur vage Vorstellungen über dessen Struktur. Doch aufgrund von Experimenten, die seine Mitarbeiter Hans Geiger (1882–1945) und Ernest Marsden (1889–1970) durchgeführt hatten, kam Rutherford zu dem Schluss, dass ein Atom aus einem dichten, zentralen Kern besteht, in dem der Großteil der Masse des Atoms konzentriert ist, und dass dieser Kern von einer Reihe kleiner Teilchen umkreist wird, den so genannten Elektronen, die eine tausendfach kleinere Masse haben als der Kern. Mit anderen Worten, das Rutherford'sche Atommodell ähnelte dem Sonnensystem, mit dem zentralen Kern als Sonne und den Elektronen als Planeten, die um die Sonne kreisen (siehe Abb. 13.7). Der Atomkern ist etwa 100 000-mal kleiner als das Atom.

Es gab jedoch Probleme mit Rutherfords Atommodell, die schließlich von dem dänischen Physiker Niels Bohr (1885–1962) gelöst wurden, der 1912 nach Manchester ging, um mit Rutherford zusammenzuarbeiten. Die Anziehungskraft, die die Planeten auf ihren Bahnen um die Sonne hält, ist die Schwerkraft, während beim Atom die elektrostatische Kraft zwischen dem positiv geladenen Kern und den negativ geladenen Elektronen

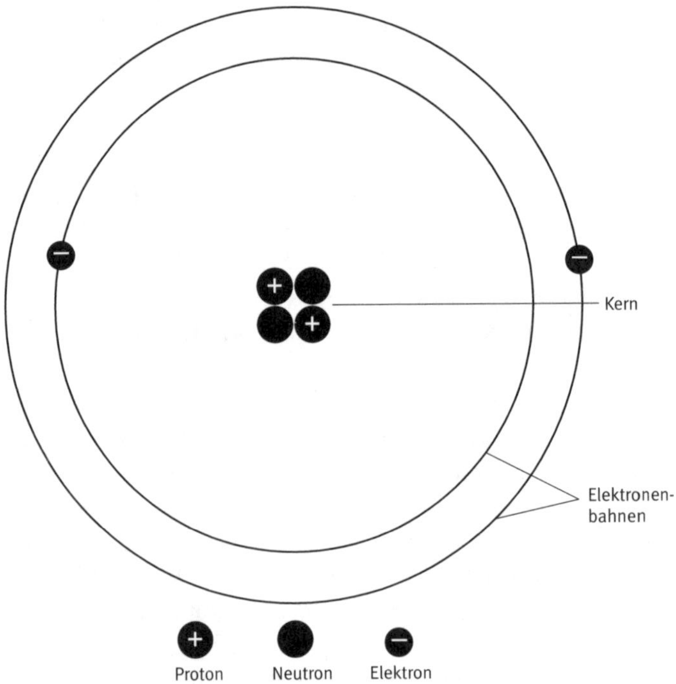

13.7 Schematische Darstellung des Heliumatoms nach dem Rutherford-Bohr-Modell.

diese um den Kern kreisen lässt. Für das Sonnensystem gilt Newtons Gravitationsgesetz, für das Atom dagegen das von Charles Coulomb (1736–1806) aufgestellte Coulomb-Gesetz der elektrostatischen Anziehung. Die beiden Gesetze sind sich mathematisch gesehen sehr ähnlich. Die elektrostatische Kraft nimmt auf die gleiche Weise mit dem Abstand zwischen den Ladungen ab wie die Gravitation mit dem Abstand zwischen den Massen. Die elektrostatische Kraft hängt auf die gleiche Weise von der Stärke der elektrischen Ladungen ab wie die Gravitation von der Masse der beteiligten Teilchen. Das Problem bei dem einfachen Sonnensystemmodell, das Rutherford für das Atom vorgeschlagen hatte, bestand darin, dass nach den Gesetzen der klassischen Physik das Elektron beim Umkreisen des Atomkerns elektromagnetische Wellen aussenden, dadurch Energie verlieren und folglich in den Kern spiralen müsste. Um dies zu verhindern, formulierte Bohr die Gesetze der klassischen Physik um, wobei er die neue Quantentheorie benutzte, die von Max Planck (1858–1947) aufgestellt und von Albert Einstein weiterentwickelt worden war. Mit Hilfe dieser neuartigen Konzepte zeigte Bohr, dass sich Elektronen nur auf bestimmten Bahnen bewegen konnten, die einen „erlaubten Abstand vom Kern" hatten. Diese Theorie wurde als Bohr-Rutherford'sches Atommodell bekannt. Die heutige Atomtheorie ist sehr viel komplizierter und in sehr abstrakten mathematischen Begriffen formuliert, die den Rahmen dieses Buchs sprengen würden.

Zusammenfassung

Die intellektuelle Herausforderung, die die Bewegungen von Sonne, Mond, Sternen und Planeten an die Menschen stellen, ist der zentrale Kern der westlichen rationalen Wissenschaftstradition. Die gedanklichen Modelle, die in einem Zeitraum von mehr als 2000 Jahren aufgestellt wurden, und die Versuche, diese Modelle mechanisch darzustellen, haben in großem Maße dazu beigetragen, das wissenschaftliche Denken von Menschen zu fördern, die nicht Teil der wissenschaftlichen Unternehmungen selbst waren. Obwohl sich die Art dieser Modelle mit der Zeit gewandelt hat, von mechanischen und optischen zu mathematischen und elektronischen, spielen sie immer noch eine bedeutende Rolle in der astronomischen Forschung und stellen wichtige Hilfsmittel dar, wenn kosmische Konzepte einem größeren Publikum vermittelt werden sollen.

Anhang I

Planetendaten

Planet	Umlaufperiode[1]	Kleinster Sonnenabstand[2]	Größter Sonnenabstand[2]	Mittlerer Sonnenabstand[2]	Durchmesser (km)
Merkur	88 Tage	0,31	0,47	0,39	4878
Venus	225 Tage	0,72	0,73	0,72	12 104
Erde	365,25 Tage	0,98	1,02	1,00	12 756
Mars	687 Tage	1,67	1,90	1,79	6795
Jupiter	11,86 Jahre	4,95	5,46	5,20	142 985
Saturn	29,46 Jahre	9,01	10,04	9,50	120 537
Uranus	84 Jahre	18,31	20,07	19,20	51 119
Neptun	165 Jahre	30,00	30,00	30,00	50 538
Pluto	249 Jahre	30,00	49,00	40,00	2320

[1] Umlaufperioden der ersten 4 Planeten sind in Erdtagen, die der anderen Planeten in Erdjahren angegeben

[2] Spalten 3, 4 und 5 sind in astronomischen Einheiten (mittlere Entfernung der Erde von der Sonne) angegeben

Anhang II

Die Wochentage

Viele Uhren zeigen nicht nur den Tag des Monats, sondern auch den Wochentag an. Bei manchen Armbanduhren sind die Namen der Wochentage auch noch auf Englisch oder Französisch angegeben. Die Unterteilung der Woche in sieben Tage ist eine menschliche Erfindung, so wie der 24-Stunden-Tag von dem astronomischen Verfahren der alten Ägypter zur Berechnung der Zeit herstammt. Aber wie kamen die Wochentage zu ihren Namen?

Die Benennung der Wochentage ist eine komplizierte Mischung aus astronomischen und astrologischen Vorstellungen. Verschiedene Elemente tragen zu den Namen bei: die Methode der Griechen, die Planeten dem abnehmenden Abstand zur Erde nach zu ordnen; das ägyptische System des 24-Stunden-Tags; und der astrologische Glaube, dass Sonne, Mond und die Planeten jeweils unterschiedliche Stunden des Tags beherrschen.

Eingedenk der Tatsache, dass uns dieser astrologische Hintergrund zur Benennung der Wochentage von den alten Griechen überliefert wurde, ist klar, warum Sonntag (*Sunday*) und Montag (*Monday*) und im Englischen auch der Samstag (*Saturday*) so heißen. Aber woher stammen die anderen Namen? Anscheinend sind sie nicht in gleicher Weise mit diesen Vorstellungen der alten Griechen verknüpft, aber es gibt durchaus Verbindungen zwischen den alten astrologischen Ideen und den heutigen Namen. In den germanischen Kulturen gab es Gegenstücke zu den Göttern der Klassik, und im Laufe der Geschichte sind Vorstellungen und Worte dieser Kulturen in die Namen der Wochentage eingegangen. Das Französische hat die Entwicklung der englischen Sprache stark beeinflusst. Die heutigen Namen der Wochentage spiegeln die Mischung dieser Kulturen und Sprachen wider.

Ihrer Kosmologie entsprechend platzierten die alten Griechen die „Wanderer“, also die Sonne, den Mond, Saturn, Jupiter, Mars, Venus und Merkur in abnehmenden Abständen zur Erde. Saturn galt als der am weitesten Entfernte, dann kamen Jupiter, Mars, die Sonne, Venus und Merkur und – am nächsten gelegen – der Mond. Die Astrologen übernahmen die ägyptische Unterteilung von Tag und Nacht in 24 Stunden, glaubten aber, dass jede Stunde eines jeden Tags von einem der „Wanderer“ beherrscht wurde.

Somit herrschte Saturn über die erste Stunde des ersten Tags der Woche, welches der *Saturday* (Tag des Saturn) war. Die zweite Stunde des *Saturday* wurde von Jupiter beherrscht, die dritte von Mars, die vierte von der Sonne, die fünfte von Venus, die sechste von Merkur, die siebte vom Mond und die achte wieder von Saturn. Saturn bestimmte auch über die 15. und 22. Stunde des *Saturday*, woraus folgte, dass Mars die letzte Stunde dieses Tags und die Sonne die erste Stunde des folgenden Tages – *Sunday* (Tag der Sonne, Sonntag) – beherrschte.

Der Mond beherrscht die erste Stunde des *Monday* (Tag des Monds, Montag). Auf Französisch lautet der Name *Lundi.*

Im Lateinischen wurde der Tag des Mars zu *Martes dies*, was im Französischen zu *Mardi* wurde (*Tuesday* im Englischen, Dienstag auf Deutsch). Das englische *Tuesday* kommt von Tyr's Day (Tag des Tyr), nach dem Gott, der von den Skandinaviern Tyr und von den Angelsachsen Tiw genannt wurde; die Germanen nannten ihn Tiuz oder Ziu.

Das englische *Wednesday* (Mittwoch) kommt vom germanischen Wodans Tag. Als die Angeln und die Sachsen im fünften Jahrhundert Britannien eroberten, stützten sie sich auf die Kräfte des Wodan. Die Ursprünge Wodans könnten mit dem klassischen Gott Merkur verknüpft sein. Auf Französisch heißt der Mittwoch *Mercredi* (lateinisch *Mercurii dies*). Merkur herrscht über die erste Stunde des *Wednesday*.

Jupiter beherrscht die erste Stunde des *Thursday* (Donnerstag). Der Gott Thor wurde von den germanischen Stämmen hoch verehrt und als der Mächtigste der Götter angesehen. Die

Römer identifizierten diesen germanischen Gott mit Jupiter. *Thursday* kommt von Thor's Day (Tag des Thor); das entsprechende französische *Jeudi* rührt vom lateinischen *Jovis dies*, der Tag des Jupiter; der deutsche Donnerstag ist nach dem germanischen Donnergott Donar benannt.

Venus beherrscht die erste Stunde des *Friday* (Freitag). Der Name stammt von der Göttin Frija (Frig auf angelsächsisch). Ursprünglich war Frija keine Göttin, sondern nur ein Adjektiv mit der Bedeutung „sehr geliebt". Die Römer verbanden Frija mit Venus, und die Germanen übernahmen die Göttin und nannten ihren Tag Freitag. Das französische *Vendredi* ähnelt mehr dem lateinischen Original – *Veneris dies*.

Benennung der englischen Wochentage

Tagesstunde	Saturday	Sunday	Monday	Tuesday	Wednesday	Thursday	Friday
1	**Saturn**	Sonne	Mond	Mars	Merkur	Jupiter	Venus
2	Jupiter	Venus	**Saturn**	Sonne	Mond	Mars	Merkur
3	Mars	Merkur	Jupiter	Venus	**Saturn**	Sonne	Mond
4	Sonne	Mond	Mars	Merkur	Jupiter	Venus	**Saturn**
5	Venus	**Saturn**	Sonne	Mond	Mars	Merkur	Jupiter
6	Merkur	Jupiter	Venus	**Saturn**	Sonne	Mond	Mars
7	Mond	Mars	Merkur	Jupiter	Venus	**Saturn**	Sonne
8	**Saturn**	Sonne	Mond	Mars	Merkur	Jupiter	Venus
9	Jupiter	Venus	**Saturn**	Sonne	Mond	Mars	Merkur
10	Mars	Merkur	Jupiter	Venus	**Saturn**	Sonne	Mond
11	Sonne	Mond	Mars	Merkur	Jupiter	Venus	**Saturn**
12	Venus	**Saturn**	Sonne	Mond	Mars	Merkur	Jupiter
13	Merkur	Jupiter	Venus	**Saturn**	Sonne	Mond	Mars
14	Mond	Mars	Merkur	Jupiter	Venus	**Saturn**	Sonne
15	**Saturn**	Sonne	Mond	Mars	Merkur	Jupiter	Venus
16	Jupiter	Venus	**Saturn**	Sonne	Mond	Mars	Merkur
17	Mars	Merkur	Jupiter	Venus	**Saturn**	Sonne	Mond
18	Sonne	Mond	Mars	Merkur	Jupiter	Venus	**Saturn**
19	Venus	**Saturn**	Sonne	Mond	Mars	Merkur	Jupiter
20	Merkur	Jupiter	Venus	**Saturn**	Sonne	Mond	Mars
21	Mond	Mars	Merkur	Jupiter	Venus	**Saturn**	Sonne
22	**Saturn**	Sonne	Mond	Mars	Merkur	Jupiter	Venus
23	Jupiter	Venus	**Saturn**	Sonne	Mond	Mars	Merkur
24	Mars	Merkur	Jupiter	Venus	**Saturn**	Sonne	Mond

Anhang III

Entdeckung der Planetenmonde

Planet	Entdeckungsjahr	Entdecker	Mond(e)
Erde	–	–	Mond
Mars	1877	Hall	Deimos
	1877	"	Phobos
Jupiter	1610	Galilei	Kallisto
	1610	"	Europa
	1610	"	Ganymed
	1610	"	Io
	1892	Barnard	Amalthea
	1904	Perrine	Himalia
	1905	"	Elara
	1908	Melotte	Pasiphae
	1914	Nicholson	Sinope
	1938	"	Carme
	1938	"	Lysithea
	1951	"	Ananke
	1974	Kowal	Leda
	1979	Jewitt et al.	Adrastea
	1979	Synott	Metis
	1979	"	Thebe
Saturn	1655	Huygens	Titan
	1671	Cassini	Iapetus
	1672	"	Rhea
	1684	"	Dione
	1684	"	Tethys
	1789	Herschel	Enceladus
	1789	"	Mimas
	1848	Bond	Hyperion
	1898	Pickering	Phoebe
	1966	Dolfuss	Janus
	1966	Walker	Epimetheus
	1980	Collins et al.	Pandora
	1980	"	Prometheus
	1980	Laques et al.	Helene
	1980	Smith et al.	Calypso
	1980	"	Telesto
	1980	Terrile	Atlas
	1990	Showlater	Pan

Planet	Entdeckungsjahr	Entdecker	Mond(e)
Uranus	1787	Herschel	Oberon
	1787	"	Titania
	1851	Lassell	Ariel
	1851	"	Umbriel
	1948	Kuiper	Miranda
	1986	Voyager 2	Belinda
	1986	"	Bianca
	1986	"	Cordelia
	1986	"	Cressida
	1986	"	Desdemona
	1986	"	Juliet
	1986	"	Ophelia
	1986	"	Portia
	1986	"	Puck
	1986	"	Rosalind
Neptun	1846	Lassell	Triton
	1949	Kuiper	Nereid
	1989	Voyager 2	Despina
	1989	"	Galatea
	1989	"	Larissa
	1989	"	Naiad
	1989	"	Proteus
	1989	"	Thalassa
Pluto	1978	Christy	Charon

Literatur

Armitage, A., *Edmond Halley*. Nelson, London, 1966.

Bauval, R. & Gilbert, A., *The Orion Mystery*. Mandarin Books, London, 1995.

Bronowski, J., *The Ascent of Man*. BBC, London, 1973.

Bruton, E., *The History of Clocks and Watches*. Orbis Publishing Ltd, London, 1979.

Bruton, E., *Uhren. Geschichte, Schönheit und Technik*. Rheingauer Verl.-Ges., Eltville, 1982.

Chaucer*, Ch. *Die Canterbury Tales*. Deutsch von Adolf von Düring. München (Winkler) 1883.

Cotter, C., *The History of Nautical Astronomy*. Hollis and Carter, 1968.

Cutmore, M., *Collecting and Repairing Watches*. David and Charles, Newton Abbott, 1999.

Cutmore, M., *Watches 1850–1980*. David and Charles, London, 1989.

Edmunds, M. & Morgan, P., *The Antikythera Mechanism in Astronomy and Geophysics*, December 2000.

Forbes, E. G., Greenwich Observatory, Vol. I: *Origins and Early History*. Taylor and Francis, London, 1975.

Gould, R. T., *The Marine Chronometer*. The Holland Press, London, 1973.

Gregory, R., *Mind in Science*. Weidenfeld and Nicolson, London 1981.

Grosser, M., *The Discovery of Neptune*. Harvard University Press.

Hardy*, Th. *Am grünen Rand der Welt*. Deutsch von Peter Marginter. München (dtv) 1984.

Hogben, L., *Science for the Citizen*. Allen and Unwin, 1942.

Homer*, *Ilias, Odyssee*. Deutsch von Johann Heinrich Voß. Lizenzausgabe mit Genehmigung des Winkler Verlags, München, für Deutschen Bücherbund GmbH & Co., Stuttgart, München.

Hoskin, M., *The Cambridge Illustrated History of Astronomy*. Cambridge University Press, 1997.

Hoskin, M., *William Herschel and the Construction of the Heavens*. Olsbourne, London, 1963.

Howse, Derek, Greenwich Observatory, Vol. III, *The Buildings and Instruments*. Taylor and Francis, London, 1975.

Kennerley, A. & Seymour, P., *Aids to the Teaching of Nautical Astronomy and its History from 1600. Paedagogica Historica*, Vol. 36, No. I, 2000.

King, H. & Milburn, J., *Geared to the Stars*. Adam Hilger, Bristol, 1978.

Krisciunas, K., *Astronomical Centres of the World*. Cambridge University Press, 1988.

Kuhn, T., *The Copernican Revolution*. Harvard University Press, 1970.

Letsch, H., *Captured Stars*. Gustav Fischer Verlag, Jena, 1959.

Lewis, D., Voyaging Stars: Aspects of Polynesian and Micronesian Astronomy in: *The Place of Astronomy in the Ancient World*, hrsg. von F. R. Hodson, Oxford University Press, 1974.

Meadows, A. J., *Greenwich Observatory*. HMSO, 1975.

Nasr, S. H., *Islamic Science. An Illustrated Study*. The World of Islam Festival Publishing Company, 1976.

Needham, J., Astronomy in Ancient and Medieval China, in: *The Place of Astronomy in the Ancient World*, hrsg. Von F. R. Hodson, Oxford University Press, 1971.

North, J. D., *The Fontana History of Astronomy and Cosmology*. Fontana, London, 1994.

Orwell*, G. *1984*. Deutsch von Michael Walter. München (Heyne) 2002.

Price, D. J. de S., *Gears from the Greeks: the Antikythera Mechanism – a Calendar Computer from ca. 80BC*. New York, 1974.

Quill, H., *John Harrison*. John Baker, London, 1966.

Ronan, C., *Edmond Halley. Genius in Eclipse*. Macdonald, London, 1970.

Roy, A. E., *The Lamps of Atlantis*, lecture delivered on the Isle of Samos, Greece, 1980.

Ruggles, C. & Hoskin, M., Astronomy before History, in: *The Cambridge Illustrated History of Asronomy*, hrsg. von M. Hoskin, Cambridge University Press, 1997.

Seymour, P., Using Models of the Heavens in Astronomy Teaching, in: *The Teaching of Astronomy Perspectives 16*, School of Education, University of Exeter, May 1985.

Shakespeare*, W. *Gesammelte Werke in drei Bänden*. Deutsch von August Wilhelm von Schlegel. Lizenzausgabe mit Genehmigung des Sigbert Mohn Verlags, Gütersloh, für Bertelsmann Reinhard Mohn OHG, Gütersloh, den Europäischen Buch- und Phonoklub, Stuttgart, und die Buchgemeinschaft Donauland, Wien.

Smith, H. M., Greenwich Time and the Prime Meridian, *Vistas in Astronomy, 20*, 219, 1976.

Sobel*, D.; Andrewes, J. H. *Längengrad. Die illustrierte Ausgabe*. Berlin (Berlin Verlag) 1999.

Sobel, D., *Galileo's Daughter*. Fourth Estate, London, 1999. Deutsch: *Galileis Tochter*. Goldmann, München, 2001.

Whitrow, J. G., *Time in History*. Oxford University Press, 1989. Deutsch: *Die Erfindung der Zeit*. Junius Vlg., Hamburg, 1991

* Ergänzte deutschsprachige Literatur, die als Quelle verwendet wurde oder zur Lektüre empfohlen wird.

Stichwortverzeichnis

P

Z